工业和信息化普通高等教育"十二五"规划教材立项项目

21世纪高等学校计算机规划教材

21st Century University Planned Textbooks of Computer Science

大学计算机基础

——Windows 7+Office 2010

Computer Fundamental

谢招犇 卓明敏 杨新斌 主编

童玲 潘卫林 周胜 副主编

U0312854

高校系列

人民邮电出版社

北 京

图书在版编目（ＣＩＰ）数据

大学计算机基础：Windows 7+Office 2010 / 谢招犇，卓明敏，杨新斌主编. -- 北京：人民邮电出版社，2013.9（2017.8 重印）
21世纪高等学校计算机规划教材
ISBN 978-7-115-32027-8

Ⅰ．①大… Ⅱ．①谢… ②卓… ③杨… Ⅲ．①Windows操作系统－高等学校－教材②办公自动化－应用软件－高等学校－教材 Ⅳ．①TP316.7②TP317.1

中国版本图书馆CIP数据核字(2013)第190795号

内 容 提 要

　　本书是根据"教育部非计算机专业计算机基础课程教学指导分委员会"提出的《关于进一步加强高校计算机基础教学的意见》要求，同时根据普通高校的实际情况编写的。全书共分 10 章，主要内容包括：计算机与信息技术、操作系统与 Windows 7、文字处理 Word 2010、电子表格 Excel 2010、演示文稿 PowerPoint 2010、计算机网络基础、多媒体技术及应用、数据库基础、程序设计基础和信息安全与职业道德等内容。

　　本书密切结合"大学计算机基础"课程的基本教学要求，兼顾计算机软件和硬件的最新发展；结构严谨，层次分明，叙述准确。本书可作为高校各专业"大学计算机基础"课程的教材，也可作为计算机技术培训用书和计算机爱好者自学用书。

◆ 主　　编　谢招犇　卓明敏　杨新斌
　　副主编　童　玲　潘卫林　周　胜
　　责任编辑　马小霞
　　执行编辑　喻智文
　　责任印制　张佳莹　杨林杰

◆ 人民邮电出版社出版发行　　北京市丰台区成寿寺路 11 号
　　邮编　100164　　电子邮件　315@ptpress.com.cn
　　网址　http://www.ptpress.com.cn
　　大厂聚鑫印刷有限责任公司印刷

◆ 开本：787×1092　1/16
　　印张：19.25　　　　　　　　2013 年 9 月第 1 版
　　字数：468 千字　　　　　　2017 年 8 月河北第 7 次印刷

定价：39.00 元

读者服务热线：(010)81055256　印装质量热线：(010)81055316
反盗版热线：(010)81055315

前言

　　随着信息技术的飞速发展，计算机的应用领域越来越广泛，计算机在经济与社会发展中的地位越来越重要。人们的生活、工作、学习甚至娱乐都离不开计算机，熟悉和掌握计算机的基本知识和基本操作已经成为现代社会必备的技能；另外，随着计算机应用的快速普及，大学新生不再是零起点，大都具有一定的计算机基础知识和操作能力。目前，高校计算机基础教育步入了一个新的阶段。新形势下如何对大学计算机基础教育进行正确定位？大学计算机基础教育的教学目标是什么？如何合理、科学地组织教学？这些都是高校一直研究和探索的课题。

　　2012 年 5 月，教育部高等教育司组织的"大学计算机课程改革研讨会"提出：合理地定位大学计算机教学的内容，形成科学的知识体系、稳定的知识结构，使之成为重要的通识类课程之一，是大学计算机教学改革的重要方向；以计算思维（Computational Thinking, CT）培养为切入点是今后大学计算机课程深化改革、提高质量的核心任务。为深入贯彻落实教育部高等学校非计算机专业计算机基础课程教学指导委员会提出的"关于进一步加强高等学校计算机基础教学的意见"的精神，进一步推动高等院校计算机基础教学的改革和发展、提高教学质量、适应信息时代新形势下对高校人才培养的需求，以培养大学生计算机应用思维的基本素质、提高计算机应用能力为出发点，结合计算机软硬件发展的最新技术编写了本书。

　　全书共分 10 章，主要内容包括：计算机与信息技术、操作系统与 Windows 7、文字处理 Word 2010、电子表格 Excel 2010、演示文稿 PowerPoint 2010、计算机网络基础、多媒体技术及应用、数据库基础、程序设计基础和信息安全与职业道德。内容密切结合该课程的基本教学要求，兼顾计算机软件和硬件的最新发展，结构严谨，层次分明，叙述准确，为教师发挥个人特长留有较大的余地。在教学内容上，各高校可根据教学学时、学生的基础进行选取。

　　为便于教学以及学生参加计算机等级考试，另外编写了《大学计算机基础上机指导——Windows 7+Office 2010》，作为本书的配套参考书。

　　本书在编写过程中得到了人民邮电出版社和编者所在学校的大力支持和帮助，在此表示衷心的感谢。同时，对在编写过程中参考的大量文献资料的作者表示诚挚的谢意。由于时间仓促且水平有限，书中难免存在疏漏和不足之处，敬请广大师生和读者批评指正。来信请寄：kevin_xzb@163.com

编者

2013 年 6 月

目录

第1章

计算机与信息技术

本 章从计算机的发展和应用领域开始，由浅入深地介绍计算机系统的组成、功能以及常用的外部设备，然后详细讲述不同数制之间的转换以及二进制的运算，最后讲述不同类型信息在计算机中的表示。通过本章学习，可以使读者从整体上了解计算机的基本功能和基本工作原理。

【知识要点】
1. 计算机的发展；
2. 计算机的应用领域；
3. 计算机的组成及各部分的功能；
4. 二进制及与其他进位计数制之间的转换；
5. 信息的表示及处理。

1.1 计算机的发展和应用

1.1.1 计算机的发展

电子数字计算机（Electronic Numerical Computer）是一种能自动、高速、精确地进行信息处理的电子设备，是 20 世纪最重大的发明之一。在计算机家族中包括了机械计算机、电动计算机、电子计算机等。电子计算机又可分为电子模拟计算机和电子数字计算机，通常我们所说的计算机就是指电子数字计算机，它是现代科学技术发展的结晶，特别是微电子、光电、通信等技术以及计算数学、控制理论的迅速发展带动计算机不断更新。自 1946 年第一台电子数字计算机诞生以来，计算机发展十分迅速，已经从开始的高科技军事应用渗透到了人类社会的各个领域，对人类社会的发展产生了极其深刻的影响。

1. 电子计算机的产生

1943 年，美国为了解决新武器研制中的弹道计算问题而组织科技人员开始了电子数字计算机的研究。

图 1.1　ENIAC 计算机

1946年2月，电子数字积分器和计算器（Electronic Numerical Integrator And Calculator，ENIAC）在美国宾夕法尼亚大学研制成功，它是世界上第一台电子数字计算机，如图 1.1 所示。这台计算机共使用了 18 000 多只电子管，1500 个继电器，耗电 150kW，占地面积约为 167m^2，重 30t，每秒钟能完成 50 000 次加法或 400 次乘法运算。

与此同时，美籍匈牙利科学家冯·诺依曼（Von.Neumann）也在为美国军方研制电子离散变量自动计算机（Electronic Discrete Variable Automatic Computer，EDVAC）。在 EDVAC 中，冯·诺依曼采用了二进制数，并创立了"存储程序"的设计思想，EDVAC 也被认为是现代计算机的原型。

2．电子计算机的发展

自 1946 年以来，计算机已经历了几次重大的技术革命，按所采用的电子器件可将计算机的发展划分为以下几代。

第一代计算机（1946—1958）的主要特点是：逻辑元件采用电子管，功耗大，易损坏；主存储器采用汞延迟线或静电储存管，容量很小；外存储器使用了磁鼓；输入/输出装置主要采用穿孔卡；采用机器语言编程，即用"0"和"1"来表示指令和数据；运算速度每秒仅为数千至数万次。

第二代计算机（1958—1964）的主要特点是：逻辑元件采用晶体管，与电子管相比，其体积小、耗电省、速度快、价格低、寿命长，主存储器采用磁芯，外存储器采用磁盘、磁带，存储器容量有较大提高；软件方面产生了监控程序（Monitor），提出了操作系统的概念，编程语言有了很大的发展，先用汇编语言（Assemble Language）代替了机器语言，接着又发展了高级编程语言，如 FORTRAN、COBOL、ALGOL 等；计算机应用开始进入实时过程控制和数据处理领域，运算速度达到每秒数百万次。

第三代计算机（1964—1970）的主要特点是：逻辑元件采用集成电路（Integrated Circuit，IC），它的体积更小，耗电更省，寿命更长；主存储器以磁芯为主，开始使用半导体存储器，存储容量大幅度提高；系统软件与应用软件迅速发展，出现了分时操作系统和会话式语言；在程序设计中采用了结构化、模块化的设计方法，运算速度达到每秒千万次以上。

第四代计算机（1970 年至今）的主要特点是：采用了超大规模集成电路（Very Large Scale Integration，VLSI），主存储器采用半导体存储器，容量已达第三代计算机的辅存水平，作为外存的软盘和硬盘的容量成百倍增加，并开始使用光盘；输入设备出现了光字符阅读器、触摸输入设备、语音输入设备等，使操作更加简洁灵活，输出设备已逐步转到了以激光打印机为主，使得字符和图形输出更加逼真、高效。

新一代计算机（Future Generation Computer Systems，FGCS），即未来计算机的目标是使其具有智能特性，具有知识表达和推理能力，能模拟人的分析、决策、计划和其他智能活动，具有人机自然通信能力，并称其为知识信息处理系统。现在已经开始了对神经网络计算机、生物计算机等的研究，并取得了可喜的进展。特别是生物计算机的研究表明，采用蛋白分子为主要原材料的生物芯片的处理速度比现今最快的计算机的速度还要快 100 万倍，而能量消耗仅为现代计算机的 10 亿分之一。

在计算机的发展史上，涌现了许多著名的人物。查尔斯·巴贝奇（1791—1871），英国数学家，在近代计算机发展中，查尔斯·巴贝奇起着奠基的作用。他的主要贡献有：① 1822 年设计了"差分机"；② 1834 年设计了"分析机"（以上两种机器均用蒸汽机作为动力）；③ 在他的分析机中已经具有输入、处理、存储、输出及控制 5 个基本装置的构思。当时他还提出了"条件转移"的思想。这些构思，已成为今天计算机硬件系统组成的基本框架。霍华德·艾肯（1900—1973），美国人，1936 年他提出用机电方法而不是纯机械方法来实现巴贝奇分析机的想法，1944 年他成功地制造了 Mark2 计算机，使巴贝奇的梦想变成了现实。阿伦·图灵（1912—1954），英国数学家，他为计算机的诞生奠定了理论基础，1936 年提出了计算机的抽象理论模型，发展了可计算性理论。以他名字命名的图灵奖也是当前计算机界最负盛名的奖项，有"计算机界诺贝尔奖"之称。约翰·冯·诺依曼（1903—1957），美籍匈牙利人，经济学家、物理学家、数学家、发明家，"现代电子计算机之父"，他制定的计算机工作原理直到现在还被各种计算机使用着。

3．微型计算机的发展

微型计算机指的是个人计算机（Personal Computer，PC），简称微机。其主要特点是采用微处理器（CPU，又称中央处理器）作为计算机的核心部件，并由大规模、超大规模集成电路构成。

微型计算机的升级换代主要有两个标志，微处理器的更新和系统组成的变革。微处理器从诞生的那一天起发展方向就是：更高的频率，更小的制造工艺，更大的高速缓存。随着微处理器的不断发展，微型计算机的发展大致可分为以下几代。

第一代（1971—1973）是 4 位和低档 8 位微处理器时代。典型微处理器产品有 Intel 4004／8008。集成度为 2000 晶体管/片，时钟频率为 1MHz。

第二代（1974—1977）是 8 位微处理器时代。典型微处理器产品有 Intel 公司的 Intel8080、Motorola 公司的 MC6800、Zilog 公司的 Z80 等。集成度为 5000 晶体管/片，时钟频率为 2MHz。同时，指令系统得到完善，形成典型的体系结构，具备中断、DMA 等控制功能。

第三代（1978—1984）是 16 位微处理器时代。典型微处理器产品是 Intel 公司的 Intel8086/8088/80286、Motorola 公司的 MC68000、Zilog 公司的 Z80000 等。集成度为 25 万晶体管/片，时钟频率为 5MHz。微机的各种能性指标达到或超过中、低档小型机的水平。

第四代（1985—1992）是 32 位微处理器时代。集成度已达到 100 万晶体管/片，时钟频率达到 60MHz 以上。典型 32 位 CPU 产品有 Intel 公司的 Intel80386/80486、Motorola 公司的 MC68020/68040、IBM 公司和 Apple 公司的 Power PC 等。

第五代（1993 年至今）是 64 位奔腾（Pentium）系列微处理器的时代，典型产品是 Intel 公司的奔腾系列芯片及与之兼容的 AMD 的 K6 系列微处理器芯片。它们的内部采用了超标量指令流水线结构，并具有相互独立的指令和数据高速缓存。随着 MMX（Multi Media eXtension）微处理器的出现，使微机的发展在网络化、多媒体化、智能化等方面跨上了更高的台阶，目前已向双核和多核处理器发展。

4．发展趋势

目前计算机的发展趋势主要有如下几个方面。

（1）多极化

今天包括电子词典、掌上电脑、笔记本电脑等在内的微型计算机在我们的生活中已经是处处可见，同时大型、巨型计算机也得到了快速的发展。特别是在 VLSI 的技术基础上的多处理机技术使计算机的整体运算速度与处理能力得到了极大的提高。图 1.2 所示为我国自行研制的面向网格的曙光 5000A 高性能计算机，

图 1.2　曙光 5000A 高性能计算机

每秒运算速度最高可达 230 万亿次，标志着我国的高性能计算技术已经迈入世界前列。

除了向微型化和巨型化发展之外，中小型计算机也各有自己的应用领域和发展空间。特别在注意运算速度提高的同时，提倡功耗小、对环境污染小的绿色计算机和提倡综合应用的多媒体计算机已经被广泛应用，多极化的计算机家族还在迅速发展中。

（2）网络化

网络化就是通过通信线路将一定地域内不同地点的计算机连接起来形成一个更大的计算机网络系统。计算机网络的出现只有 40 多年的历史，但已成为影响到人们日常生活的应用热潮，是计算机发展的一个主要趋势。

（3）多媒体化

媒体可以理解为存储和传输信息的载体，文本、声音、图像等都是常见的信息载体。过去的计算机只能处理数值信息和字符信息，即单一的文本媒体。近几年发展起来的多媒体计算机则集多种媒体信息的处理功能于一身，实现了图、文、声、像等各种信息的收集、存储、传输和编辑处理，被认为是信息处理领域在 20 世纪 90 年代出现的又一次革命。

（4）智能化

智能化虽然是未来新一代计算机的重要特征之一，但现在已经能看到它的许多踪影，比如能自动接收和识别指纹的门控装置，能听从主人语音指示的车辆驾驶系统等。让计算机具有人的某些智能将是计算机发展过程中的下一个重要目标。

1.1.2 计算机的应用

计算机的诞生和发展，对人类社会产生了深刻的影响，它的应用范围包括科学技术、国民经济、社会生活的各个领域，概括起来可分为如下几个方面。

1．科学计算

科学计算，即数值计算，是计算机应用的一个重要领域。计算机的发明和发展首先是为了高速完成科学研究和工程设计中大量复杂的数学计算。

2．信息处理

信息是各类数据的总称。信息处理一般泛指非数值方面的计算，如各类资料的管理、查询、统计等。

3．实时过程控制

实时控制在国防建设和工业生产中都有着广泛的应用。例如，由雷达和导弹发射器组成的防空控制系统、地铁指挥控制系统、自动化生产线等，都需要在计算机控制下运行。

4．计算机辅助工程

计算机辅助工程是近几年来迅速发展的应用领域，它包括计算机辅助设计（Computer Aided Design，CAD）、计算机辅助制造（Computer Aided Manufacture，CAM）、计算机辅助教学（Computer Aided Instruction，CAI）等多个方面。

5．办公自动化

办公自动化（Office Automation，OA）指用计算机帮助办公室人员处理日常工作。例如，用计算机进行文字处理、文档管理以及资料、图像、声音处理、网络通信等。

6．数据通信

"信息高速公路"主要是利用通信卫星群和光纤构成的计算机网络，实现信息双向交流，同时利用多媒体技术扩大计算机的应用范围。利用计算机把地球连接起来，使"地球村"

成为现实。总之，以计算机为核心的信息高速公路的实现，将进一步改变人们的生活方式。

7. 智能应用

智能应用即人工智能，它既不同于单纯的科学计算，又不同于一般的数据处理，它不但要求具备高的运算速度，还要求具备对已有的数据（经验、原则等）进行逻辑推理和总结的功能（即对知识的学习和积累功能），并能利用已有的经验和逻辑规则对当前事件进行逻辑推理和判断。

1.2 计算机系统的基本构成

1.2.1 冯·诺依曼计算机

1. 冯·诺依曼计算机的基本特征

尽管计算机经历了多次的更新换代，但到目前为止，其整体结构上仍属于冯·诺依曼计算机的发展，还保持着冯·诺依曼计算机的基本特征：

① 采用二进制数表示程序和数据；

② 能存储程序和数据，并能自动控制程序的执行；

③ 具备运算器、控制器、存储器、输入设备和输出设备 5 个基本部分，基本结构如图 1.3 所示。

原始的冯·诺依曼计算机结构以运算器

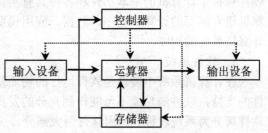

图 1.3 计算机基本结构示意图

为核心，在运算器周围连接着其他各个部件，经由连接导线在各部件之间传送着各种信息。这些信息可分为两大类：数据信息和控制信息（在图 1.3 中分别用实线和虚线表示）。数据信息包括数据、地址、指令等，数据信息可存放在存储器中；控制信息由控制器根据指令译码结果即时产生，并按一定的时间次序发送给各个部件，用以控制各部件的操作或接收各部件的反馈信号。

为了节约设备成本和提高运算可靠性，计算机中的各种信息均采用了二进制数的表示形式。在二进制数中，每位只有"0"和"1"两个状态，计数规则是"逢二进一"。例如，用此计数规则计算式子"1+1+1+1+1"可得到 3 位二进制数"101"，即十进制数的 5（详见1.4 节）。在计算机科学研究中把 8 位（bit）二进制数称为 1 个字节（Byte），简记为"B"，并把 1024B 称为 1KB，把 1024KB 称为 1MB，把 1024MB 称为 1GB，把 1024 GB 称为 1TB等。若不加说明时，本书所写的"位"就是指二进制位。

2. 冯·诺依曼计算机的基本部件和工作过程

在计算机的 5 大基本部件中，运算器（Arithmetic logic Unit，ALU）的主要功能是进行算术及逻辑运算，是计算机的核心部件，运算器每次能处理的最大的二进制数长度称为该计算机的字长（一般为 8 的整倍数）；控制器（Controller）是计算机的"神经中枢"，用于分析指令，根据指令要求产生各种协调各部件工作的控制信号；存储器（Memory）用来存放控制计算机工作过程的指令序列（程序）和数据（包括计算过程中的中间结果和最终结果）；输入设备（Input Equipment）用来输入程序和数据；输出设备（Output Equipment）用来输出计算结果，即将其显示或打印出来。

根据计算机工作过程中的关联程度和相对的物理安装位置，通常将运算器和控制器合称为中央处理器（Central Processing Unit，CPU）。表示 CPU 能力的主要技术指标有字长和主频。字长代表了每次操作能完成的任务量，主频则代表了在单位时间内能完成操作的次数。一般情况下，CPU 的工作速度要远高于其他部件的工作速度，为了尽可能地发挥 CPU 的工作潜力，解决好运算速度和成本之间的矛盾，将存储器分为主存和辅存两部分。主存成本高，速度快，容量小，能直接和 CPU 交换信息，并安装于机器内部，也称其为内存；辅存成本低，速度慢，容量大，要通过接口电路经由主存才能和 CPU 交换信息，是特殊的外部设备，也称为外存。

计算机工作时，操作人员首先通过输入设备将程序和数据送入存储器中。启动运行后，计算机从存储器顺序取出指令，送往控制器进行分析并根据指令的功能向各有关部件发出各种操作控制信号，最终的运算结果要送到输出设备输出。

1.2.2　现代计算机系统的构成

一个完整的现代计算机系统包括硬件系统和软件系统两大部分，微机系统也是如此。硬件包括了计算机的基本部件和各种具有实体的计算机相关设备；软件则包括了用各种计算机语言编写的计算机程序、数据、应用说明文档等。本小节仅以微机系统为例说明现代计算机系统的构成。

1．软件系统

在计算机系统中硬件是软件运行的物质基础，软件是硬件功能的扩充与完善，没有软件的支持，硬件的功能不可能得到充分的发挥，因此软件是使用者与计算机之间的桥梁。软件可分为系统软件和应用软件两大部分。

系统软件是为使用者能方便地使用、维护、管理计算机而编制的程序的集合，它与计算机硬件相配套，也称之为软设备。系统软件主要包括对计算机系统资源进行管理的操作系统（Operating System，OS）软件、对各种汇编语言和高级语言程序进行编译的语言处理（Language Processor，LP）软件和对计算机进行日常维护的系统服务程序（System Support Program）或工具软件等。

应用软件则主要面向各种专业应用和某一特定问题的解决，一般指操作者在各自的专业领域中为解决各类实际问题而编制的程序。例如，文字处理软件、仓库管理软件、工资核算软件等。

2．硬件系统

在计算机科学中将连接各部件的信息通道称为系统总线（BUS，简称总线），并把通过总线连接各部件的形式称为计算机系统的总线结构，分为单总线结构和多总线结构两大类。为使成本低廉，设备扩充方便，微机系统基本上采用了如图 1.4 所示的单总线结构。依据所传送信号的性质，总线由地址总线（Address BUS，AB）、数据总线（Data BUS，DB）和控制总线（Control BUS，CB）3 部分组成。依据部件作用，总线一般由总线控制器、总线信号发送/接收器、导线等构成。

在微机系统中，主板（见图 1.5）由微处理器（Micro Processing Unit，MPU）、存储器、输入/输出（I/O）接口、总线电路和基板组成，主板上安装了基本硬件系统，形成了主机部分。其中的微处理器即采用超大规模集成电路工艺将运算器和控制器制作于同一芯片之中的 CPU，其他的外部设备均通过相应的接口电路和主机总线相连，即不同的设备只要配接合适的接口电路（一般称为适配卡或接口卡）就能以相同的方式挂接在总线上。一般在微机的主板上设有数个标准的插座槽,将一块接口板插入到任一个插槽里,再用信号线将其和外部设备连接起来就完成了一台设备的硬件扩充,非常方便。

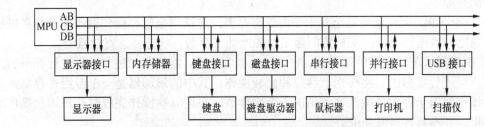

图 1.4 微型计算机的硬件系统结构示意图

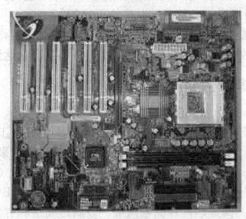

图 1.5 微机主板

把主机和接口电路装配在一块电路板上,就构成单板计算机(Single Board Computer),简称单板机;若把主机和接口电路制造在一个芯片上,就构成单片计算机(Single Chip Computer),简称单片机。单板机和单片机在工农业生产、汽车、通信、家用电器等领域都得到了广泛的应用。

1.3 计算机的部件

1.3.1 微处理器产品简介

当前可选用的微处理器产品较多,主要有 Intel 公司的 Pentium 系列、DEC 公司的 Alpha 系列、IBM 和 Apple 公司的 PowerPC 系列等。在中国,Intel 公司的产品占有较大的优势。主要的应用已经从 80486、Pentium、Pentium Pro、Pentium4、Intel Pentium D(即奔腾系列)、Intel Core 2 Duo 处理器,发展到目前的 Intel Core i7/i5/i3 等处理器。CPU 也从单核、双核,发展到目前常见的 4 核、6 核。图 1.6 所示为 Intel 微处理器。由于 Intel 公司的技术优势,其他一些公司采用了和 Intel 公司的产品相兼容的策略,如 AMD 公司、Cyrix 公司、TI 公司等,

图 1.6 Intel 微处理器

他们都有和相应 Pentium 系列产品性能接近甚至超出的廉价产品。

微处理器中除了包括运算器和控制器外，还集成有寄存器组和高速缓冲存储器，其基本结构简介如下。

① 一个 CPU 可有几个乃至几十个内部寄存器，包括用来暂存操作数或运算结果以提高运算速度的数据寄存器；支持控制器工作的地址寄存器、状态标志寄存器等。

② 执行算术逻辑运算的运算器，它以加法器为核心，能按照二进制法则进行补码的加法运算，可进行数据的直接传送、移位和比较操作。其中的累加器是一个专用寄存器，在运算器操作时用于存放供加法器使用的一个操作数，在运算器操作完成时存放本次操作运算的结果，并不具有运算功能。

③ 控制器，由程序计数器、指令寄存器、指令译码器和定时控制逻辑电路组成，用于分析和执行指令、统一指挥微机各部分按时序协调操作。

④ 在新型的微处理器中普遍集成了超高速缓冲存储器，其工作速度和运算器的工作速度相一致，是提高 MPU 处理能力的重要技术措施之一，其容量达到 8MB 以上。

1.3.2 存储器的组织结构和产品分类

1．存储器的组织结构

存储器是存放程序和数据的装置，存储器的容量越大越好，工作速度越快越好，但二者和价格是互相矛盾的。为了协调这种矛盾，目前的微机系统均采用了分层次的存储器结构，一般将存储器分为 3 层：主存储器（Memory）、辅助存储器（Storage）和高速缓冲存储器（Cache）。现在一些微机系统又将高速缓冲存储器设计为 MPU 芯片内部的高速缓冲存储器和 MPU 芯片外部的高速缓冲存储器两级，以满足高速和容量的需要。

2．主存储器

主存储器又称内存，CPU 可以直接访问它，其容量一般为 2GB ~4GB，存取速度可达 6ns（1ns 为 10 亿分之一秒），主要存放将要运行的程序和数据。

微机的主存采用半导体存储器（见图 1.7），其体积小，功耗低，工作可靠，扩充灵活。

半导体存储器按功能可分为随机存取存储器（Random Access Memory，RAM）和只读存储器（Read Only Memory，ROM）。

RAM 是一种既能读出也能写入的存储器，适合于存放经常变化的用户程序和数据。RAM 只能在电源电压正常时工作，一旦电源断电，里面的信息将全部丢失。ROM 是一种只能读出而不能写入的存储器，用来存放固定不变的程序和常数，如监控程序，操作系统中的 BIOS（基本输入输出系统）等。ROM 必须在电源电压正常时才能工作，但断电后信息不会丢失。

图 1.7　微机内存

3．辅助存储器

辅助存储器属外部设备，又称为外存，常用的有磁盘、光盘、磁带等。通过更换盘片，容量可视作无限，主要用来存放后备程序、数据和各种软件资源。但因其速度低，CPU 必须要先将其信息调入内存，再通过内存使用其资源。

磁盘分为软磁盘和硬磁盘两种（简称软盘和硬盘）。软盘容量较小，一般为 1.2～1.44MB。硬盘的容量目前已达 2～4TB，常用的也在 500GB 以上。为了在磁盘上快速地存取信息，在磁盘使用前要先进行初级格式化操作（目前基本上由生产厂家完成），即在磁盘上用磁信号划分出如图 1.8 所示的若干个有编号的磁道和扇区，以便计算机通过磁道号和扇区号直接寻找到要写数据的位置或要读取的数据。为了提高磁盘存取操作的效率，计算机每次要读完或写完一个扇区的内容。在 IBM 格式中，每个扇区存有 512B 的信息。所以从外部看，计算机对磁盘执行的是随机读写操作，但这仅是对扇区操作而言的，而具体读写扇区中的内容却是一位一位顺序进行的。

只有磁盘片是无法进行读写操作的，还需要将其放入磁盘驱动器中。磁盘驱动器由驱动电机、可移动寻道的读写磁头部件、壳体和读写信息处理电路所构成，如图 1.9 所示。在进行磁盘读写操作时，通过磁头的移动寻找磁道，在磁头移动到指定磁道位置后，就等待指定的扇区转动到磁头之下（通过读取扇区标识信息判别），称为寻区，然后读写一个扇区的内容。目前，硬盘的寻道和寻区的平均时间为 8～15ms，读取一个扇区则仅需 0.16ms（当驱动器转速为 6000r/min 时）。

光盘的读写过程和磁盘的读写过程相似，不同之处在于它是利用激光束在盘面上烧出斑点进行数据的写入，通过辨识反射激光束的角度来读取数据。光盘和光盘驱动器都有只读和可读写之分。目前，5 英寸光盘的标准容量为 640MB，DVD 光盘的标准容量为 4.7GB。

图 1.8　磁盘格式化示意图

图 1.9　硬盘示意图

1.3.3　常用总线标准和主板产品

要考察一台主机板的性能，除了要看 MPU 的性能和存储器的容量和速度外，采用的总线标准和高速缓存的配置情况也是重要的因素。

由于存储器是由一个个的存储单元组成的，为了快速地从指定的存储单元中读取或写入数据，就必须为每个存储单元分配一个编号，并称为该存储单元的地址。利用地址标号查找指定存储单元的过程称为寻址，所以地址总线的位数就确定了计算机管理内存的范围。比如 20 根地址线（20 位的二进制数），共有 1M 个编号，即可以直接寻址 1MB 的内存空间；若有 32 根地址线，则寻址范围扩大 4096 倍，达 4GB。

数据总线的位数决定了计算机一次能传送的数据量。在相同的时钟频率下，64 位数据总线的数据传送能力将是 8 位数据总线的 8 倍以上。

控制总线的位数和所采用的 MPU 与总线标准有关。其传送的信息一般为两种，一是MPU 向内存和外设发出的控制信息，二是外设向 MPU 发送的应答和请求服务信号。

为了产品的互换性，各计算机厂商和国际标准化组织统一把数据总线、地址总线和控制总线组织起来形成产品的技术规范，并称为总线标准。目前，在通用微机系统中常用的总线标准有 ISA、EISA、VESA、PCI、PCMCIA 等。

1．ISA（Industrial Standard Architecture）总线

该总线最早安排了 8 位数据总线，共 62 个引脚，主要满足 8088CPU 的要求。后来又增加了 36 个引脚，数据总线扩充到 16 位，总线传输率达到 8MB/s，适应了 80286CPU 的需求，成为 AT 系列微机的标准总线。

2．EISA（Extend ISA）总线

该总线的数据线和地址线均为 32 位，总线数据传输率达到 33MB/s，满足了 80386 和 80486CPU 的要求，并采用双层插座和相应的电路技术，保持了和 ISA 总线的兼容。

3．VESA（也称 VL-BUS）总线

该总线的数据线为 32 位，留有扩充到 64 位的物理空间。采用局部总线技术使总线数据传输率达到 133MB/s，支持高速视频控制器和其他高速设备接口，满足了 80386 和 80486CPU 的要求，并采用双层插座和相应的电路技术，保持了和 ISA 总线的兼容。支持 Intel、AMD、Cyrix 等公司的 CPU 产品。

4．PCI（Peripheral Component Interconnect）总线

PCI 总线采用局部总线技术，在 33MHz 下工作时数据传输率为 132MB/s，不受制于处理器且保持了和 ISA、EISA 总线的兼容。同时 PCI 还留有向 64 位扩充的余地，最高数据传输率为 264MB/s，支持 Intel80486、Pentium 以及更新的微处理器产品。

1.3.4　常用的输入/输出设备

输入/输出（I/O）设备又称外部设备或外围设备，简称外设。输入设备用来将数据、程序、控制命令等转换成二进制信息，存入计算机内存；输出设备将经计算机处理后的结果显示或打印输出。外设种类繁多，常用的外部设备有键盘、显示器、打印机、鼠标、绘图机、打描仪、光学字符识别装置、传真机、智能书写终端设备等。其中键盘、显示器、打印机是目前用得最多的常规设备。

1．键盘

尽管目前人工的语音输入法、手写输入法、触摸输入法、自动扫描识别输入法等的研究已经有了巨大的进展，相应的各类软硬件产品也已开始推广应用，但近期内键盘仍然是最主要的输入设备。依据键的结构形式，键盘分为有触点和无触点两类。有触点键盘采用机械触点按键，价廉，但易损坏。无触点键盘采用霍尔磁敏电子开关或电容感应开关，操作无噪声，手感好，寿命长，但价格较贵。键盘的外部结构一直在不断更新，现今常用的是标准 101、102、103 键盘（即键盘上共有 101 个键或 103 个键）。最近又有可分式的键盘、带鼠标和声音控制选钮的键盘等新产品问世。键盘的接口电路已经集成在主机板上，可以直接插入使用。

2．显示器

CRT 显示器（见图 1.10）是应用较普遍的基本输出设备。它由监视器（Monitor）和装在主机内的显示控制适配器（Adapter）两部分组成。

监视器显像管所能显示的光点的最小直径（也称为点距）决定了它的物理显示分辨率，常见的有 0.33mm、0.28mm、0.20mm 等。显示扫描频率则决定了它的闪烁性，目前的显示扫描频率均不低于 50Hz，并支持节能控制。

显示控制适配器（见图 1.11）是显视器和主机的接口电路，也称显卡。显视器在显卡

和显卡驱动软件的支持下可实现多种显示模式，如 640 像素×480 像素、800 像素×600 像素、1024 像素×768 像素等，乘积越大分辨率越高，但不会超过监视器的最高物理分辨率。显卡有多种型号，如 VGA、TVGA、VEGA、MCGA 等，选择显卡不但要看它所支持的显示模式，还要知道它所使用的总线标准和显示缓冲存储器的容量。比如要在 VGA 640×480 模式下进行真彩色显示，应有 1MB 以上的显示缓冲存储器。目前的显卡常配有 1GB 的显示缓存，高档产品还提供三维动画的加速显示功能。

图 1.10　CRT 显示器

图 1.11　显示控制适配器

液晶显示器（LCD）以前只在笔记本计算机中使用，目前在台式机系统中已逐渐替代 CRT 显示器。它省电且机身薄，但成本较高，只能借助于其他光源工作，亮度较低。发展中的气体等离子体显示器将带来显示技术的一次飞跃，它能做成较大的显示面积（如数平方米），但厚度将保持在 10cm，目前已经有产品进入市场应用。厚度更薄的场致发光平板显示器产品也已经在工业控制机中应用，其亮度高，色彩鲜艳，但价格约为同等显示面积 CRT 显示器价格的 10 倍。

　3．鼠标

鼠标（见图 1.12）目前已经成为最常用的输入设备之一。它通过串行接口或 USB 接口和计算机相连，其上有两个或 3 个按键，称为两键鼠标或三键鼠标。鼠标的基本操作为移动、单击、双击和拖动。当鼠标正常连接到计算机，其驱动软件被正确安装并启动运行后屏幕上就会出现一个箭头形状的指针，这时移动鼠标此箭头形指针即随之移动。当鼠标指针处于某确定位置时点按一

图 1.12　鼠标器

下鼠标按键称为单击鼠标；迅速地连续两次点按鼠标按键称为双击鼠标；若按下鼠标按键不放并移动鼠标就称为拖动鼠标。显然单击和双击鼠标有左右之分，后文中的"单击"或"双击"若不加说明即指单击或双击鼠标左键。

　4．打印机

打印机也经历了数次更新，目前已进入了激光打印机（Laser Printer）的时代，但针式点阵击打式打印机（Dot Matrix Impact Printer）仍在广泛应用。点阵打印机是利用电磁铁高速地击打 24 根打印针而把色带上的墨汁转印到打印纸上，工作噪声较大，速度较慢，1～2 页/分钟，分辨率也只有 120～180 点/英寸；激光打印机利用激光产生静电吸附效应，通过硒鼓将碳粉转印并定影到打印纸上，工作噪声小，普及型的输出速度也在 6 页/分钟，分辨

率高达 600 点/英寸以上。另一种打印机是喷墨打印机，各项指标都处于前两种打印机之间。

5．标准并行和串行接口

为了方便外接设备，微机系统都提供了一个用于连接打印机的 8 位并行接口和两个标准 RS232 串行接口。并行接口也可用来直接连接外置硬盘、软件加密狗和数据采集 A/D 转换器等并行设备。串行接口可用来连接鼠标、绘图仪、调制解调器（Modem）等低速（小于 115KB/s，即每秒小于 115KB）串行设备。

6．通用串行接口

目前微机系统还备有通用串行接口（Universal Serial BUS，USB），通过它可连接多达 256 个外部设备，通信速度高达 12MB/s，它是一种新的接口标准。目前带 USB 接口的设备有扫描仪、键盘、鼠标、声卡、调制解调器、摄像头等。

1.4 数制及不同数制之间的转换

1.4.1 进位计数制

按进位的方法进行计数，称为进位计数制。为了电路设计的方便，计算机内部使用的是二进制计数制，即"逢二进一"的计数制，简称二进制（Binary）。但人们最熟悉的是十进制，所以计算机的输入/输出也要使用十进制数据。此外，为了编制程序的方便，还常常用到八进制和十六进制。下面介绍这几种进位制和它们相互之间的转换。

1．十进制（Decimal）

十进制有两个特点：其一是采用 0～9 共 10 个阿拉伯数字符号；其二是相邻两位之间为"逢十进一"或"借一当十"的关系，即同一数码在不同的数位上代表不同的数值。我们把某种进位计数制所使用数码的个数称为该进位计数制的"基数"，把计算每个"数码"在所在位上代表的数值时所乘的常数称为"位权"。位权是一个指数幂，以"基数"为底，其指数是数位的"序号"。数位的序号为以小数点为界，其左边（个位）的数位序号为 0，向左每移一位序号加 1，向右每移一位序号减 1。任何一个十进制数都可以表示为一个按位权展开的多项式之和，如数 5678.4 可表示为

$$5678.4=5\times10^3+6\times10^2+7\times10^1+8\times10^0+4\times10^{-1}$$

其中，10^3、10^2、10^1、10^0、10^{-1} 分别是千位、百位、十位、个位和十分位的位权。

2．二进制（Binary）

二进制也有两个特点：数码仅采用"0"和"1"，所以基数是 2；相邻两位之间为"逢二进一"或"借一当二"的关系。它的"位权"可表示成 2^i，2 为其基数，i 为数位序号，取值法和十进制相同。任何一个二进制数都可以表示为按位权展开的多项式之和，如数 1100.1 可表示为

$$1100.1=1\times2^3+1\times2^2+0\times2^1+0\times2^0+1\times2^{-1}$$

3．八进制（Octal）

和十进制与二进制的讨论类似，八进制用的数码共有 8 个，即 0～7，则基数是 8；相邻两位之间为"逢八进一"和"借一当八"的关系，它的"位权"可表示成 8^i。任何一个八进制数都可以表示为按位权展开的多项式之和，如八进制数 1537.6 可表示为

$$1537.6=1\times8^3+5\times8^2+3\times8^1+7\times8^0+6\times8^{-1}$$

4．十六进制（Hexadecimal）

和十进制与二进制的讨论类似，十六进制用的数码共有 16 个，除了 0～9 外又增加了 6 个字母符号 A、B、C、D、E、F，分别对应了 10、11、12、13、14、15；其基数是 16，相邻两位之间为"逢十六进一"和"借一当十六"的关系，它的"位权"可表示成 16^i。任何一个十六进制数都可以表示为按位权展开的多项式之和，如数 3AC7.D 可表示为

$$3AC7.D = 3 \times 16^3 + 10 \times 16^2 + 12 \times 16^1 + 7 \times 16^0 + 13 \times 16^{-1}$$

5．任意的 K 进制

K 进制用的数码共有 K 个，其基数是 K，相邻两位之间为"逢 K 进一"和"借一当 K"的关系，它的"位权"可表示成 K^i，i 为数位序号。任何一个 K 进制数都可以表示为按位权展开的多项式之和，该表达式就是数的一般展开表达式：

$$D = \sum_{k=i}^{n} A_k N^k$$

其中，N 为基数，A_k 为第 K 位上的数码，N^k 为第 K 位上的位权。

1.4.2　不同数制之间的相互转换

1．二进制数、八进制数、十六进制数转换成十进制数

转换的方法就是按照位权展开表达式，例如：

① $(111.101)_2 = 1 \times 2^2 + 1 \times 2^1 + 1 \times 2^0 + 1 \times 2^{-1} + 0 \times 2^{-2} + 1 \times 2^{-3} = 4 + 2 + 1 + 0.5 + 0 + 0.125 = (7.625)_{10}$

② $(774)_8 = 7 \times 8^2 + 7 \times 8^1 + 4 \times 8^0 = (508)_{10}$

③ $(AF2.8C)_{16} = A \times 16^2 + F \times 16^1 + 2 \times 16^0 + 8 \times 16^{-1} + C \times 16^{-2}$

$\quad\quad\quad\quad = 10 \times 16^2 + 15 \times 16^1 \times 2 \times 16^0 + 8 \times 16^{-1} + 12 \times 16^{-2}$

$\quad\quad\quad\quad = 2560 + 240 + 2 + 0.5 + 0.046875 = (2802.546875)_{10}$

2．十进制数转换成二进制数

将十进制数转换成等值的二进制数，需要对整数和小数部分分别进行转换。整数部分转换法是连续除 2，直到商数为零，然后逆向取各个余数得到一串数位即为转换结果，例如：

$$11 \div 2 = 5 \text{------余数} \quad\quad 1$$
$$5 \div 2 = 2 \text{------余数} \quad\quad 1$$
$$2 \div 2 = 1 \text{------余数} \quad\quad 0$$
$$1 \div 2 = 0 \text{------余数} \quad\quad 1$$

逆向取余数（后得的余数为结果的高位）得：$(11)_{10} = (1011)_2$

小数部分转换法是连续乘 2，直到小数部分为零或已得到足够多个整数位，正向取积的整数（后得的整数位为结果的低位）位组成一串数位即为转换结果，例如：

$$0.7 \times 2 = 1.4 \text{------整数部分为} \quad 1$$
$$0.4 \times 2 = 0.8 \text{------整数部分为} \quad 0$$
$$0.8 \times 2 = 1.6 \text{------整数部分为} \quad 1$$
$$0.6 \times 2 = 1.2 \text{------整数部分为} \quad 1$$
$$0.2 \times 2 = 0.4 \text{------整数部分为} \quad 0 \text{（进入循环过程）}$$

若要求 4 位小数，则算到第 5 位，以便四舍五入。结果得：$(0.7)_{10} = (0.1011)_2$

可见有限位的十进制小数所对应的二进制小数可能是无限位的循环或不循环小数，这

就必然导致转换误差。仅将上述转换方法简单证明如下。

若有一个十进制整数 A，必然对应有一个 n 位的二进制整数 B，将 B 展开表示就得下式：

$$(A)_{10}=b_{n-1}\times2^{n-1}+b_{n-2}\times2^{n-2}+\cdots+b_2\times2^2+b_1\times2^1+b_0\times2^0$$

当式子两端同除以 2，则两端的结果和余数都应当相等，分析式子右端，除了最末项外各项都含有因子 2，所以其余数就是 b_0。同时 b_1 项的因子 2 没有了。当再次除以 2，b_1 就是余数。依此类推，就逐次得到了 b_2、b_3、b_4、…，直到式子左端的商为 0。

小数部分转换方法的证明同样是利用转换结果的展开表达式，写出下式：

$$(A)_{10}=b_{-1}\times2^{-1}+b_{-2}\times2^{-2}+\cdots+b_{-(m-1)}\times2^{-m+1}+b_{-m}\times2^{-m}$$

显然当式子两端乘以 2，其右端的整数位就等于左端的 b_{-1}。当式子两端再次乘以 2，其右端的整数位就等于左端的 b_{-2}。依此类推，直到右端的小数部分为 0，或得到了满足要求的二进制小数位数。

最后将小数部分和整数部分的转换结果合并，并用小数点隔开就得到最终转换结果。

3．十进制数转换为八进制数和十六进制数

对整数部分"连除基数取余"，对小数部分"连乘基数取整"的转换方法可以推广到十进制数到任意进制数的转换，这时的基数要用十进制数表示。例如，用"除 8 逆向取余"和"乘 8 正向取整"的方法可以实现由十进制向八进制的转换；用"除 16 逆向取余"和"乘 16 正向取整"可实现由十进制向十六进制的转换。将 269 转换为八进制和十六进制数的计算如下：

```
269÷8=33    ----余数  5        269÷16=16   ----余数  13
33÷8=4      ----余数  1        16÷16=1     ----余数  0
4÷8=0       ----余数  4        1÷16=0      ----余数  1
得：(269)₁₀=(415)₈              得：(269)₁₀=(10D)₁₆
```

4．八进制数和十六进制数与二进制数之间的转换

由于 3 位二进制数所能表示的也是 8 个状态，因此一位八进制数与 3 位二进制数之间就有着一一对应的关系，转换就十分简单。即将八进制数转换成二进制数时，只需要将每一位八进制数码用 3 位二进制数码代替即可，例如：

$$(367.12)_8=(011\ 110\ 111.001\ 010)_2$$

为了便于阅读，这里在数字之间特意添加了空格。若要将二进制数转换成八进制数，只需从小数点开始，分别向左和向右每 3 位分成一组，用一位八进制数码代替即可，例如：

$$(10\ 100\ 101.001\ 111\ 01)_2=(10\ 100\ 101.001\ 111\ 010)_2=(245.172)_8$$

这里要注意的是：小数部分最后一组如果不够 3 位，应在尾部用零补足 3 位再进行转换。

与八进制数类似，一位十六进制数与 4 位二进制数之间也有着一一对应的关系。将十六进制数转换成二进制数时，只需将每一位十六进制数码用 4 位二进制数码代替即可，例如：

$$(CF.5)_{16}=(1100\ 1111.0101)_2$$

将二进制数转换成十六进制数时，只需从小数点开始，分别向左和向右每 4 位一组用一位十六进制数码代替即可。小数部分的最后一组不足 4 位时要在尾部用 0 补足 4 位，例如：

$$(1011\ 0111.1001\ 1)_2=(1011\ 0111.1001\ 1000)_2=(B7.98)_{16}$$

1.4.3 二进制数的算术运算

二进制数只有 0 和 1 两个数码，它的算术运算规则比十进制数的运算规则简单得多。

1．二进制数的加法运算

二进制加法规则共 4：0+0=0；0+1=1；1+0=1；1+1=0（向高位进位 1）

如将两个二进制数 1001 与 1011 相加，加法过程的竖式表示如下：

```
    1 0 0 1    被加数
+   1 0 1 1    加数
  1 0 1 0 0    和
```

2．二进制数的减法运算

二进制减法规则也是 4 条：0-0=0；1-0=1；1-1=0；0-1=1（向相邻的高位借 1 当 2）

如：1010–0111=0011

3．二进制数的乘法

二进制乘法规则也是 4 条：0×0=0；0×1=0；1×0=0；1×1=1

如求二进制数 1001 和 1011 相乘的乘积，竖式计算如下：

```
      1 0 0 1    被加数
  ×   1 0 1 1    乘数
      1 0 0 1
    1 0 0 1
    0 0 0 0      部分乘积
+ 1 0 0 1
  1 1 0 0 0 1 1  乘积
```

从该例可知其乘法运算过程和十进制的乘法运算过程非常一致，仅仅是换用了二进制的加法和乘法规则，计算更为简洁。

二进制的除法同样是乘法的逆运算，也与十进制除法类似，仅仅是换用了二进制的减法和乘法规则，不再举例说明。

1.5 基于计算机的信息处理

广义地讲，信息就是消息。信息一般表现为 5 种形态：数据、文本、声音、图形和图像。本节主要讲述数据和文本的计算机表示和处理，声音、图形和图像的计算机表示和处理将在本书第 7 章中加以介绍。

1.5.1 数值信息的表示

1．数的定点和浮点表示

在计算机中，一个带小数点的数据通常有两种表示方法：定点表示法和浮点表示法。在计算过程中小数点位置固定的数据称为定点数，小数点位置浮动的数据称为浮点数。

计算机中常用的定点数有两种，即定点纯整数和定点纯小数。将小数点固定在数的最低位之后，就是定点纯整数。将小数点固定在符号位之后、最高数值位之前，就是定点纯小数。

我们知道一个十进制数可以表示成一个纯小数与一个以 10 为底的整数次幂的乘积，如 135.45 可表示为 0.13545×10^3。同理，一个任意二进制数 N 可以表示为下式：

$$N = 2^J \times S$$

其中，S 称为尾数，是二进制纯小数，表示 N 的有效数位；J 称为 N 的阶码，是二进制整数，指明了小数点的实际位置，改变 J 的值也就改变了数 N 的小数点的位置。该式也就是数的浮点表示形式，而其中的尾数和阶码分别是定点纯小数和定点纯整数。例如，二进制数 11101.11 的浮点数表示形式可为：0.1110111×2^5。

2．数的编码表示

一般的数都有正负之分，计算机只能记忆 0 和 1，为了将数在计算机中存放和处理就要将数的符号进行编码。基本方法是在数中增加一位符号位（一般将其安排在数的最高位之前），并用"0"表示数的正号，用"1"表示数的负号，例如：

数 +1110011 在计算机中可存为 01110011；

数 −1110011 在计算机中可存为 11110011。

这种数值位部分不变，仅用 0 和 1 表示其符号得到的数的编码，称为原码，并将原来的数称为真值，将其编码形式称为机器数。

按上述原码的定义和编码方法，数 0 就有两种编码形式：0000…0 和 100…0。所以对于带符号的整数来说，n 位二进制原码表示的数值范围是：

$$-(2^{n-1}-1) \sim +(2^{n-1}-1)$$

例如，8 位原码的表示范围为：−127～+127，16 位原码的表示范围为−32767～+32767。

用原码作乘法，计算机的控制较为简单，两符号位单独相乘就得结果的符号位，数值部分相乘就得结果的数值。但用其作加减法就较为困难，主要难在结果符号的判定，并且实际进行加法还是进行减法操作还要依据操作对象具体判定。为了简化运算操作，把加法和减法统一起来以简化运算器的设计，计算机中也用到了其他的编码形式，主要有补码和反码。

为了说明补码的原理，先介绍数学中的"同余"概念，即对于 a、b 两个数，若用一个正整数 K 去除，所得的余数相同，则称 a、b 对于模 K 是同余的（或称互补）。就是说，a 和 b 在模 K 的意义下相等，记作 $a=b$（MOD K）。

例如，$a=13$，$b=25$，$K=12$，用 K 去除 a 和 b 余数都是 1，记作 13＝25(MOD12)。

实际上，在时针钟表校对时间时若顺时针方向拨 7h 与反时针方向拨 5h 小时其效果是相同的，即加 7 和减 5 是一样的。就是因为在表盘上只有 12 个计数状态，即其模为 12，则 7＝−5(MOD12)。

对于计算机，其运算器的位数（字长）总是有限的，即它也有"模"的存在，可以利用"补数"实现加减法之间的相互转换。下面仅给出求补码和反码的算法和应用举例。

（1）求反码的算法

对于正数，其反码和原码同形；对于负数，则将其原码的符号位保持不变，而将其他位按位求反（即将 0 换为 1，将 1 换为 0）。

（2）求补码的算法

对于正数，其补码和原码同形；对于负数，先求其反码，再在最低位加"1"（称为末位加 1）。

求原码、反码和补码的计算，举例如表 1.1 所示（以 8 位代码为例）。

若对一补码再次求补就又得到了对应的原码。

表 1.1　　　　　　　　　　　真值、原码、反码、补码对照举例

十进制数	二进制数	十六进制数	原码	反码	补码	说明
69	1000101	45	01000101	01000101	01000101	定点正整数
−92	−1011100	−5C	11011100	10100011	10100100	定点负整数
0.82	0.11010010	0.D2	01101001	01101001	01101001	定点正小数
−0.6	−0.10011010	−0.9A	11001101	10110010	10110011	定点负小数

注：在二进制数的小数取舍中，0 舍 1 入。$(0.82)_{10}=(0.110100011\cdots)_2$，取 8 位小数，就把第 9 位上的 1 入到第 8 位，而第 8 位进位，从而得到十进制 0.82 的二进制数是 0.11010010。在原码中，为了凑 8 位数字，把最后一个 0 舍去。− 0.6 的转换类似。

3．补码运算举例

补码运算的基本规则是$[X]_补+[Y]_补=[X+Y]_补$，由此规律进行计算。

（1）18−13=5

由式 18−13=18+(−13)，则 8 位补码计算的竖式如下：

$$\begin{array}{r} 0\,0\,0\,1\,0\,0\,1\,0 \\ +\ 1\,1\,1\,1\,0\,0\,1\,1 \\ \hline 1\,0\,0\,0\,0\,0\,1\,0\,1 \end{array}$$

最高位进位自动丢失后，结果的符号位为 0，即为正数，补码原码同形。转换为十进制数即为+5，运算结果正确。

（2）25−36=−11

由式 25−36=25+(−36)，则 8 位补码计算的竖式如下：

$$\begin{array}{r} 0\,0\,0\,1\,1\,0\,0\,1 \\ +\ 1\,1\,0\,1\,1\,1\,0\,0 \\ \hline 1\,1\,1\,1\,0\,1\,0\,1 \end{array}$$ 和

结果的符号位为 1，即为负数。由于负数的补码原码不同形，所以先将其再求补得到其原码 10001011，再转换为十进制数即为−11，运算结果正确。

4．计算机中数的浮点表示

前面已经提到数的浮点表示形式，即阶码和尾数的表示形式。原则上讲，阶码和尾数都可以任意选用原码、补码或反码，这里仅简单举例说明采用补码表示的定点纯整数表示阶码、采用补码表示的定点纯小数表示尾数的浮点数表示方法。例如，在 IBM PC 系列微机中，采用 4 个字节存放一个实型数据，其中阶码占 1 个字节，尾数占 3 个字节。阶码的符号（简称阶符）和数值的符号（简称数符）各占一位，且阶码和尾数均为补码形式。当存放十进制数+256.8125 时，其浮点格式为

$$\underline{0\ \ 000\ 100\ 1\ \ \ \ 0\ \ 1000000\ 00110100\ 00000000}$$
阶符　阶码　　数符　　　　　尾数

即$(256.8125)_{10}=(0.1000000001101\times2^{1001})_2$。

当存放十进制数据−0.21875 时，其浮点格式为：

$$\underbrace{1}_{\text{阶符}}\ \underbrace{111\ 1110}_{\text{阶码}}\quad \underbrace{1}_{\text{数符}}\ \underbrace{00100000\ 00000000\ 00000000}_{\text{尾数}}$$

即（-0.21875）$_{10}$=（-0.00111）$_2$=（-0.111×2^{-010}）$_2$。

由上例可以看到，当写一个编码时必须按规定写足位数，必要时可补写 0 或 1。另外，为了充分利用编码表示高的数据精度，计算机中采用了"规格化"的浮点数的概念，即尾数小数点的后一位必须是非"0"，即对正数小数点的后一位必须是"1"；对负数补码，小数点的后一位必须是"0"。否则就左移一次尾数，阶码减一，直到符合规格化要求。

1.5.2 非数值数据的编码

由于计算机只能识别二进制代码，数字、字母、符号等必须以特定的二进制代码来表示，称为它们的二进制编码。

1．十进制数字的编码

前面的学习中提到当十进制小数转换为二进制数时将会产生误差，为了精确地存储和运算十进制数，可用若干位二进制数码来表示一位十进制数，称为二进制编码的十进制数，简称二—十进制代码（Binary Code Decimal，BCD）。由于十进制数有 10 个数码，起码要用 4 位二进制数才能表示 1 位十进制数，而 4 位二进制数能表示 16 个符号，所以就存在有多种编码方法。其中 8421 码是常用的一种编码方法，它利用了二进制数的展开表达式形式，即各位的位权由高位到低位分别是 8、4、2、1，方便了编码和解码的运算操作。若用 BCD码表示十进制数 2365 就可以直接写出结果：0010 0011 0110 0101。

2．字母和常用符号的编码

在英语书中用到的字母为 52 个（大、小写字母各 26 个），数码 10 个，数学运算符号和其他标点符号等约 32 个，再加上用于打字机控制的无图形符号等，共计 128 个符号。对128 个符号编码需要 7 位二进制数，且可以有不同的排列方式，即不同的编码方案。其中ASCII（American Standard Code for Information Interchange，美国标准信息交换码）是使用最广泛的字符编码方案。ASCII 编码表如表 1.2 所示。

ASCII 代码在初期主要用于远距离的有线或无线电通信中，为了及时发现在传输过程中因电磁干扰引起的代码出错，设计了各种校验方法，其中奇偶校验是采用最多的一种，即在 7 位 ASCII 代码之前再增加一位用作校验位，形成 8 位编码。若采用偶校验，即选择校验位的状态使包括校验位在内的编码内所有为"1"的位数之和为偶数。例如，大写字母"C"的 7 位编码是"1000011"，共有 3 个"1"，则使校验位置"1"，即得到字母"C"的带校验位的 8 位编码"11000011"；若原 7 位编码中已有偶数位"1"，则校验位置"0"。在数据接收端则对接收的每一个 8 位编码进行奇偶性检验，若不符合偶数个（或奇数个）"1"的约定就认为是一个错码，并通知对方重复发送一次。由于 8 位编码的广泛应用，8 位二进制数也被定义为一个字节，成为计算机中的一个重要单位。

表 1.2　　　　　　　　　　ASCII 编码表（$b_7b_6b_5b_4b_3b_2b_1$）

$b_4b_3b_2b_1$ ＼ $b_7b_6b_5$	000	001	010	011	100	101	110	111
0000	NUL	DLE	SP	0	@	P	`	p
0001	SOH	DC1	!	1	A	Q	a	q

$b_7b_6b_5$ / $b_4b_3b_2b_1$	000	001	010	011	100	101	110	111
0010	STX	DC2	"	2	B	R	b	r
0011	ETX	DC3	#	3	C	S	c	s
0100	EOT	DV4	$	4	D	T	d	t
0101	ENQ	NAK	%	5	E	U	e	u
0110	ACK	SYN	&	6	F	V	f	v
0111	BEL	ETB	'	7	G	W	g	w
1000	BS	CAN	(	8	H	X	h	x
1001	HT	EM	)	9	I	Y	i	y
1010	LF	SUB	*	:	J	Z	j	z
1011	VT	ESC	+	;	K	[	k	{
1100	FF	FS	,	<	L	\	l		
1101	CR	GS	-	=	M	]	m	}
1110	SO	RS	.	>	N	^	n	~
1111	SI	US	/	?	O		o	DEL

3．汉字编码

汉字是世界上使用最多的文字，是联合国的工作语言之一，汉字处理的研究对计算机在我国的推广应用和加强国际交流都是十分重要的。但汉字属于图形符号，结构复杂，多音字和多义字比例较大，数量太多（字形各异的汉字据统计有 50 000 个左右，常用的也在 7 000 个左右）。这些导致汉字编码处理和西文有很大的区别，在键盘上难于表现，输入和处理都难得多。依据汉字处理阶段的不同，汉字编码可分为输入码、显示字形码、机内码和交换码。

在键盘输入汉字用到的汉字输入码现在已经有数百种，商品化的也有数十种，广泛应用的有五笔字型码、全/双拼音码、自然码等。但归纳起来可分为数字码、拼音码、字形码和音形混合码。数字码以区位码、电报码为代表，一般用 4 位十进制数表示一个汉字，每个汉字编码唯一，记忆困难。拼音码又分全拼和双拼，基本上无须记忆，但重音字太多。为此又提出双拼双音、智能拼音和联想等方案，推进了拼音汉字编码的普及使用。字形码以五笔字形为代表，优点是重码率低，适用于专业打字人员应用，缺点是记忆量大。自然码则将汉字的音、形、义都反映在其编码中，是混合编码的代表。

要在屏幕或在打印机上输出汉字，就需要用到汉字的字形信息。目前表示汉字字形常用点阵字形法和矢量法。

点阵字形是将汉字写在一个方格纸上，用一位二进制数表示一个方格的状态，有笔画经过记为"1"，否则记为"0"，并称其为点阵。把点阵上的状态代码记录下来就得到一个汉字的字形码。显然，同一汉字用不同的字体或不同大小的点阵将得到不同的字形码。由于汉字笔画多，至少要用 16×16 的点阵（简称 16 点阵）才能描述一个汉字，这就需要 256个二进制位，即要用 32 字节的存储空间来存放它。若要更精密地描述一个汉字就需要更大的点阵，比如 24×24 点阵（简称 24 点阵）或更大。将字形信息有组织地存放起来就形成汉字字形库。一般 16 点阵字形用于显示，相应的字形库也称为显示字库。

矢量字形则是通过抽取并存放汉字中每个笔画的特征坐标值，即汉字的字形矢量信息，在输出时依据这些信息经过运算恢复原来的字形。所以矢量字形信息可适应显示和打印各种字号的汉字。其缺点是每个汉字需存储的字形矢量信息量有较大的差异，存储长度不一样，查找较难，在输出时需要占用较多的运算时间。

有了字形库，要快速地读到要找的信息，必须知道其存放单元的地址。当输入一个汉字并要把他显示出来时，就要将其输入码转换成为能表示其字形码存储地址的机内码。根据字库的选择和字库存放位置的不同，同一汉字在同一计算机内的内码也将是不同的。

汉字的输入码、字形码和机内码都不是唯一的，不便于不同计算机系统之间的汉字信息交换。为此我国制定了《信息交换用汉字编码字符集基本集》，即 GB 2312—80，提供了统一的国家信息交换用汉字编码，称为国标码。该标准集中规定了 682 个西文字符和图形符号、6763 个常用汉字。6763 个汉字被分为一级汉字 3755 个和二级汉字 3008 个。每个汉字或符号的编码为两字节，每个字节的低 7 位为汉字编码，共计 14 位，最多可编码 16 384 个汉字和符号。为避开 ASCII 代码中的控制码，国标码规定了 94×94 的矩阵，即 94 个可容纳 94 个汉字的"区"，并将汉字在区中的位置称为"位号"。一个汉字所在的区号和位号合并起来就组成了该汉字的区位码。利用区位码可方便地换算为机内码：

高位内码=区号+20H+80H

低位内码=位号+20H+80H

其中，加 20H 是为了避开 ASCII 的控制码（在 0～31）；加 80H 是把每字节的最高位置"1"以便于与基本的 ASCII 代码区分开来。

除了 GB 2312—80 外，GB 7589—87 和 GB 7590—87 两个辅助集也对非常用汉字作出了规定，三者定义汉字共 21 039 个。

习 题 1

1. 微型计算机系统由哪几部分组成？其中硬件包括哪几部分？软件包括哪几部分？各部分的功能如何？

2. 微型计算机的存储体系如何？内存和外存各有什么特点？

3. 计算机的更新换代由什么决定？主要技术指标是什么？

4. 表示计算机存储器容量的单位是什么？如何由地址总线的根数来计算存储器的容量？KB、MB、GB 代表什么意思？

5. 已知 X 的补码为 11110110，求其真值。将二进制数+1100101B 转换为十进制数，并用 8421BCD 码表示。

6. 将十进制数 2746.12851 转换为二进制数、八进制数和十六进制数。

7. 分别用原码、补码、反码表示有符号数+102 和−103。

8. 用浮点格式表示十进制数 123.625。

9. 设浮点数形式为阶符阶码尾符尾数，其中阶码（包括 1 位符号位）取 4 位补码，尾数（包括 1 位符号位）取 8 位原码，基为 2。请写出二进制数−110.0101B 的浮点数形式。

10. 汉字在计算机内部存储、传输和检索的代码称为什么码？汉字输入码到该代码的变换由什么来完成？

第2章

操作系统与 Windows 7

本章首先从操作系统的定义、功能、分类、演化等方面进行简要说明，然后以 Windows 7 为例，详细讲述操作系统的功能和使用方法，最后简要介绍 Windows 8 操作系统的特点。内容由浅入深，知识覆盖面广，注重对实际操作能力的培养。

【知识要点】
1. 操作系统的定义、功能和分类；
2. 操作系统的演化过程；
3. Windows 7 的常用操作；
4. 下一代操作系统 Windows 8 简介。

2.1 操作系统概述

2.1.1 操作系统的含义

为了使计算机系统中所有软硬件资源协调一致、有条不紊地工作，就必须有一套软件来进行统一的管理和调度，这种软件就是操作系统。操作系统是管理软硬件资源、控制程序执行、改善人机界面、合理组织计算机工作流程和为用户使用计算机提供良好运行环境的一种系统软件。计算机系统不能缺少操作系统，正如人不能没有大脑一样，而且操作系统的性能在很大程度上直接决定了整个计算机系统的性能。操作系统直接运行在裸机上，是对计算机硬件系统的第一次扩充。在操作系统的支持下，计算机才能运行其他的软件。从用户的角度看，操作系统加上计算机硬件系统形成一台虚拟机（通常广义上的计算机），它为用户构成了一个方便、有效、友好的使用环境。因此可以说，操作系统不但是计算机硬件与其他软件的接口，而且也是用户和计算机的接口。

2.1.2 操作系统的基本功能

操作系统作为计算机系统的管理者，它的主要功能是对系统所有的软硬件资源进行合理而有效的管理和调度，提高计算机系统的整体性能。一般而言，引入操作系统有两个目的：第一，从用户角度来看，操作系统将裸机改造成一台功能更强、服务质量更高、用户使用起来更加灵活方便、更加安全可靠的虚拟机，使用户无须了解更多有关硬件和软件的细节就能使用计算机，从而提高用户的工作效率；第二，为了合理地使用系统包含的各种软硬件资源，提高整个系统的使用效率。具体地说，操作系统具有处理器管理、存储管理、设备管理、文件管理、作业管理等功能。

1．处理器管理

处理器管理也称进程管理。进程是一个动态的过程，是执行起来的程序，是系统进行资源调度和分配的独立单位。

进程与程序的区别，有以下 4 点。

① 程序是"静止"的，它描述的是静态指令集合及相关的数据结构，所以程序是无生命的；进程是"活动"的，它描述的是程序执行起来的动态行为，所以进程是有生命周期的。

② 程序可以脱离机器长期保存，即使不执行的程序也是存在的。而进程是执行着的程序，当程序执行完毕，进程也就不存在了。进程的生命是暂时的。

③ 程序不具有并发特征，不占用 CPU、存储器、输入/输出设备等系统资源，因此不会受到其他程序的制约和影响。进程具有并发性，在并发执行时，由于需要使用 CPU、存储器、输入/输出设备等系统资源，因此受到其他进程的制约和影响。

④ 进程与程序不是一一对应的。一个程序多次执行，可以产生多个不同的进程。一个进程也可以对应多个程序。

进程在其生存周期内，由于受资源制约，其执行过程是间断的，因此进程状态也是不断变化的。一般来说，进程有以下 3 种基本状态。

① 就绪状态。进程已经获取了除 CPU 之外所必需的一切资源，一旦分配到 CPU，就可以立即执行。

② 运行状态。进程获得了 CPU 及其他一切所需的资源，正在运行。

③ 等待状态。由于某种资源得不到满足，进程运行受阻，处于暂停状态，等待分配到所需资源后，再投入运行。

操作系统对进程的管理主要体现在调度和管理进程从"创生"到"消亡"整个生存周期过程中的所有活动，包括创建进程、转变进程的状态、执行进程和撤销进程等操作。

2．存储管理

存储器是计算机系统中存放各种信息的主要场所，因而是系统的关键资源之一，能否合理、有效地使用这种资源，在很大程度上影响到整个计算机系统的性能。操作系统的存储管理主要是对内存的管理。除了为各个作业及进程分配互不发生冲突的内存空间，保护放在内存中的程序和数据不被破坏外，还要组织最大限度的共享内存空间，甚至将内存和外存结合起来，为用户提供一个容量比实际内存大得多的虚拟存储空间。

3．设备管理

外部设备是计算机系统中完成和人及其他系统间进行信息交流的重要资源，也是系统中最具多样性和变化性的部分。设备管理是负责对接入本计算机系统的所有外部设备进行管理，主要功能有设备分配、设备驱动、缓冲管理、数据传输控制、中断控制、故障处理等。常采用缓冲、中断、通道、虚拟设备等技术尽可能地使外部设备和主机并行工作，解决快速 CPU 与慢速外部设备的矛盾，使用户不必去涉及具体设备的物理特性和具体控制命令就能方便、灵活地使用这些设备。

4．文件管理

计算机中存放着成千上万的文件，这些文件保存在外存中，但其处理却是在内存中进行的。对文件的组织管理和操作都是由被称之为文件系统的软件来完成的。文件系统由文件、管理文件的软件和相应的数据结构组成。文件管理支持文件的建立、存储、检索、调用、修改等操作，解决文件的共享、保密、保护等问题，并提供方便的用户使用界面，使用户能实现对文件的按名存取，而不必关心文件在磁盘上的存放细节。

5．作业管理

作业管理是为处理器管理做准备的，包括对作业的组织、调度和运行控制。我们将一次解题过程中或一个事务处理过程中要求计算机系统所完成的工作的集合，包括要执行的全部程序模块和需要处理的全部数据，称为一个作业（Job）。

作业有 3 个状态：当作业被输入到系统的后备存储器中，并建立了作业控制模块（Job Control Block，JCB）时，称其处于后备态；作业被作业调度程序选中并为它分配了必要的资源，建立了一组相应的进程时，称其处于运行态；作业正常完成或因程序出错等而被终止运行时，称其进入完成态。

CPU 是整个计算机系统中较昂贵的资源，它的速度要比其他硬件快得多，所以操作系统要采用各种方式充分利用它的处理能力，组织多个作业同时运行，主要解决对处理器的调度、冲突处理和资源回收等问题。

2.1.3　操作系统的分类

经过了 50 多年的迅速发展，操作系统多种多样，功能也相差很大，已经发展到能够适应各种不同的应用环境和各种不同的硬件配置。操作系统按不同的分类标准可分为不同类型的操作系统，如图 2.1 所示。

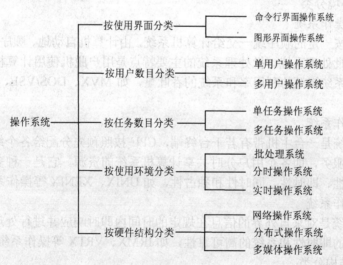

图 2.1　操作系统的分类示意图

1．按与用户交互的界面分类

（1）命令行界面操作系统

在命令行界面操作系统中，用户只能在命令提示符后（如 C:\>）输入命令才能操作计算机。其界面不友好，用户需要记忆各种命令，否则无法使用系统，如 MSDOS、Novell 等系统。

（2）图形界面操作系统

图形界面操作系统交互性好，用户无须记忆命令，可根据界面的提示进行操作，简单易学，如 Windows 系统。

2．按能够支持的用户数目分类

（1）单用户操作系统

单用户操作系统只允许一个用户使用操作系统，该用户独占计算机系统的全部软硬件资源。在微型计算机上使用的 MS-DOS、Windows 3.x 和 OS/2 等属于单用户操作系统。

单用户操作系统可分为单任务操作系统和多任务操作系统。其区别是一台计算机能否同时执行两项（含两项）以上的任务，如在数据统计的同时能否播放音乐等。

（2）多用户操作系统

多用户操作系统是在一台主机上连接有若干台终端，能够支持多个用户同时通过这些终端机使用该主机进行工作。根据各用户占用该主机资源的方式，多用户操作系统又分为分时操作系统和实时操作系统。典型的多用户操作系统有 UNIX、Linux、VAX-VMS 等。

3．按是否能够运行多个任务分类

（1）单任务操作系统

单任务操作系统的主要特征是系统每次只能执行一个程序。例如，在打印时，微机就不能再进行其他工作了，如 DOS 操作系统。

（2）多任务操作系统

多任务操作系统允许同时运行两个以上的程序。例如，在打印时，可以同时执行另一个程序，如 Windows NT、Windows 2000/XP、Windows Vista/7、UNIX 等系统。

4．按使用环境分类

（1）批处理操作系统

将若干作业按一定的顺序统一交给计算机系统，由计算机自动地、顺序完成这些作业，这样的系统称为批处理系统。批处理系统的主要特点是用户脱机使用计算机和成批处理，从而大大提高了系统资源的利用率和系统的吞吐量，如 MVX、DOS/VSE、AOS/V 等操作系统。

（2）分时操作系统

分时操作系统是一台主机带有若干台终端，CPU 按照预先分配给各个终端的时间片，轮流为各个终端服务，即各个用户分时共享计算机系统的资源。它是一种多用户系统，其特点是具有交互性、即时性、同时性和独占性，如 UNIX、XENIX 等操作系统。

（3）实时操作系统

实时操作系统是对来自外界的信息在规定的时间内即时响应并进行处理的系统。它的两大特点是响应的即时性和系统的高可靠性，如 IRMX、VRTX 等操作系统。

5．按硬件结构分类

（1）网络操作系统

网络操作系统是用来管理连接在计算机网络上的多个独立的计算机系统（包括微机、无盘工作站、大型机和中小型机系统等），使它们在各自原来操作系统的基础上实现相互之间的数据交换、资源共享、相互操作等网络管理和网络应用的操作系统。连接在网络上的计算机被称为网络工作站，简称工作站。工作站和终端的区别是前者具有自己的操作系统和数据处理能力，后者要通过主机实现运算操作，如 Netware、Windows NT、OS/2Warp、

Sonos 操作系统。

（2）分布式操作系统

分布式操作系统也是通过通信网络将物理上分布存在的、具有独立运算功能的数据处理系统或计算机系统连接起来，实现信息交换、资源共享和协作完成任务的系统。分布式操作系统管理系统中的全部资源，为用户提供一个统一的界面，强调分布式计算和处理，更强调系统的坚强性、重构性、容错性、可靠性和快速性。从物理连接上看它与网络系统十分相似，它与一般网络系统的主要区别表现在：当操作人员向系统发出命令后能迅速得到处理结果，但运算处理是在系统中的哪台计算机上完成的操作人员并不知道，如 Amoeba 操作系统。

（3）多媒体操作系统

多媒体计算机是近几年发展起来的集文字、图形、声音、活动图像于一体的计算机。多媒体操作系统对上述各种信息和资源进行管理，包括数据压缩、声像同步、文件格式管理、设备管理、提供用户接口等。

2.2　微机操作系统的演化过程

2.2.1　DOS 操作系统

1．DOS 的功能

DOS（Disk Operating System）即磁盘操作系统，它是配置在 PC 上的单用户命令行界面操作系统。它曾经最广泛地应用在 PC 上，对于计算机的应用普及可以说是功不可没的。其功能主要是进行文件管理和设备管理。

2．DOS 的文件

文件是存放在外存中、有名字的一组信息的集合。每个文件都有一个文件名，DOS 按文件名对文件进行识别和管理，即所谓的"按名存取"。文件名由主文件名和扩展名两部分组成，其间用圆点"."隔开。主文件名用来标识不同的文件，扩展名用来标识文件的类型。主文件名不能省略，扩展名可以省略。主文件名由 1~8 个字符组成，扩展名最多由 3 个字符组成。DOS 对文件名中的大小写字母不加区分，字母或数字都可以作为文件名的第 1 个字符。一些特殊字符（如：$、~、-、&、#、%、@、（、）等）可以用在文件名中，但不允许使用"！"、"，"、"\"、空格等。

对文件操作时，在文件名中可以使用具有特殊作用的两个符号"*"、"？"，称它们为"通配符"。其中"*"代表在其位置上连续且合法的零个到多个字符，"？"代表它所在位置上的任意一个合法字符。利用通配符可以很方便地对一批文件进行操作。

3．DOS 的目录和路径

磁盘上可存放许多文件，通常，各个用户都希望自己的文件与其他用户的文件分开存放，以便查找和使用。即使是同一个用户，也往往把不同用途的文件互相区分，分别存放，以便于管理和使用。

（1）树形目录

为了实现对文件的统一管理，同时又能方便用户对自己的文件进行管理和使用，DOS 系统采用树形结构来实施对所有文件的组织和管理。该结构很像一棵倒置的树，树根在上，树叶在下，中间是树枝，它们都称为节点。树的节点分为 3 类：根节点表示根目录；枝节点表示子目录；叶节点表示文件。在目录下可以存放文件，也可以创建不同名字的子目录，子目录下又可以建立子目录并存放一些文件。上级子目录和下级子目录之间的关系是父子关系，即父目录下可以有子目录，子目录下又可以有自己的子目录，呈现出明显的层次关系，如图 2.2 所示。

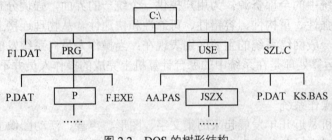

图 2.2　DOS 的树形结构

（2）路径

要指定 1 个文件，DOS 必须知道 3 条信息：文件所在的驱动器（即盘符）、文件所在的目录和文件名。路径即为文件所在的位置，包括盘符和目录名，如 C:\PRG\P。

2.2.2　Windows 操作系统

从 1983 年到 1998 年，美国 Microsoft 公司陆续推出了 Windows 1.0、Windows 2.0、Windows 3.0、Windows 3.1、Windows NT、Windows 95、Windows 98 等系列操作系统。Windows 98 以前版本的操作系统都由于存在某些缺点而很快被淘汰。而 Windows 98 提供了更强大的多媒体和网络通信功能，以及更加安全可靠的系统保护措施和控制机制，从而使 Windows 98 系统的功能趋于完善。1998 年 8 月，Microsoft 公司推出了 Windows 98 中文版，这个版本当时应用非常广泛。

2000 年，Microsoft 公司推出了 Windows 2000 的英文版。Windows 2000 也就是改名后的 Windows NT5，Windows 2000 具有许多意义深远的新特性。同年，又发行了 Windows Me 操作系统。

2001 年，Microsoft 公司推出了 Windows XP。Windows XP 整合了 Windows 2000 的强大功能特性，并植入了新的网络单元和安全技术，具有界面时尚、使用便捷、集成度高、安全性好等优点。

2005 年，Microsoft 公司又在 Windows XP 的基础上推出了 Windows Vista。Windows Vista 仍然保留了 Windows XP 整体优良的特性，通过进一步完善，在安全性、可靠性及互动体验等方面更为突出和完善。

Windows 7 第一次在操作系统中引入 Life Immersion 概念，即在系统中集成许多人性因素，一切以人为本，同时沿用了 Vista 的 Aero（Authentic 真实，Energetic 动感，Reflective 反射性，Open 开阔）界面，提供了高质量的视觉感受，使得桌面更加流畅、稳定。为了满足不同定位用户群体的需要，Windows 7 提供了 5 个不同版本：家庭普通版（HomeBasic 版）、家庭高级版（Home Premium 版）、商用版（Business 版）、企业版（Enterprise 版）和旗舰版（Ultimate 版）。2009 年 10 月 22 日 Microsoft 公司于美国正式发布 Windows 7 作为 Microsoft 公司新的操作系统。

目前，Microsoft 公司正在陆续发布 Windows 8 的各种版本。

2.3 网络操作系统

计算机网络可以定义为互联的自主计算机系统的集合。所谓自主计算机是指计算机具有独立处理能力，而互连则是表示计算机之间能够实现通信和相互合作。可见，计算机网络是在计算机技术和通信技术高度发展的基础上相互结合的产物。

通常可以把网络操作系统定义为：实现网络通信的有关协议以及为网络中各类用户提供网络服务的软件的集合，其主要目标是使用户能通过网络上各个计算机站点去方便而高效地享用和管理网络上的各类资源（数据与信息资源，软件和硬件资源）。

目前流行的网络操作系统有 UNIX、Linux、Windows XP/2000/2003/Vista/7 等。

2.4 中文 Windows 7 使用基础

2.4.1 Windows 7 的安装

安装 Windows 7 之前，要了解计算机的配置，如果配置太低，会影响系统的性能或者根本不能成功安装。

1．对计算机软、硬件的要求

CPU：时钟频率至少需要 1GHz（单或双核处理器），推荐使用 64 位双核以上或频率更高的处理器。

内存：推荐使用 512MB RAM 或更高（安装识别的最低内存为 490MB，可能会影响性能和某些功能）。

硬盘：20GB 以上可用空间。

显卡：不低于集成显卡 64MB 显存的配置。

视频适配器：Super VGA（800 像素×600 像素）或分辨率更高的视频适配器。

输入设备：键盘、鼠标或兼容的设备。

其他设备：CD/DVD 驱动器或 U 盘引导盘。

2．Windows 7 系统安装方式

目前，Windows 7 的安装盘有很多版本，不同安装盘的安装方法也不一样。一般是用光盘启动计算机，然后根据屏幕的提示即可进行安装。

2.4.2 Windows 7 的启动和关闭

1．Windows 7 的启动

打开电源，系统自动启动 Windows 7，启动后在屏幕上会出现一个对话框，等待输入用户名和口令。输入正确后，按回车键即可进入 Windows 7 操作系统。

2．Windows 7 的关闭

选择桌面左下角的"开始"按钮，然后选择"关闭"，即开始关机过程。在关闭过程中，若系统中有需要用户进行保存的程序，Windows 会询问用户是否强制关机或者取消关机。

2.4.3 Windows 7 的桌面

在第一次启动 Windows 7 时，首先看到桌面，即整个屏幕区域（用来显示信息的有效范围)。为了简洁,桌面只保留了"回收站"图标。我们在 Windows XP 中熟悉的"我的电脑"、"Internet Explorer"、"我的文档"、"网上邻居"等图标被整理到了"开始"菜单中。"开始"菜单带有用户的个人特色,由两个部分组成,左边是常用程序的快捷列表,右边为系统工具和文件管理工具列表。

Windows 7 仍然保留了大部分 Windows 9x、Windows NT 和 Windows 2000/XP 等操作系统用户的操作习惯及与其一致的桌面模式,如图 2.3 所示。

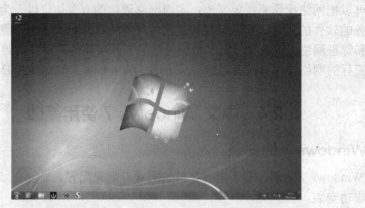

图 2.3 Windows 7 的桌面

1. 桌面的组成

桌面由桌面背景、图标、任务栏、"开始"菜单、语言栏和通知区域组成。桌面上放置有各式各样的图标,如"我的文档"、"我的电脑"、"网上邻居"、"回收站"和"Internet Explorer"图标。图标的多少与系统设置有关。

(1)图标

每个图标由两部分组成,一是图标的图案,二是图标的标题。图案部分是图标的图形标识,为了便于区别,不同的图标一般使用不同的图案。标题是说明图标的文字信息。图标的图案和标题都可以修改。标题的修改方法是:右键单击该图标,在弹出的快捷菜单中选择"重命名",此时输入新的名字即可。图案的更改方法是:右键单击该图标,在弹出的快捷菜单中选择"属性",在弹出的窗口中选择"快捷方式"标签,再选择其中的"更改图标"按钮来选择一个新的图案即可。

桌面上的图标有一部分是快捷方式图标,其特征是在图案的左下方有一个向右上方的箭头。快捷方式图标用来方便启动与其相对应的应用程序(快捷方式图标只是相应应用程序的一个映像,它的删除并不影响应用程序的存在)。在桌面上建立快捷方式有以下几种方法。

① 右击桌面,在弹出的快捷菜单中选择"新建"|"快捷方式"来建立。

② 通过鼠标左键的"拖放"功能来建立。

③ 通过鼠标右键的"拖放"功能来建立。

为了保持桌面的整洁和美观,可以用以下几种方式对桌面上的图标进行排列。

① 用鼠标拖动:先选中要拖动的图标(可以是一个,也可多个),然后按住鼠标左键把图标拖到适当的位置松开即可。

② 使用快捷菜单:在桌面的空白处(即没有图标和窗口的地方)单击鼠标右键,在弹出的快捷菜单中选择"查看"或"排序方式",然后根据需求对桌面图标进行自动排列。

桌面上图标的大小可以调整，最简单的方法是：按住<Ctrl>键的同时，向上或向下滚动鼠标轮即可改变图标的大小。

（2）任务栏

在桌面的底部有一个长条，称为"任务栏"。"任务栏"的左端是"开始"按钮，右边是窗口区域、语言栏、工具栏、通知区域、时钟区等，最右端为显示桌面按钮，中间是应用程序按钮分布区。工具栏默认不显示，它的显示与否可以通过"任务栏和「开始」菜单属性"里的"工具栏"进行设置。

① "开始"按钮📷。"开始"按钮是 Windows 7 进行工作的起点，在这里不仅可以使用 Windows 7 提供的附件和各种应用程序，而且还可以安装各种应用程序以及对计算机进行各项设置等。

在 Windows 7 中取消了 Windows XP 中的快速启动栏，取而代之的是用户可以直接把程序附加在任务栏上快速启动。

② 时钟。显示当前计算机的时间和日期。若要了解当前的日期，只需要将光标移动到时钟上，信息会自动显示。单击该图标，可以显示当前的日期和时间及设置信息。

③ 空白区。每当用户启动一个应用程序时，应用程序就会作为一个按钮出现在任务栏上。当该程序处于活动状态时，任务栏上的相应按钮是处于被按下的状态，否则，处于弹起状态。可利用此区域在多个应用程序之间进行切换（只需要单击相应的应用程序按钮即可）。

任务栏在默认情况下，总是出现在屏幕的底部，而且不被其他窗口所覆盖。其高度只能够容纳一行按钮。在任务栏为非锁定状态时，将鼠标移到任务栏的边缘附近，当鼠标指针变成上下箭头形状时按住鼠标左键上下拖动，就可改变任务栏的高度（最高到屏幕高度的一半）。若用鼠标拖动任务栏，可以将任务栏拖到屏幕的上、下、左、右 4 个边缘位置。

在 Windows 7 中也可根据个人的喜好定制任务栏。右键单击任务栏的空白处，在弹出的快捷菜单中选择"属性"命令，出现"任务栏和「开始」菜单属性"对话框，选择"任务栏"选项卡，出现如图 2.4 所示的对话框。

在"任务栏外观"选项组中包括以下几种设置任务栏外观效果的选项。

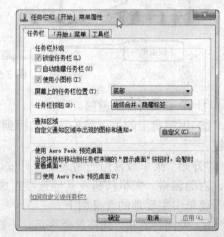

图 2.4 "任务栏和「开始」菜单属性"对话框

- 锁定任务栏：保持现有任务栏的外观，避免意外的改动。
- 自动隐藏任务栏：当任务栏未处于使用状态时，将自动从屏幕下方退出。鼠标移动到屏幕下方时，任务栏又重新回到原位置。
- 使用小图标：使任务栏上的窗口图标以小图标样式显示。
- 屏幕上的任务栏位置：可选顶部、左侧、右侧和底部。
- 任务栏按钮：将同一个应用程序的若干窗口进行组合管理。
- 在"通知区域"选项组里可以自定义通知区域出现的图标和通知。
- 在"使用 Aero Peek 预览桌面"选项组里可以选择是否使用 Aero Peek 预览桌面。

（3）"开始"菜单

单击"开始"按钮会弹出"开始"菜单。开始菜单集成了 Windows 7 中大部分的应用程序和系统设置工具，如图 2.5 所示（普通方式下），显示的具体内容与计算机的设置和安装的软件有关。

在"开始"菜单中，每一项菜单除了有文字之外，还有一些标记：图案、文件夹图标、"▶"或者"◀"以及用括号括起来的字母。其中，文字是该菜单项的标题，图案是为了美观和好看（在应用程序窗口中此图案与工具栏上相应按钮的图案一样）；文件夹图标表示里面有菜单；"▶"或者"◀"表示显示或隐藏子菜单项；字母表示当该菜单项在显示时，直接按该字母就可打开相应的菜单项。当某个菜单项灰色时，表示此时不可用。

当"开始"菜单显示之后，可用键盘或鼠标进行选择某一项来执行相应的操作。选择的方法有以下两种。

图 2.5 "开始"菜单

① 单击要用的菜单项。

② 用键盘上的上下箭头移动光标到要用的菜单项上（此菜单项高亮显示），然后按回车键。

"开始"菜单最常用的用途是打开安装到计算机中的应用程序，由常用程序列表、搜索框、右侧窗格、关机按钮及其他选项组成。

菜单中主要项的含义如下。

① 关闭计算机。选择此命令后，计算机会执行快速关机命令，单击该命令右侧的"▶"图标则会出现如图 2.6 所示的子菜单，默认有 5 个选项。

a．切换用户。当存在两个或以上用户的时候可通过此按钮进行多用户的切换操作。

b．注销。用来注销当前用户，以备下一个人使用或防止数据被其他人操作。

c．锁定。锁定当前用户。锁定后需要重新输入密码认证才能正常使用。

d．重新启动。当用户需要重新启动计算机时，应选择"重新启动"。系统将结束当前的所有会话，关闭 Windows，然后自动重新启动系统。

e．睡眠。当用户短时间不用计算机又不希望别人以自己的身份使用计算机，应选择此命令。系统将保持当前的状态并进入低耗电状态。

在 Windows 7 中，"关机"按钮并不是固定的按钮，可通过图 2.4 中的"「开始」菜单"

选项卡中的"电源按钮操作"来设置。

② 搜索框。使用搜索框可以快速找到所需要的程序和文件。搜索框还能取代"运行"对话框，在搜索框中输入程序名，可以启动程序。

③ 所有程序菜单。单击该菜单项，会列出一个按字母顺序排列的程序列表，在程序列表的下方还有一个文件夹列表，如图 2.7 所示。单击程序列表中的某个程序图标以打开该应用程序。打开应用程序的同时，"开始"菜单会自动关闭。

图 2.6　"关闭计算机"菜单　　　　　　图 2.7　"所有程序"菜单示意图

④ 帮助和支持。该命令可打开"帮助和支持中心"窗口，也可通过<F1>功能键打开。在帮助窗口中，可以通过两种方式获得帮助。

方式一：在"搜索"文本框中输入要查找的帮助信息的关键字，单击 🔍 按钮，系统会在窗口中列出相关内容的标题。单击某一个标题，系统就会显示具体的帮助信息。

方式二：通过"选项"|"浏览帮助"的设置，可以以目录的形式查看帮助。单击大标题则跳转至分类更为详细的小标题页；通过单击任一个标题，可直接获得特定的某种帮助。

⑤ 常用项目。我们可以通过常用项目中的游戏、计算机、控制面板、设备和打印机等菜单进行快速访问及其他操作。

⑥ 列表栏。列出用户最近使用过的文档或者程序。

⑦ 运行栏。可以使用该命令来启动或打开文档。

2．开始菜单的设置

① 在"任务栏和「开始」菜单属性"对话框中选择"「开始」菜单"选项卡，打开如图 2.8 所示的对话框。

② 单击"自定义"按钮，在弹出的对话框中可以对开始菜单进行各项设置。也可使用"使用默认设置"按钮把各种设置恢复到 Windows 的默认状态。

③ 在"开始菜单"选项卡里可以为电源按钮选择默认操作。

④ 隐私。在"隐私"选项组中，可以选择是否存

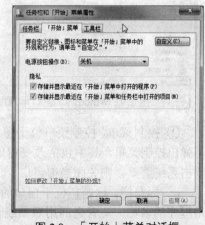

图 2.8　「开始」菜单对话框

储并显示最近在"开始"菜单中打开的程序和存储并显示最近在"开始"菜单和任务栏中打开的项目。

2.4.4 Windows 7 窗口

Windows 7 窗口在屏幕上呈一个矩形，是用户和计算机进行信息交换的界面。

1. 窗口的分类

窗口一般分为应用程序窗口、文档窗口和对话框窗口。

① 应用程序窗口：表示一个正在运行的应用程序。

② 文档窗口：在应用程序中用来显示文档信息的窗口。文档窗口顶部有自己的名字，但没有自己的菜单栏，它共享应用程序的菜单栏。当文档窗口最大化时，它的标题栏将与应用程序的标题栏合为一行。文档窗口总是位于某一应用程序的窗口内。

③ 对话框窗口：它是在程序运行期间，用来向用户显示信息或者让用户输入信息的窗口。

2. 窗口的组成

每一个窗口都有一些共同的组成元素，但并不是所有的窗口都具有每种元素，如对话框无菜单栏。窗口一般包括 3 种状态：正常、最大化和最小化。正常窗口是 Windows 系统的默认大小；最大化窗口充满整个屏幕；最小化窗口则缩小为一个图标和按钮。当工作窗口处于正常或最大化状态时，都有边界、工作区、标题栏、状态控制按钮等组成部分，如图 2.9 所示。

Windows 7 在应用工作区中设置了一个功能区，即位于窗口左边部分的列表框。通过"组织" | "布局"菜单调整是否显示菜单栏以及各种窗格，如图 2.10 所示。

图 2.9 Windows 7 窗口示意图

图 2.10 Windows 窗口"布局"示意图

① 控制菜单。控制菜单位于窗口的左上角，其图标为该应用程序的图标。单击该图标，可弹出控制菜单，其中包括改变窗口的大小、最大化、最小化、恢复和关闭窗口等菜单项。双击系统菜单，则关闭当前窗口。

② 标题栏。标题栏位于窗口的顶部，单独占一行。其中显示的有当前文档的名称和应用程序的名称，两者之间用短横线隔开。拖动标题栏可以移动窗口的位置，双击它可最大化或恢复窗口。当标题栏为深蓝色显示时，表示当前窗口是活动窗口。非活动窗口的标题栏是灰色显示的。

③ 菜单栏。菜单栏位于标题栏的下面，列出该应用程序可用的菜单。每个菜单都包含

若干个菜单命令，通过选择菜单命令可完成相应操作。不同的应用程序，其菜单的内容可能有所不同。

④ 工具栏。工具栏位于菜单栏的下面，它的内容可由用户自己定义。工具栏上有一系列的小图标，单击它可完成相应的操作。它的功能与菜单栏的功能是相同的，只不过使用工具栏更方便、快捷。

⑤ 滚动条。滚动条位于窗口的右边框或下边框。当窗口无法显示出所有的内容时，拖动滚动条中间的滑块或单击滚动条两端的三角按钮或单击滚动条上的空白位置，都可以查看窗口中的其他内容。

⑥ 最小化、最大化恢复按钮。这些按钮位于窗口的右上角，单击这 3 个按钮中的某一个，可实现窗口状态的切换。

当拖动窗口的标题栏到桌面的顶端时，窗口会显示一个最大化的透明窗口，如果此时松开鼠标，窗口就会最大化。

当拖动窗口的上边框到桌面的顶端时（或当拖动窗口的下边框到桌面的底端时），窗口会显示一个最大高度的透明窗口，如果此时松开鼠标，窗口就上、下充满桌面。

⑦ 关闭按钮。关闭按钮位于窗口的最右上角，单击此按钮，可关闭当前窗口。

⑧ 窗口的边框和角。窗口的边框是指窗口的四边边界。将鼠标移动到窗口边框，当鼠标指针变为垂直或水平双向箭头时，拖动鼠标可改变窗口垂直或水平方向的大小。

窗口的角是指窗口的 4 个角。将鼠标移动到窗口角，当鼠标指针变为斜向双向箭头时，拖动鼠标指针可同时改变窗口的高和宽。

⑨ 工作空间。窗口内部的区域称为工作空间，是用来进行工作的地方。

⑩ 功能区。功能区位于窗口的左侧，包含了该窗口使用最频繁的操作。

3．对话框

对话框是人机进行信息交换的特殊窗口。有的对话框一旦打开，就不能在程序中进行其他操作，必须把对话框处理完毕并关闭后才能进行其他操作。如图 2.11 所示，表示需要用户设置页面。对话框由选项卡、下拉列表框、编辑框、单选钮、复选框、按钮等元素组成。

① 选项卡：当对话框的内容比较多时，一个窗口显示不完，那么系统就会以选项卡的形式给出。选择不同的选项卡，显示的内容就不同。

② 下拉列表框：单击右边向下的箭头，可显示一些选项让用户进行选择，有时，用户也可直接输入内容。

③ 编辑框：只能用来输入内容的框。

④ 单选钮：表示在几种选择中，用户能且仅能选择其中的某一项。前面显示为"〇"，当用户选中时，显示为"◉"。

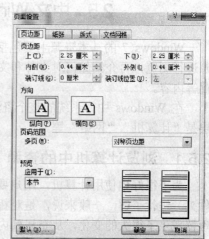

图 2.11　"页面设置"对话框

⑤ 复选框：表示用户可以从若干项中选择某些项，用户可以全不选，也可以全选。前面显示为"□"，当用户选中时，显示为"☑"。

⑥ 按钮：用来完成一定的操作。

注：在窗口的右上角有一个"?"按钮，其功能是帮助用户了解更多的信息。

4．窗口的关闭

对于那些不再使用的窗口，可以将其关闭，关闭窗口的方法主要有以下几种。

① 单击窗口标题栏右端的"关闭"按钮 ⊠ 。

② 如果窗口中显示了"文件"菜单，则选择"文件"|"退出"。

③ 右击窗口对应的任务栏按钮，然后在弹出菜单中选择"关闭窗口"。

④ 双击窗口左上角的"控制菜单"。

若关闭未保存的文档时，系统会提示是否保存对文档所做的更改。

5．窗口位置的调整

用鼠标拖动窗口的标题栏到适当位置即可。

6．多窗口的操作

（1）窗口之间的切换

在使用计算机的过程中，经常会打开多个窗口，此时，需要经常在窗口之间进行切换。切换的方法如下。

方法一：通过单击窗口的任何可见部分。

方法二：通过单击某个窗口在任务栏上对应的图标。

方法三：使用组合快捷键<Alt>+<Tab>。

方法四：使用<WIN>（徽标键）+<Tab>键以 Flip 3D 窗口切换。

（2）窗口的排列

若想对多个窗口的大小和位置进行排列，可右键单击任务栏的空白处，在弹出的快捷菜单中选择"层叠窗口"、"堆叠显示窗口"或"并排显示窗口"，或者选择相应的取消功能来完成相应的操作。

2.5　中文 Windows 7 的基本资源与操作

Windows 7 的基本资源主要包括磁盘以及存放在磁盘上的文件，下面先介绍如何对资源进行浏览，再介绍如何对文件和文件夹进行操作，最后介绍磁盘的操作以及有关系统设置等内容。

在 Windows 中，系统的整个资源呈一个树形层次结构，它的最上层是"桌面"，第二层是"计算机"、"网络"等。

2.5.1　浏览计算机中的资源

为了很好地使用计算机，用户要对计算机的资源（主要是存放在计算机上的文件或文件夹）进行了解，一般来说，是对相关的内容进行浏览和操作。在 Windows 7 中，资源管理器发生了很大的变化，从布局到内在都焕然一新。

打开资源管理器窗口的方法很多，最常用的有以下 3 种方法。

1．计算机

双击桌面上的"计算机"图标，出现"计算机"窗口，如图 2.12 所示。

Windows 7 的资源管理器主要由地址栏、搜索栏、工具栏、导航窗格、资源管理器窗格、预览窗格以及细节窗格 7 部分组成。其中的预览窗格默认不显示。用户可以通过"组织"菜单中的"布局"来设置"菜单栏"、"细节窗格"、"预览窗格"和"导航窗格"是否显示。

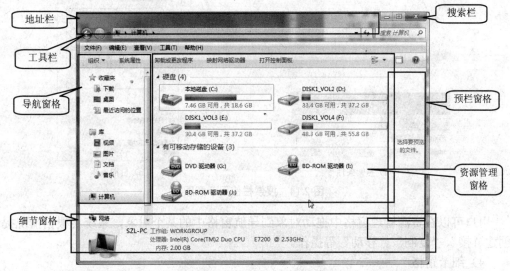

图 2.12 "计算机"窗口

（1）地址栏

地址栏与 IE 浏览器非常相似，有"后退"、"前进"、"记录 ▼"、"地址栏"、"上一位置 ▼"、"刷新 ↻"等按钮。其中，"记录"按钮的列表最多可以记录最近的 10 个项目。Windows 7 的地址栏引入了"按钮"的概念，用户能够更快地切换文件夹。如图 2.13 所示，当前显示的是"C:\Program Files\Microsoft Office"，只要在地址栏中单击"本地磁盘(C:)"即可直接跳转到该位置。不仅如此，还可以在不同级别文件夹间跳转，如单击"本地磁盘(C:)"右边的 ▶，下拉显示"本地磁盘(C:)"所包含的内容，直接选择某一个文件夹即可实现跳转。

地址栏同时具有搜索的功能。

图 2.13 地址栏使用示意图

（2）搜索栏

在搜索栏中输入内容的同时，系统就开始搜索。在搜索时，用户还可以设置搜索条件，如种类、修改日期、类型、大小、名称（见图 2.14（a））。例如，选择修改日期，会出现如图 2.14（b）所示的搜索条件。

当把鼠标指针移动到地址栏和搜索栏之间时，鼠标指针会变成水平双向的箭头，此时水平方向拖动鼠标，可以更改地址栏和搜索栏的宽度。

（3）导航窗格

导航窗格能够辅助用户在磁盘、库中切换。导航窗格中分为收藏夹、库、家庭组、计算机和网络 5 部分，其中的家庭组仅当加入某个家庭组后才会显示。

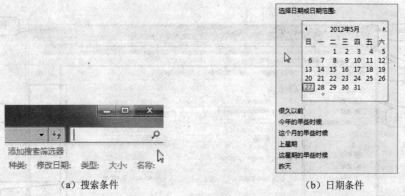

　　　（a）搜索条件　　　　　　　　　　　　　　（b）日期条件

图 2.14　搜索栏使用示意图

　　用户可以在资源管理窗格中拖动对象到导航窗格中的某个对象，系统会根据情况提示"创建链接"、"复制"、"移动"等操作。

　　（4）细节窗格

　　细节窗格用于显示一些特定文件、文件夹以及对象的信息。如图 2.12 所示，当在资源管理窗格中没有选中对象时，细节窗格显示的是本机的信息。

　　（5）预览窗格

　　预览窗格是 Windows 7 中的一项改进，它在默认情况下不显示，这是因为大多数用户不会经常预览文件内容。可以通过单击工具栏右端的"显示/隐藏预览窗格"按钮▢来显示或隐藏预览窗格。

　　Windows 7 资源管理器支持多种文件的预览，包括音乐、视频、图片、文档等。如果文件是比较专业的，则需要安装有相应的软件才能预览。

　　（6）工具栏

　　Windows 7 中的资源管理器工具栏相比以前版本的 Windows 显得更加智能。工具栏按钮会根据不同文件夹显示不同的内容。例如，当选择音乐库时，显示的工具栏如图 2.15 所示，与图 2.12 就不同了。

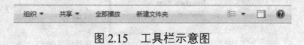

图 2.15　工具栏示意图

　　通过单击工具栏上▤▾左边的"更改视图"来切换资源管理器格中对象的显示方式，也可单击其右边的"更多选项"直接选择某一显示方式。

　　（7）资源管理窗格

　　资源管理窗格是用户进行操作的主要地方。在此窗格中，用户可进行选择、打开、复制、移动、创建、删除、重命名等操作。同时，根据显示的内容，在资源管理窗格的上部会显示不同的相关操作。

　　2．资源管理器

　　右击"开始"按钮，选择"打开 Windows 资源管理器"，也可打开资源管理器窗口。

3. 网络

双击桌面上的"网络"图标，也可打开资源管理器窗口。

2.5.2　执行应用程序

用户要想使用计算机，必须通过执行各种应用程序来完成。例如，想播放视频，需要执行"暴风影音"等应用程序；想上网，需要执行"Internet Explorer"等应用程序。

执行应用程序的方法有以下几种。

① 对 Windows 自带的应用程序，可通过"开始"|"所有程序"，再选择相应的菜单项来执行。

② 在"计算机"窗口中找到要执行的应用程序文件，用鼠标双击（也可以选中之后按回车键；也可右键单击程序文件，然后选择"打开"）。

③ 双击应用程序对应的快捷方式图标。

④ 单击"开始"|"运行"，在命令行输入相应的命令后单击"确定"按钮。

2.5.3　文件和文件夹的操作

1. 文件的含义

文件是通过名字（文件名）来标识的存放在外存中的一组信息。在 Windows 7 中，文件是存储信息的基本单位。

2. 文件的类型

在计算机中储存的文件类型有多种，如图片文件、音乐文件、视频文件、可执行文件等。不同类型的文件在存储时的扩展名是不同的，如音乐文件有.MP3、.WMA 等，视频文件有.AVI、.RMVB、.RM 等，图片文件有.JPG、.BMP 等。不同类型的文件在显示时的图标也不同，如图 2.16 所示。Windows 7 默认会将已知的文件扩展名隐藏。

图 2.16　不同的文件类型示意图

3. 文件夹

文件夹是用来存放文件或文件夹，与生活中的"文件夹"相似。在文件夹中还可以再存储文件夹。相对于当前文件夹来说，它里面的文件夹称为子文件夹。文件夹在显示时，也用图标显示，包含内容不同的文件夹，在显示时的图标是不太一样的，如图 2.17 所示。

图 2.17　不同文件夹的图标示意图

4．文件的选择操作

在 Windows 中，对文件或文件夹操作之前，必须先选中它。根据选择的对象，选中分单个的、连续的多个、不连续的多个 3 种情况。

① 选中单个文件：用鼠标单击即可。

② 选中连续的多个文件：先选第 1 个（方法同 1），然后按住<Shift>键的同时单击最后 1 个，则它们之间的文件就被选中了。

③ 选中不连续的多个文件：先选中第 1 个，然后按住<Ctrl>键的同时再单击其余的每个文件。

如果想把当前窗口中的对象全部选中，则选择"编辑"|"全部选中"命令，也可按<Ctrl>+<A>组合键。

如果多选了，则可取消选中。单击空白区域，则可把选中的文件全部取消；如果想取消单个文件或部分文件，则可在按住<Ctrl>键的同时，再单击需要取消的文件即可。

只有先选中文件，才可以进行各种操作。

5．复制文件

方法一：先选择"编辑"|"复制"（也可用<Ctrl>+<C>组合键），然后转换到目标位置，选择"编辑"|"粘贴"（也可用<Ctrl>+<V>组合键）。

方法二：用鼠标直接把文件拖动到目标位置松开即可（如果是在同一个磁盘内进行复制的，则在拖动的同时按住<Ctrl>键）。

方法三：如果是把文件从硬盘复制到软盘、U盘或活动硬盘则可右键单击文件，在弹出的快捷菜单中选择"发送到"，然后选择一个盘符即可。

6．移动文件

方法一：先选择"编辑"|"剪切"（也可用<Ctrl>+<X>组合键），然后转换到目标位置，选择"编辑"|"粘贴"命令（也可用<Ctrl>+<V>组合键）。

方法二：用鼠标直接把文件拖动到目标位置松开即可（如果是在不同盘之间进行移动的，则在拖动的同时按住<Shift>键）。

7．文件的删除

对于不需要的文件，及时从磁盘上清除，以便释放它所占用的空间。

方法一：直接按<Delete>键。

方法二：右键单击图标，从快捷菜单中选择"删除"命令。

方法三：选择"文件"|"删除"命令。

执行以上 3 种方法中的任何一种时，系统会出现一个对话框，让用户进一步确认，此时把删除的文件放入回收站（在空间允许的情况下），用户在需要时可以从回收站还原。

若在删除文件的同时按住<Shift>键，文件则被直接彻底删除，而不放入回收站。

8．文件重新命名

文件的复制、移动、删除操作一次可以操作多个对象。而文件的重命名只能一次操作一个文件。

方法一：右键单击图标，从快捷菜单中选择"重命名"，然后输入新的文件名即可。

方法二：选择"文件"|"重命名"命令，然后输入新的文件名即可。

方法三：单击图标标题，然后输入新的文件名即可。

方法四：按<F2>键，输入新的文件名即可。

9．修改文件的属性

在 Windows 7 中，为了简化用户的操作和提高系统的安全性，只有"只读"和"隐藏"属性可供用户操作。

修改属性的方法如下。

方法一：右键单击文件图标，从快捷菜单中选择"属性"命令。

方法二：选择"文件"|"属性"命令。

以上两种方法都会出现"属性"对话框，分别在属性前面的复选框中加以选择，然后单击"确定"按钮。

在文件属性对话框中，还可以更改文件的打开方式，查看文件的安全性以及详细信息等。

10．文件夹的操作

在 Windows 中，文件夹是一个存储区域，用来存储文件和文件夹等信息。

文件夹的选中、移动、删除、复制和重命名与文件的操作完全一样，在此不再重复。在这里，主要介绍与文件不同的操作。要特别注意：文件夹的移动、复制和删除操作，不仅仅是文件夹本身，而且还包括它所包含的所有内容。

（1）创建文件夹

先确定文件夹所在的位置，再选择"文件"|"新建"，或者在窗口中的空白处单击鼠标右键，在弹出的快捷菜单中选择"新建"|"文件夹"，系统将生成相应的文件夹，用户只要在图标下面的文本框中输入文件夹的名字即可。系统默认的文件夹名是"新建文件夹"。

（2）修改文件夹选项

"文件夹选项"命令用于定义资源管理器中文件与文件夹的显示风格，选择"工具"|"文件夹选项"命令，打开"文件夹选项"对话框，它包括"常规"、"查看"和"搜索"3个选项卡。

①"常规"选项卡。常规选项卡中包括 3 个选项："浏览文件夹"、"打开项目的方式"和导航窗格。分别可以对文件夹显示的方式、窗口打开的方式以及文件和导航窗格的方式进行设置。

②"查看"选项卡。单击"文件夹选项"对话框中的"查看"选项卡，将打开如图 2.18 所示的对话框。

"查看"选项卡中包括了两部分的内容："文件夹视图"和"高级设置"。

"文件夹视图"提供了简单的文件夹设置方式。单击"应用到所有文件夹"按钮，会使所有的文件夹的属性同当前打开的文件夹相同；单击"重置所有文件夹"按钮，将恢复文件夹的默认状态，用户可以重新设置所有的文件夹属性。

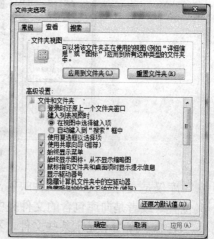

图 2.18　"查看"选项卡

在"高级设置"列表框中可以对多种文件的操作属性进行设定和修改。

③"搜索"选项卡。"搜索"选项卡可以设置搜索内容、搜索方式等。

2.5.4　库

库（Libraries）在前面已经提到，有视频库、图片库、文档库、音乐库等。库是 Windows

7 中新一代文件管理系统，也是 Windows 7 系统最大的亮点之一，它彻底改变了我们的文件管理方式，将死板的文件夹方式变得更为灵活和方便。

库可以集中管理视频、文档、音乐、图片和其他文件。在某些方面，库类似传统的文件夹，在库中查看文件的方式与文件夹完全一致。但与文件夹不同的是，库可以收集存储在任意位置的文件，这是一个细微但重要的差异。库实际上并没有真实存储数据，它只是采用索引文件的管理方式，监视其包含项目的文件夹，并允许用户以不同的方式访问和排列这些项目。库中的文件都会随着原始文件的变化而自动更新，并且可以以同名的形式存在于文件库中。

不同类型的库，库中项目的排列方式也不尽相同，如图片库有月、日、分级、标记几个选项，文档库中有作者、修改日期、标记、类型、名称几大选项。

以视频库为例，可以通过单击"视频库"下面的"包括"的位置打开"视频库位置"对话框，如图 2.19 所示。在此对话框中，可以查看到库所包含的文件夹信息，也可通过右边的"添加"、"删除"按钮向库中添加文件夹和从库中删除文件夹。

图 2.19　库操作示意图

库仅是文件（夹）的一种映射，库中的文件并不位于库中。用户需要向库中添加文件夹位置（或者是向库包含的文件夹中添加文件），才能在库中组织文件和文件夹。

若想在库中不显示某些文件，不能直接在库中将其删除，因为这样会删除计算机中的原文件。正确的做法是：调整库所包含的文件夹的内容，调整后库显示的信息会自动更新。

2.5.5　回收站的使用和设置

回收站是一个比较特殊的文件夹，它的主要功能是临时存放用户删除的文件和文件夹（这些文件和文件夹从原来的位置移动到"回收站"这个文件夹中），此时它们仍然存在于硬盘中。用户既可以在回收站中把它们恢复到原来的位置，也可以在回收站中彻底删除它们以释放硬盘空间。

1．回收站的打开

在桌面上双击"回收站"图标，即可打开"回收站"窗口。

2．基本操作

（1）还原回收站中的文件和文件夹

要还原一个或多个文件夹，可以在选定对象后在菜单中选择"文件"｜"还原"命令。要还原所有文件和文件夹，单击工具栏中的"还原所有项目"。

（2）彻底删除文件和文件夹

彻底删除一个或多个文件和文件夹，可以在选定对象后在菜单中选择"文件"｜"删除"。要彻底删除所有文件和文件夹，即清空回收站，可以执行下列操作之一。

方法一：右键单击桌面上的"回收站"图标，在弹出的快捷菜单中选择"清空回收站"命令。

方法二：在"回收站"窗口中，单击工具栏中的"清空回收站"按钮。

方法三：选择"文件"｜"清空回收站"命令。

注：当"回收站"中的文件所占用的空间达到了回收站的最大容量时，"回收站"就会按照文件被删除的时间先后从回收站中彻底删除。

3．回收站的设置

在桌面上右键单击"回收站"图标，单击"属性"命令，即可打开"回收站属性"对话框，如图 2.20 所示。

如果选中"自定义大小"单选钮，则可以在每个驱动器中分别进行设置。

如果选定"不将文件移到回收站中，移除文件后立即将其删除。"则在删除文件和文件夹时不使用回收站功能，直接执行彻底删除。

如果选定"显示删除确认对话框"，则在删除文件和文件夹前系统将弹出确认对话框，否则，直接删除。

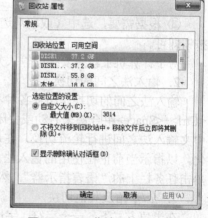

图 2.20　"回收站属性"对话框

设置回收站的存储容量，可选中本地磁盘盘符后，在自定义大小最大值里输入数值。

2.5.6　中文输入法

在中文 Windows 7 中，中文输入法采用了非常方便、友好而又有个性化的用户界面，新增加了许多中文输入功能，使得用户输入中文更加　灵活。

1．添加和删除汉字输入法

在安装 Windows 7 时，系统已默认安装了微软拼音、ABC 等多种输入方法，但在语言栏中只显示了一部分，此时，可以进行添加和删除操作。

① 单击"开始"｜"控制面板"｜"时钟、语言和区域"｜"更改键盘或其他输入法"命令，打开"区域和语言"对话框。

② 选择"键盘和语言"选项卡，单击"更改键盘"，打开如图 2.21 所示的界面。

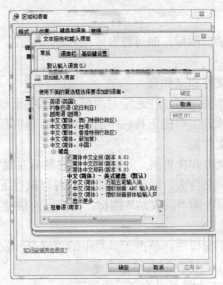

图 2.21　"区域和语言"对话框

③ 根据需要，选中（或取消选中）某种输入法前的复选框，单击"确定"或"删除"按钮即可。

对于计算机上没有安装的输入方法，可使用相应的输入法安装软件直接安装即可。

2．输入法之间的切换

输入法之间的切换是指在各种不同的输入方法之间进行选择。对于键盘操作，可以用<Ctrl>+<Space>组合键来启动或关闭中文输入法，使用<Ctrl>+<Shift>组合键在英文及各种中文输入法之间进行轮流切换。在切换的同时，任务栏右边的"语言指示器"在不断地变化，以指示当前正在使用的输入法。输入法之间的切换还可以用鼠标进行，具体方法是：单击任务栏上的"语言指示器"，然后选择一种输入方法即可。

3．全/半角及其他切换

在半角方式下，一个字符（字母、标点符号等）占半个汉字的位置，而在全角方式下，则占一个汉字的位置。用户可通过全/半角状态来控制字符占用的位置。

同样，也要区分中英文的标点符号，如英文中的句号是"."，而中文中的句号是"。"，其切换键是<Ctrl>+<.>组合键。<Shift>＋<Space>组合键用于全/半角的切换。<Shift>键用于切换中英文字符的输入。

在图 2.22 所示的输入法指示器中，从左向右的顺序分别表示中文/英文、全拼、半角/全角、英文/中文标点以及软键盘状态，用户可通过上面讲述的组合键切换，也可通过单击相应的图标进行切换。

图 2.22　中英文输入法指示器

4．输入法热键的定制

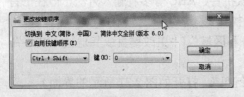

图 2.23　"更改按键顺序"对话框

为了方便使用，可为某种输入法设置热键（组合键），按此热键，可直接切换到所需的输入法。定制的方法是：在图中选择"高级键设置"，在打开窗口的"输入语言的热键操作"中选择一种输入方法，再单击"更改按键顺序"，弹出如图 2.23所示的对话框，在其中进行相应的按键设置。

2.6 Windows 7 提供的若干附件

Windows 7 的改变不仅体现在一些重要功能上，如安全性、系统运行速度等，而且系统自带的附件也发生了非常大的变化，相比以前版本的附件，功能更强大、界面更友好，操作也更简单。

2.6.1 Windows 桌面小工具

Windows 桌面小工具是 Windows 7 中非常不错的桌面组件，通过它可以改善用户的桌面体验。用户不仅可以改变桌面小工具的尺寸，还可以改变位置，并且可以通过网络更新、下载各种小工具。

单击"开始"|"所有程序"|"桌面小工具库"命令，打开桌面小工具，如图 2.24 所示。

图 2.24 Windows 桌面小工具

整个面板看起来非常简单。左上角的页数按钮用来显示或切换小工具的页码；右上角的搜索框可以用来快速查找小工具；中间显示的是每个小工具，当左下角的"显示详细信息"展开时，每选中一个小工具，窗口下部会显示该工具的相关信息；右下角的"联机获取更多小工具"表示连到互联网上可下载更多的小工具。

1．添加小工具到桌面

右击小工具面板中的小工具，在弹出的快捷菜单中选择"添加"，即可把小工具添加到桌面右侧顶部，若添加多个小工具则会依次在桌面右侧从顶部向下排列。也可直接用鼠标左键把小工具从小工具面板中拖到桌面上。

2．调整小工具

当鼠标指向某个小工具时，其右边会出现一个工具条，如图 2.25（a）所示。工具条从上到下的功能分别是：关闭、较大、选项和拖动。当选择"较大"时，会出现如图 2.25（b）所示的界面。

右击小工具，会弹出快捷菜单，可进行"添加小工具"、"移动"、"大小"、"前端显示"、"不透明度"、"选项"和"关闭小工具"操作。

3．关闭与卸载小工具

当不需要小工具时，可以将桌面的小工具关闭。关闭后的小工具将保留在 Windows 小工具面板中，以后可以再次将小工具添加到桌面。关闭的方法是：单击如图 2.25（a）所示右上角的"关闭"按钮；也可右击小工具，在弹出的快捷菜单中选择"关闭小工具"。

要卸载小工具，可右击如图 2.24 所示的 Windows 桌面小工具中的某个小工具，在弹出的快捷菜单中选择"卸载"即可。

（a）

（b）

图 2.25　桌面小工具较小/大尺寸显示操作示意图

4．向小工具面板中添加小工具

若系统中的小工具无法满足用户的需要，可通过网络下载更多的小工具。在小工具面板中单击右下角的"联机获取更多小工具"，打开 Windows 7 个性化主页，单击网页底部的"获取更多桌面小工具"链接，打开 Windows Live 小工具网站。在网站中选择合适的小工具后下载到本机后安装即可。

由于 Windows Live 小工具库网站是开放性的平台，用户和软件开发人员可以自行发布所开发的小工具，并不是所有的小工具都经过 Windows Live 以及微软验证，所以用户在选择小工具时应当尽量选择比较热门的进行下载，才能保证小工具的安全性和实用性。

2.6.2　画图

画图工具是 Windows 中基本的作图工具。在 Windows 7 中，画图工具发生了非常大的变化，它采用了"Ribbon"界面，使得界面更加美观，同时内置的功能也更加丰富、细致。

在"开始"菜单中选择"所有程序"|"附件"|"画图"命令，打开如图 2.26 所示的"画图"应用程序窗口。

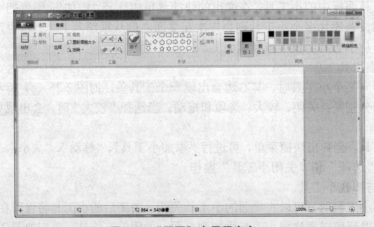

图 2.26　"画图"应用程序窗口

在窗口的顶端是标题栏，它包含两部分内容："自定义快速访问工具栏"和"标题"。在标题栏的左边可以看到一些按钮，这些按钮称为自定义快速访问工具栏，通过此工具栏，可以进行一些常用的操作，如存储、撤销、重做等。按钮的多少可以通过单击右边向下的三角图标，在弹出的菜单中设置，如图 2.27 所示。

标题栏下方是菜单和画图工具的功能区，这也是画图工具的主体，它用来控制画图工具的功能及以工具等。菜单栏包含"画图"按钮和两个菜单项：主页和查看。

单击"画图"按钮，出现的菜单项可以进行文件的新建、保存、打开、打印等操作。

当选择"主页"菜单项时，会现出相应的功能区，包含剪贴板、图像、工具、形状、粗细和颜色功能模块，提供给用户对图片进行编辑和绘制的功能。下面对各个功能模块进行逐一介绍。

图 2.27　画图工具的快速访问栏图

① 在剪贴板模块中，可以对图像进行剪切、复制和粘贴。

② 在图像模块中，提供选择、剪切、调整大小和扭曲、旋转功能。

③ 在工具栏模块中，提供各种绘图工具，单击某一个工具按钮，并在工具选项框中选择适当的类别，即可在窗口中间的绘图区利用该工具绘图，它们分别是"铅笔 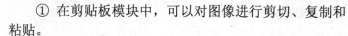"、"用颜色填充 "、"文本 "、"橡皮擦 "、"颜色吸取器 "和"放大镜 "。

④ 在刷子模块中，提供各种刷子供用户使用。

⑤ 在形状模块中，提供了各种线型，选中某一线型，并在粗细模块中选择合适的线条，即可在绘图区域绘图。

⑥ 在功能区的最右侧为颜色模块，其中显示了各种预设的颜色。选中颜色 1，并选择一种颜色，便可对前景色进行设置；选中颜色 2，并选择一种颜色，便可对背景色进行设置。

"查看"菜单项对应的功能区，主要用于对图片浏览效果的调整和设置，主要包含缩放、显示或隐藏、显示 3 种功能，如图 2.28 所示。

在"查看"对应的功能区中，可以根据绘图的要求，选择合适的视图效果，对图像进行精确地绘制。

功能区下方为绘图区，是用户绘制图形的主要区域。绘图区的 4 个边和 4 个角上共有 8 个控点，将鼠标指针移到右下角、右边界和下边界的控点上，鼠标指针会变为双向箭头，沿箭头方向拖动鼠标，可以改变绘图区的大小，从而改变将来输出图片的尺寸。

图 2.28　"查看"菜单项对应的功能区

窗口最下方是状态栏，显示当前鼠标的位置、画布大小、文件大小、显示比例等。

1. 设置画布的大小

图中的白色区域即为画布，拖动它右边和下边的白色小方块（绘图区调整大小控点），即可调整画布大小。单击"画图"|"属性"命令（或使用<Ctrl>+<E>组合键），弹出"映像属性"对话框，可以调整画布大小、颜色和计量单位。

2．加入文本

单击工具栏中"文本"工具，用鼠标在绘图区中适当位置拖出矩形框，会自动出现"文本"工具栏，可以单击弹出的"文本工具"来调整文本的字体、字号、字形、文字颜色以及文本框的背景色。设置完成后，即可在文本框中编辑文字。用鼠标单击绘图区其他部位即可退出该文本的编辑。

3．绘制图形

绘制图形的主要工具有"铅笔"和"刷子"。这些工具的基本用法是相同的，先在功能区选择相应的绘图工具，然后在形状模块中选择需要的形状，调整合适的线型，最后在"颜料盒"中选取前景色和背景色，即可用鼠标在绘图区中拖动并绘制各种图形。

如果希望为某一封闭区域填充颜色，可以单击工具栏中的"用颜色填充"工具，这时鼠标指针会变为油漆桶形状，将流出的颜料的尖端置于要填充的区域中，单击鼠标，即可用前景色填充该区域。

对于绘制错误的图形，可以单击"橡皮/彩色像皮擦"工具。用鼠标在希望擦除图形的地方拖动，即可将所擦除的区域变为背景色。

4．几何图形的绘制

如果希望在绘图区中绘制出各种直线、曲线和几何图形，可以单击"形状"中相应的工具，在绘图区中拖动鼠标，即可绘制出相应图形。例如，单击"直线"工具，在绘图区中直线的起点处按下鼠标左键并拖动鼠标到直线的终点，放开鼠标，即可绘制一条直线。

绘图时，按住<Shift>键拖动鼠标可以绘制出水平、垂直或倾斜45°的直线、正圆、正方形等。

5．进行修改

选定绘图区中某个区域，单击鼠标右键，在弹出的快捷菜单中选择适当的命令，对其进行修改，主要命令有裁剪、全选、方向选择、删除、旋转、重新调整大小、反色，也可以运用功能区相应的命令做修改。

6．保存文件

在菜单栏中选择"画图"|"保存"命令或按<Ctrl>+<S>组合键，为该图选择适当的位置、图片格式并命名，然后单击"保存"按钮即可。

2.6.3 写字板

写字板是 Windows 自带的另一个编辑、排版工具，可以完成简单的 Microsoft Office Word 的功能，其界面也是基于"Ribbon"的。

在桌面选择"开始"|"所有程序"|"附件"|"写字板"命令，打开如图 2.29 所示的界面。

写字板的界面与画图软件的界面非常相似。菜单左端的"写字板"按钮可以实现"新建"、"打开"、"保存"、"打印"、"页面设置"等操作。"主页"工具栏可以实现写字板的大部分操作，可以实现剪贴板、字体、段落、插入、编辑等操作。"查看"工具栏可以实现缩放、显示或隐藏标尺和状态栏以及设置自动换行和度量单位。

在写字板中，可以为不同的文本设置不同的字体和段落样式，也可以插入图形和其他对象，具备了编辑复杂文档的基本功能。写字板保存文件的默认格式是 RTF 文件。

写字板的具体操作与 Word 很相似，详见第 3 章。

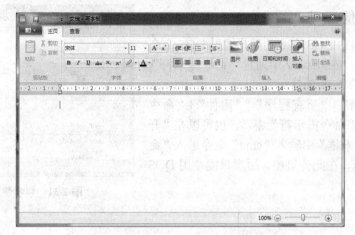

图 2.29 Windows 7 的写字板界面

2.6.4 记事本

记事本是 Windows 自带的一个文本编辑程序，可以创建并编辑文本文件（后缀名为.txt）。由于.txt 格式的文件格式简单，可以被很多程序调用，因此在实际中经常被使用。选择"开始"|"所有程序"|"附件"|"记事本"命令，会打开记事本窗口。

如果希望对记事本显示的所有文本的格式进行设置，可以选择"格式"|"字体"命令，会出现"字体"对话框，可以在对话框中设置字体、字形和大小。单击"确定"按钮后，记事本窗口中显示的所有文字都会显示为所设置的格式。

注意：只能对所有文本进行设置，而不能对一部分文本进行设置。

记事本的编辑、排版功能是很弱的。

若在记事本文档的第一行输入".LOG"，那么以后每次打开此文档，系统会自动地在文档的最后一行插入当前的日期和时间，以方便用户用做时间戳。

2.6.5 计算器

Windows 7 中的计算器已焕然一新，它拥有多种模式，并且拥有非常专业的换算、日期计算、工作表计算等功能，还有编程计算、统计计算等高级功能，完全能够与专业的计算机器媲美。

选择"开始"|"所有程序"|"附件"|"计算器"命令，打开"计算器"窗口，如图 2.30 所示，默认显示为"标准型"。选择"查看"菜单中的"标准型"、"科学型"、"程序员"和"统计信息"可实现不同功能计算机间的切换。图 2.31 所示为科学型计算器的示意图。

在"查看"菜单中，还有以下功能。

① 单位换算：可以实现角度、功率、面积、能量、时间等常用单位的换算。

② 日期计算：可以计算两个日期之间相关的月数、天数以及一个日期加（减）某天数得到另外一个日期。

③ 工作表：可以计算抵押、汽车租赁、油耗等。

图 2.30 标准型计算器

2.6.6 命令提示符

为了方便熟悉 DOS 命令的用户通过 DOS 命令使用计算机，在 Windows 7 中通过"命令提示符"功能模块保留了 DOS 的使用方法。

选择"开始"|"所有程序"|"附件"|"命令提示符"，进入"命令提示符"窗口。也可以在"开始"菜单的"搜索框"中输入"cmd"命令进入"命令提示符"窗口。在此窗口中，用户只能使用 DOS 命令操作计算机。

图 2.31　科学型计算器

2.6.7 便笺

在日常工作中，用户可能需要临时记下地址或者电话号码以及邮箱等信息，但这时手头没有笔时如何记录？在家中使用计算机时，如果有一个事情事先约定，应将约定放到哪里才会让用户不忘记呢？便笺就是这样方便的实用程序，用户可以随意地创建便笺来记录要提醒的事情，并把它放在桌面上，以让用户随时能注意到。

选择"开始"|"所有程序"|"附件"|"便笺"命令，即可将便笺添加到桌面上，如图 2.32 所示。

对便笺的操作如下。

① 单击便笺，可以编辑便笺，添加文字、时间等。单击便笺外的地方，便笺即为"只读"状态。单击便笺左上角的"+"号，可以在桌面上增加一个新的便笺；单击右上角的"×"号，可以删除当前的便笺。

② 拖动便笺的标题栏，可以移动便笺的位置。

③ 右击便笺，弹出快捷菜单如图 2.33 所示，可实现对便笺的剪切、复制、粘贴等操作，也可以实现对便笺颜色的设置。

④ 拖动便笺的边框，可以改变便笺的大小。

图 2.32　桌面上的便笺示意图

图 2.33　便笺操作示意图

2.6.8 截图工具

在 Windows 7 以前的版本中，截图工具只有非常简单的功能。例如，按<Print Screen>键可截取整个屏幕，按<Alt>+<Print Screen>组合键可截取当前窗口。在 Windows 7 中，截图工具的功能变得非常强大，可以与专业的屏幕截取软件相媲美。

图 2.34　截图工具示意图

　　选择"开始"|"所有程序"|"附件"|"截图工具"命令，打开如图 2.34 所示的截图工具示意图。

　　单击"新建"按钮右边的下拉菜单，选择一种截图方法（默认是窗口截图），如图 2.35 所示，即可移动（或拖动）鼠标进行相应的截图。截图之后，截图工具窗口会自动显示所截取的图片，如图 2.36 所示。

　　在图 2.36 中，可以通过工具栏对所截取的图片进行处理，可以进行复制、粘贴等操作，可以把它保存为一个文件（默认是.PNG 文件）。

图 2.35　"新建"选项示意图

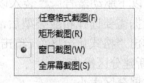

图 2.36　截图工具编辑窗口

2.7　磁 盘 管 理

　　磁盘是计算机用于存储数据的硬件设备。随着硬件技术的发展，磁盘容量越来越大，存储的数据也越来越多，因此，对磁盘管理越发显得重要了。Windows 7 提供了管理大规模数据的工具。各种高级存储的使用，使 Windows 7 的系统功能得以有效的发挥。

　　Windows 7 的磁盘管理任务是以一组磁盘管理实用程序的形式提供给用户的，包括查错程序、磁盘碎片整理程序、磁盘整理程序等。这些应用程序在保留 Windows XP 的优点之外，又在其基础上做了相应的改进，使用更加方便、高效。

　　在 Windows 7 中没有提供一个单独的应用程序来管理磁盘，而是将磁盘管理集成到"计算机管理"程序中。执行"开始"|"控制面板"|"系统和安全"|"管理工具"|"计算机管理"命令（也可右击桌面上的"计算机"图标，在弹出的快捷菜单中选择"管理"），选择"存储"中的"磁盘管理"，打开"计算机管理"窗口，如图 2.37 所示。

　　在 Windows 7 中，几乎所有的磁盘管理操作都能够通过计算机管理中的磁

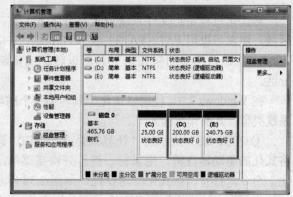

图 2.37　"计算机管理"窗口

盘管理功能来完成，而且这些磁盘管理大多是基于图形界面的。

2.7.1　分区管理

在 Windows 7 中提供了方便快捷的分区管理工具，用户可在程序向导的帮助下能够轻松地完成删除已有分区、新建分区、扩展已有分区大小的操作。

1．删除已有分区

在磁盘分区管理的分区列表或者图形显示中，选中要删除的分区，单击鼠标右键，在弹出的快捷菜单中选择"删除卷"命令，会弹出系统警告，单击"是"按钮，即可完成对分区的删除操作。删除选中分区后，会在磁盘的图形显示中显示相应分区大小的未分配分区。

2．新建分区

新建分区的操作步骤如下。

① 在图 2.37 所示的"计算机管理"窗口中选中未分配的分区，单击鼠标右键，在弹出的快捷菜单中选择"新建简单卷"命令，弹出"新建简单卷向导"，单击"下一步"按钮。

② 弹出"指定卷大小"，为简单卷设置大小，完成后单击"下一步"按钮。

③ 弹出"分配驱动器号和路径"，开始为分区分配驱动器号和路径，这里有 3 个单选钮，"分配以下驱动器号"、"装入以下空白 NTFS 文件夹中"和"不分配驱动器号或驱动器路径"。根据需要选择相应类型后，单击"下一步"按钮。

④ 弹出"格式化分区"，单击"下一步"按钮，在弹出的窗口中单击"完成"铵钮，即可完成新建分区操作。

3．扩展分区大小

这是 Windows 7 新增加的功能，可以在不用格式化已有分区的情况下，对其进行分区容量的扩展。扩展分区后，新的分区仍保留原有分区数据。在扩展分区大小时，磁盘需有一个未分配空间才能为其他的分区扩展大小。其操作步骤如下。

① 在图 2.37 所示的"计算机管理"窗口中右键单击要扩展的分区，在弹出的快捷菜单中选择"扩展卷"命令，弹出"扩展卷向导"，单击"下一步"按钮。

② 进行可用磁盘选择，并设置要扩展容量的大小，单击"下一步"按钮。

③ 完成扩展卷向导，单击"完成"铵钮即可扩展该分区的大小。

2.7.2　格式化驱动器

图 2.38　"格式化"对话框

格式化过程是把文件系统放置在分区上，并在磁盘上划出区域。通常可以用 FAT、FAT32 或 NTFS 类型来格式化分区，Windows 7 系统中的格式化工具可以转化或重新格式化现有分区。

在 Windows 7 中，使用格式化工具转换一个磁盘分区的文件系统类型，其操作步骤如下。

① 在图 2.37 所示的"计算机管理"窗口中选中需要进行格式化的驱动器盘符，用鼠标右键打开快捷菜单，选择"格式化"命令，打开"格式化"对话框，如图 2.38 所示。

也可在"计算机"窗口中选择驱动器盘符，用鼠标右键打开快捷菜单，选择"格式化"

命令。

②　在"格式化"对话框中，先对格式化的参数进行设置，然后单击"开始"按钮，便可进行格式化了。

注意：格式化操作会把当前盘上的所有信息全部抹掉，请谨慎操作。

2.7.3　磁盘操作

系统能否正常运转，能否有效利用内部和外部资源，并使系统达到高效稳定，在很大程度上取决于系统的维护管理。Windows 7 提供的磁盘管理工具使系统运行更可靠、管理更方便。

1. 磁盘备份

为了防止磁盘驱动器损坏、病毒感染、供电中断等各种意外故障造成的数据丢失和损坏，需要进行磁盘数据备份，在需要时可以还原，以避免出现数据错误或丢失造成的损失。在 Windows 7 中，利用磁盘备份向导可以快捷地完成备份工作。

在"计算机"窗口中右击某个磁盘，选择"属性"，在打开的对话框中选择"工具"选项卡，会出现如图 2.39 所示的操作界面。单击"开始备份"按钮，系统会提示备份或还原操作，用户可根据需要选择一种操作，然后再根据提示进行操作。在备份操作时，可选择整个磁盘进行备份，也可选择其中的文件夹进行备份。在进行还原时，必须要有事先做好的备份文件，否则无法进行还原操作。

2. 磁盘清理

用户在使用计算机的过程中进行大量的读写及安装操作，使得磁盘上存留许多临时文件和已经没用的文件，其不但会占用磁盘空间，而且会降低系统的处理速度，降低系统的整体性能。因此，计算机要定期进行磁盘清理，以便释放磁盘空间。

选择"附件"|"系统工具"|"磁盘清理"命令，打开"磁盘清理"对话框，选择一个驱动器，再单击"确定"按钮（或者右击"计算机"窗口中的某个磁盘，在弹出的菜单中选择"属性"，再单击"常规"选项卡中的"磁盘清理"按钮）。在完成计算和扫描等工作后，系统列出了指定磁盘上所有可删除的无用文件，如图 2.40 所示。然后选择要删除的文件，单击"确定"按钮即可。

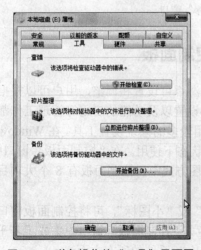

图 2.39　磁盘操作的"工具"界面图

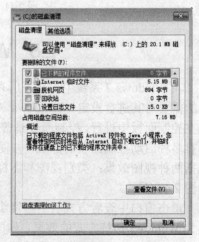

图 2.40　"磁盘清理"对话框

在"其他选项"选项卡中，用户可进行进一步的操作来清理更多的文件以提高系统的性能。

3．磁盘碎片整理

在计算机使用过程中，由于频繁地建立和删除数据，将会造成磁盘上文件和文件夹增多，而这些文件和文件夹可能被分割放在一个卷上的不同位置，Windows 系统需额外时间来读取数据。由于磁盘空间分散，存储时把数据存在不同的部分，也会花费额外时间，所以要定期对磁盘碎片进行整理。其原理为：系统将把碎片文件和文件夹的不同部分移动到卷上的相邻位置，使其拥有一个独立的连续空间。操作步骤如下。

① 选择"开始"｜"所有程序"｜"附件"｜"系统工具"｜"磁盘碎片整理程序"命令，打开如图 2.41 所示的窗口。在此窗口中选择逻辑驱动器单击"分析磁盘"按钮，进行磁盘分析。对驱动器的碎片分析后，系统自动激活查看报告，单击"查看报告"按钮，打开"分析报告"对话框，系统给出了驱动器碎片分布情况及该卷的信息。

② 单击"磁盘碎片整理"按钮，系统自动完成整理工作，同时显示进度条。

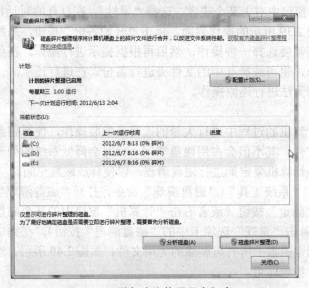

图 2.41 "磁盘碎片整理程序"窗口

2.8 Windows 7 控制面板

在 Windows 7 系统中，几乎所有的硬件和软件资源都可设置和调整，用户可以根据自身的需要对其进行设定。Windows 7 中的相关软硬件设置以及功能的启用等管理工作都可以在控制面板中进行，控制面板是普通计算机用户使用较多的系统设置工具。在 Windows 7 中有多种启动控制面板的方法，方便用户在不同操作状态下使用。在"控制面板"窗口中，包括两种视图效果：类别视图和图标视图。在类别视图方式中，控制面板有 8 个大项目，如图 2.42 所示。

单击窗口中查看方式的下拉箭头，选择"大图标"或"小图标"，可将控制面板窗口切换为 Windows 传统方式的效果，如图 2.43 所示。在经典"控制面板"窗口中集成了若干个小项目的设置工具，这些工具的功能几乎涵盖了 Windows 系统的所有方面。

控制面板包含的内容非常丰富，由于篇幅限制，在此只讲解部分的功能，其余功能读者可以查阅相关书籍进行学习。

图 2.42　类别"控制面板"对话框

图 2.43　经典"控制面板"窗口

2.8.1　系统和安全

Windows 系统的系统和安全主要实现对计算机状态的查看、计算机备份以及查找和解决问题的功能，包括防火墙设置，系统信息查询、系统更新、磁盘备份整理等一系列系统安全的配置。

1．Windows 防火墙

Windows 7 防火墙能够检测来自 Internet 或网络的信息，然后根据防火墙设置来阻止或允许这些信息通过计算机。这样可以防止黑客攻击系统或者防止恶意软件、病毒、木马程序通过网络访问计算机，而且有助于提高计算机的性能。下面介绍 Windows 7 防火墙的使用方法。

① 打开"控制面板"|"系统和安全"窗口。

② 单击"Windows 防火墙"，打开"Windows 防火墙"窗口，如图 2.44 所示。

图 2.44　"Windows 防火墙"窗口

③ 单击窗口左侧"打开或关闭防火墙"链接，弹出"Windows 防火墙设置"对话框，

可以打开或关闭防火墙。

④ 单击窗口左侧"允许程序或功能通过 Windows 防火墙",弹出"允许程序通过Windows 防火墙通信"窗口。在允许的程序和功能的列表栏中,勾选信任的程序,单击"确定"按钮即可完成配置。如果要手动添加程序,单击"允许运行另一程序",在弹出的对话框中,单击"浏览"按钮,找到安装到系统的应用程序,单击"打开"按钮,即可添加到程序队列中。选择要添加的应用程序,单击"添加"按钮,即可将应用程序手动添加到信任列表中,单击"确定"按钮即可完成操作。

2. Windows 操作中心

Windows 7 操作中心,通过检查各个与计算机安全相关的项目来检查计算机是否处于优化状态,当被监视的项目发生改变时,操作中心会在任务栏的右侧,发布一条信息来通知用户,收到监视的项目状态颜色也会相应地改变以反映该消息的严重性,并且还会建议用户采取相应的措施。

① 打开"控制面板"|"系统和安全"窗口。

② 单击"操作中心",打开"操作中心"窗口,如图 2.45 所示。

③ 单击窗口左侧的"更改操作中心设置"链接,即可打开"更改操作中心设置"对话框。勾选某个复选框可使操作中心检查相应项是否存在更改或问题,取消对某个复选框的勾选可停止检查该项。

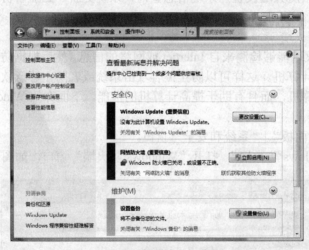

图 2.45 "操作中心"窗口

3. Windows Update

Windows Update 是为系统的安全而设置的。一个新的操作系统诞生之初,往往是不完善的,这就需要不断地打上系统补丁来提高系统的稳定性和安全性,这时就要用到 WindowsUpdate。当用户使用了 Windows Update,用户不必手动联机搜索更新,Windows 会自动检测适用于计算机的最新更新,并根据用户所进行的设置自动安装更新,或者只通知用户有新的更新可用。

① 打开"控制面板"|"系统和安全"窗口。

② 单击"Windows Update",打开"Windows Update"窗口,如图 2.46 所示。

③ 单击窗口左侧的"更改设置"链接,即可打开"更改设置"对话框。用户可以在这

里更改更新设置。

2.8.2 外观和个性化

Windows 系统的外观和个性化包括对桌面、窗口、按钮、菜单等一系列系统组件的显示设置，系统外观是计算机用户接触最多的部分。

在类别"控制面板"中单击"外观和个性化"图标，弹出如图 2.47 所示的窗口。从图中可以看出，该界面包含"个性化"、"显示"、"桌面小工具"、"任务栏和开始菜单"、"轻松访问中心"、"文件夹选项"和"字体"7 个选项。以下介绍几种常用的设置。

图 2.46 "WindowsUpdate"窗口

1. 个性化

在"个性化"中，可以实现更改主题、更改桌面背景、更改半透明窗口颜色和更改屏幕保护程序。

① 在图 2.47 中，单击"个性化"，会出现"个性化"设置窗口，如图 2.48 所示。在此窗口中，可以实现对主题、更改桌面背景、更改透明窗口颜色、更改声音效果和更改屏幕保护程序。

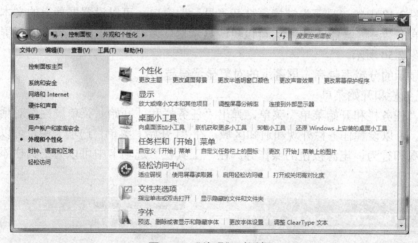

图 2.47 "外观"对话框

Windows 桌面主题简称桌面主题或主题，Microsoft 公司官方的定义是背景加一组声音、图标以及只需要单击即可帮您个性化设置您的计算机元素。通俗地说，桌面主题就是不同风格的桌面背景、操作窗口、系统按钮，以及活动窗口和自定义颜色、字体等的组合体。

② 选择"更改桌面背景"，如图 2.49 所示。在"图片位置（L）"的下拉列表中，包含系统提供图片的位置，在下面的图片选项框中，可以快速配置桌面背景。也可以在"浏览"对话框中选择指定的图像文件取代预设桌面背景。在"图片位置（P）"下拉列表中可以选择图片的显示方式。如果选择"居中"，则桌面上的墙纸以原文件尺寸显示在屏幕中间；如果选择"平铺"，则墙纸以原文件尺寸铺满屏幕；如果选择"拉伸"，则墙纸拉伸至充满整个屏幕。

图 2.48　个性化窗口示意图　　　　　图 2.49　桌面背景设置

③ 选择"更改配色方案"，弹出"窗口颜色和外观"窗口，可以选择使用系统自带的配色方案进行快速配置，也可以单击"高级"按钮，手动进行配置。

④ 选择"更改屏幕保护程序"，弹出"屏幕保护程序设置"窗口，可以设置屏幕保护方案。除此之外，还可以进行电源管理，如设置关闭显示器时间，设置电源按钮的功能，唤醒时需要密码等。

2．显示

单击图 2.47 中的"显示"链接，打开"显示"窗口，可以设置屏幕上的文本大小以及其他项。单击"调整屏幕分辨率"，可以更改显示器，调整显示器的分辨率以及屏幕显示的方向，如图 2.50 所示。

注：显示的分辨率越高，屏幕上的对象显示得越小。

3．任务栏和开始菜单

选择"任务栏和开始菜单"菜单，弹出"任务栏和「开始」菜单属性"对话框，如图 2.51 所示。可以设置任务栏外观和通知区域。在"「开始」菜单"选项卡中，可以设置开始菜单的外观和行为，电源按钮的操作等。在"工具栏"选项卡中可以为工具栏添加地址和链接。

 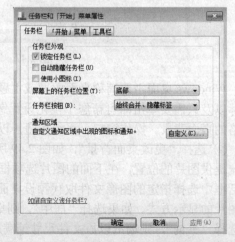

图 2.50　"显示"窗口　　　　　图 2.51　"任务栏和「开始」菜单属性"对话框

4．字体

字体是屏幕上看到的、文档中使用的、发送给打印机的各种字符的样式。在 Windows 系统的 "fonts" 文件夹中安装了多种字体，用户可以添加和删除字体。字体文件的操作方式和其他文件系统的对象执行方式相同，用户可以在 "C:\Windows\fonts" 文件夹中移动、复制或者删除字体文件。系统中使用最多的字体主要有宋体、楷体、黑体、仿宋等。

在 "字体" 窗口中删除字体的方法很简单，在窗口中选中希望删除的字体，并选择 "文件" | "删除" 命令，弹出警告对话框，询问是否删除字体，单击 "是" 按钮，所选择的字体被删除。

2.8.3　时钟、语言和区域设置

在控制面板中运行 "时钟、语言和区域" 程序，打开 "时钟、语言和区域" 对话框，用户可以设置计算机的时间和日期、所在的位置，也可以设置格式、键盘、语言等。

1．日期和时间

Windows 7 系统默认的时间和日期格式是按照美国习惯设置的，世界各地的用户可根据自己的习惯来设置。打开 "日期和时间" 对话框，如图 2.52 所示。

在该对话框中包括 "日期和时间"、"附加时区" 和 "Internet 时间" 3 个选项卡，其界面保持了 Windows 中时间和日期设置界面的连续性，包括日历和时钟。可以更改系统日期和时区。通过 "Internet 时间" 选项卡，用户可以使计算机与 Internet 时间服务器同步。

2．区域和语言

打开 "区域和语言" 对话框，如图 2.53 所示。在 "格式" 选项卡中，可以设置日期和时间的格式、数字的格式、货币的格式、排序的方式等。在 "位置" 选项卡中可以设置当前位置。在 "键盘和语言" 选项卡中，可以设置输入法以及安装/卸载语言。在 "管理" 选项卡中可以对复制设置、更改系统区域进行设置。

图 2.52　"日期和时间" 对话框

图 2.53　"区域和语言" 对话框

2.8.4　程序

应用程序的运行是建立在 Windows 系统的基础上，目前，大部分应用程序都需要安装到操作系统中才能够使用。在 Windows 系统中安装程序很方便，既可以直接运行程序的安

装文件，也可以通过系统的"程序和功能"工具更改和删除操作。通过"打开或关闭 Windows 功能"可以安装和删除 Windows 组件，此功能大大扩充了 Windows 系统的功能。

在控制面板中打开"程序"对话框，包括 3 个属性："程序和功能"、"默认程序"和"桌面小工具"。"程序和功能"所对应的窗口如图 2.54 所示，在选中列表框中的项目以后，如果在列表框的顶端显示单独的"更改"和"卸载"按钮，那么用户可以利用"更改"按钮来重新启动安装程序，然后对安装配置进行更改；也可以利用"卸载"按钮来卸载程序。若只显示"卸载"按钮，则用户对此程序只能执行卸载操作。

图 2.54 "程序和功能"窗口

在"程序和功能"窗口中单击"打开或关闭 Windows 功能"按钮，出现"Windows 功能"对话框，在对话框的"Windows 功能"列表框中显示了可用的 Windows 功能。当将鼠标移动到某一功能上时，会显示所选功能的描述内容。勾选某一功能后，单击"确定"按钮即可进行添加，如果取消组件的复选框，单击"确定"按钮，会将此组件从操作系统中删除。

2.8.5 硬件和声音

在控制面板中选择"硬件和声音"，可打开如图 2.55 所示的窗口。在此窗口中，可以实现对设备和打印机、自动播放、声音、电源选项和显示的操作。

1. 鼠标的设置

在图 2.55 中单击"鼠标"，可打开如图 2.56 所示的"鼠标属性"对话框。

图 2.55 "硬件和声音"窗口

在"鼠标键"选项卡中，选中"切换主要和次要的按钮"可以使鼠标从右手习惯转为左手习惯，该选项选中后立即生效。"双击速度"用来设置两次单击鼠标按键的时间间隔，拖动滑块的位置可以改变速度，用户可以双击右边的测试区来检验自己的设置是否合适。

在"指针"选项卡中，可以选择各种不同的指针方案。

在"指针选项"选项卡中，可以对指针的移动速度进行调整，还可以设置指针运动时的显示轨迹。

在"滑轮"选项卡中，可以对具有滚动滑轮的鼠标的滑轮进行设置。设置滑轮每滚动一个齿格屏幕滚动的多少。

2．键盘的设置

单击控制面板（在图标查看方式显示下）中的"键盘"，可打开如图 2.57 所示的"键盘属性"对话框。"字符重复"可用来调整键盘按键反应的快慢，其中"重复延迟"和"重复速度"分别表示按住某键后，计算机第一次重复这个按键之前的等待时间及之后重复该键的速度。拖动滑块可以改变这两项的设置。"光标闪烁频率"可以改变文本窗口中出现的光标的闪烁速度。

图 2.56　"鼠标属性"对话框

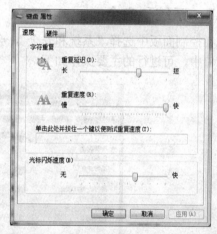

图 2.57　"键盘属性"对话框

3．电源选项

在"电源选项"中，可以对电源管理进行设置，其管理是通过高级配置与电源接口（Advanced Configuration and Power Interface，ACPI）来实现的。通过使用 ACPI 电源管理，可以让操作系统管理计算机的电源，使用操作系统进行电源管理的好处非常多。

在 Windows 7 中，通过电源计划来配置电源。电源计划是指计算机中各项硬件设备电源的规划。例如，用户可将电源计划设置为用户不操作计算机的情况下，10min 后自动关闭显示器。Windows 7 支持完备的电源计划，并内置了 3 种电源计划：平衡、节能和高性能。默认的是"平衡"电源计划。平衡的含义是在系统需要完全性能时提供最大性能，当系统空闲时尽量节能。节能的含义是尽可能地为用户节能，比较适合使用笔记本电脑外出的用户，有助于延长笔记本电脑户外使用时间。高性能是指无论用户当前是否需要足够的性能，系统都将保持最大性能运行，这是性能最高的一种。

用户可以根据自己的需要设置一个符合自己的电源计划，同时，可以通过左侧的链接来进行相关的操作，如唤醒时需要密码、选择电源按钮的功能、选择关闭显示器的时间、更改计算机睡眠时间。

2.8.6 用户账户和家庭安全

Windows 7 支持多用户管理，可以为每一个用户创建一个用户账户并为每个用户配置独立的用户文件，从而使得每个用户登录计算机时，都可以进行个性化的环境设置。

除此之外，Windows 7 内置的家长控制旨在让家长轻松放心地管理孩子能够在计算机上进行的操作。这些控制帮助家长确定他们的孩子能玩哪些游戏，能使用哪些程序，能够访问哪些网站以及何时执行这些操作。"家长控制"是"用户账户和家庭安全控制"小程序的一部分，它将 Windows 7 家长控制的所有关键设置集中到一处。只需要在这一个位置进行操作，就可以配置对应计算机和应用程序的家长控制，对孩子玩游戏情况、网页浏览情况和整体计算机使用情况设置相应的限制。

在控制面板中，单击"用户账户和家庭安全"，打开相应的窗口，用户可以实现用户账户、家长控制等管理功能。

在"用户账户"中，可以更改当前用户的密码和图片，也可以添加或删除用户账户。

2.8.7 系统和安全

在控制面板中选择"系统和安全"，会打开如图 2.58 所示的"系统和安全"窗口，在此窗口中，可进行的主要操作如下。

图 2.58 "系统和安全"窗口

1. Windows 防火墙

防火墙就是将一些不安全、带恶意的流量阻挡在计算机之外的"墙"，它可以是硬件，也可以是软件。对一般用户来说，使用的是防火墙软件。Windows 7 中的防火墙不仅能够防止恶意访问计算机，还能阻止计算机中已经存在的间谍软件向其他计算机发送信息。

2. Windows Update

对每个版本的 Windows 来说，Windows Update 都起着非常关键的作用。通过 Windows Update，可以及时安装 Microsoft 提供的最新漏洞补丁、安全解决方案等关键更新。大多数病毒、木马都是由于用户没有及时打上 Microsoft 提供的安全补丁更新。用户只要及时安装 Windows Update 更新，就可以防止绝大部分的网络安全隐患。

3．备份和还原

通过备份和还原功能，可以帮助用户在计算机出现意外之后，及时恢复硬盘中的数据。数据恢复的多少将根据备份的程序以及备份的时候决定。用户要养成良好的备份习惯，只有先备份，然后才可能还原。备份文件可以存放在内部硬盘、外部硬盘、CD/DVD 光盘、U 盘以及网络位置。

2.9 Windows 7 系统管理

系统管理主要是指对一些重要的系统服务、系统设备、系统选项等涉及计算机整体性的参数进行配置和调整。在 Windows 7 中用户可设置的参数很多，为定制有个人特色的操作系统提供了很大的空间，使用户方便、快速地完成系统的配置。

2.9.1 任务计划

任务计划是在安装 Windows 7 过程中自动添加到系统中的一个组件。定义任务计划主要是针对那些每天或定期都要执行某些应用程序的用户，通过自定义任务计划用户可省去每次都要手动打开应用程序的操作，系统将按照用户预先设定，自动在规定时间执行选定的应用程序。选择"控制面板"|"系统和安全"选项，然后选择管理工具中的"计划任务"，打开对话框如图 2.59 所示。

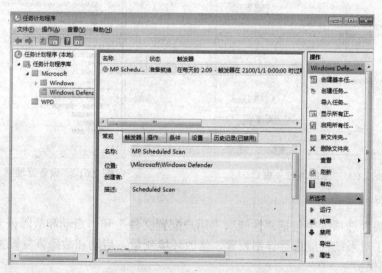

图 2.59 "任务计划程序"窗口

任务计划程序 MMC 管理单元可帮助用户计划在特定时间或在特定事件发生时执行操作的自动任务。该管理单元可以维护所有计划任务的库，从而提供了任务的组织视图以及用于管理这些任务的方便访问点。从该库中，可以运行、禁用、修改和删除任务。任务计划程序用户界面（UI）是一个 MMC 管理单元，它取代了 Windows XP、Windows Server 2003 和 Windows 2000 中的计划任务浏览器扩展功能。

2.9.2 系统属性

选择控制面板的"系统和安全"|"系统"选项，再选择左侧的"高级系统设置"链接，打开如图 2.60 所示的窗口。此窗口为设置各种不同的系统资源提供了大量的工具。在"系统属性"对话框中共有 5 个选项：计算机名、硬件、高级、系统保护和远程，在每个选项中分别提供了不同的系统工具。

1．计算机名

在"计算机名"选项卡中提供了查看和修改计算机网络标识的功能，在"计算机描述"文本框中用户可为计算机输入注释文字。通过"网络 ID"和"更改"按钮，修改计算机的域和用户账户。

2．硬件

在"硬件"选项卡中提供了管理硬件的相关工具：设备管理器和设备安装设置两个选项组。设备管理器是 Windows 7 提供的一种管理工具，可以管理和更新计算机上安装的驱动程序，查看硬件是否正常工作。也可以使用设备管理器查看硬件信息、启用和禁用硬件设备、卸载已更新硬件设备等，如图 2.61 所示。设备安装设置可以设置 Windows 关于设备和驱动程序的检测、更新以及安装方式。

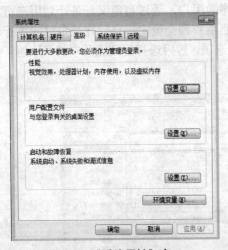

图 2.60 "系统属性"窗口

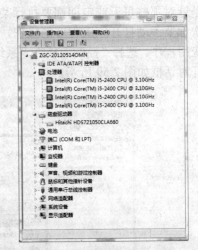

图 2.61 "设备管理器"窗口

3．高级

在"高级"选项卡中包括"性能"、"用户配置文件"和"启动和故障恢复" 3 个选项组，它提供了对系统性能进行详细设置、修改环境变量、启动和故障恢复设置的功能。

4．系统保护

系统保护是定期创建和保存计算机系统文件和设置的相关信息的功能。系统保护也保存已修改文件的以前版本。它将这些文件保存在还原点中，在发生重大系统事件（如安装程序或设备驱动程序）之前创建这些还原点。每 7 天中，如果在前面 7 天中未创建任何还原点，则会自动创建还原点，但也可以随时手动创建还原点。

安装 Windows 的驱动器将自动打开系统保护。Windows 只能为使用 NTFS 文件系统格式化的驱动器打开系统保护。

5．远程

在"远程"选项卡中，可选择从网络中的其他位置使用本地计算机的方式。提供了远程协助和远程桌面两种方式，远程协助允许从本地计算机发送远程协助邀请；远程桌面允许用户远程连接到本地计算机上。

2.9.3　硬件管理

从安装和删除的角度划分，硬件可分为两类：即插即用硬件和非即插即用硬件。即插即用硬件设备的安装和管理比较简单，而非即插即用设备需要在安装向导中进行繁杂的配置工作。

1．添加硬件

在设备（非即插即用）连接到计算机上以后，系统会检测硬件设备并自动打开添加硬件向导，为设备安装驱动程序。使用此向导不但可安装驱动程序，而且可以解决安装设备过程中遇到的部分问题。

2．更新驱动程序

设备制造商在不断推出新产品的同时，也在不断完善原有的驱动程序，提高设备性能。安装设备时使用的驱动程序就会随着硬件技术的不断完善而落后，为了增加设备的操作性能需要不断地更新驱动程序。

2.10　Windows 7 的网络功能

随着计算机的发展，网络技术的应用也越来越广泛。网络是连接个人计算机的一种手段，通过联网，能够彼此共享应用程序、文档和一些外部设备，如磁盘、打印机、通信设备等。利用电子邮件（E-mail）系统，还能让网上的用户互相交流和通信，使得物理上分散的微机在逻辑上紧密地联系起来。有关网络的基本概念，在第 6 章进行阐述，在此主要介绍 Windows 7 的网络功能。

2.10.1　网络软硬件的安装

任何网络连接，除了需要安装一定的硬件外（如网卡），还必须安装和配置相应的驱动程序。如果在安装 Windows 7 前已经完成了网络硬件的物理连接，Windows 7 安装程序一般都能帮助用户完成所有必要的网络配置工作。但有些时候，仍然需要进行网络的手工配置。

1．网卡的安装与配置

网卡的安装很简单，打开机箱，只要将它插入到计算机主板上相应的扩展槽内即可。如果安装的是专为 Windows 7 设计的"即插即用"型网卡，Windows 7 在启动时，会自动检测并进行配置。Windows 7 在进行自动配置的过程中，如果没有找到对应的驱动程序，会提示插入包含该网卡驱动程序的盘片。

2．IP 地址的配置

执行"控制面板"|"网络和 Internet"|"网络和共享中心"|"查看网络状态和任务"|"本地连接"，打开"本地连接状态"对话框，单击"属性"按钮，在弹出的"本地连接属性"对话框中，选中"Internet 协议版本 4（TCP/IP）"选项，然后单击"属性"按钮，出现如图 2.62 所示的"Internet 协议版本 4（TCP/IP4）属性"对话框，在对话框中填入相应的 IP 地址，同时配置 DNS 服务器。

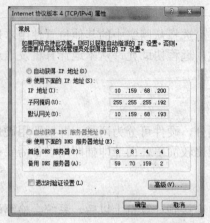

图 2.62 "（TCP/IP）属性"对话框

2.10.2 Windows 7 选择网络位置

初次连接网络时，需要选择网络位置的类型，如图 2.63 所示，为所连接的网络类型自动设置适当的防火墙和安全选项。在家庭、本地咖啡店或者办公室等不同位置连接网络时，选择一个合适的网络位置，可以确保将计算机设置为适当的安全级别。选择网络位置时，可以根据实际情况选择下列之一：家庭网络、工作网络、公用网络。

域类型的网络位置由网络管理员控制，因此无法选择或更改。

图 2.63 设置网络位置

2.10.3 资源共享

计算机中的资源共享可分为以下 3 类。

① 存储资源共享：共享计算机系统中的软盘、硬盘、光盘等存储介质，以提高存储效率，方便数据的提取和分析。

② 硬件资源共享：共享打印机或扫描仪等外部设备，以提高外部设备的使用效率。

③ 程序资源共享：网络上的各种程序资源。

共享资源可以采用以下 3 种类型访问权限进行保护。

① 完全控制：可以对共享资源进行任何操作，就像是使用自己的资源一样。

② 更改：允许对共享资源进行修改操作。

③ 读取：对共享资源只能进行复制、打开或查看等操作，不能对它们进行移动、删除、修改、重命名及添加文件等操作。

在 Windows 7 中，用户主要通过配置家庭组、工作组中的高级共享设置实现资源共享，共享存储在计算机、网络以及 Web 上的文件和文件夹。

2.10.4 在网络中查找计算机

由于网络中的计算机很多，查找自己需要访问的计算机非常麻烦，为此 Windows 7 提供了非常方便的方法来查找计算机。打开任意一个窗口，在窗口左侧单击"网络"选项即可完成网络中计算机的搜索，如图 2.64 所示。

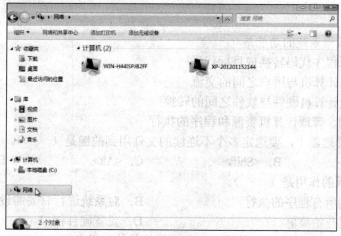

图 2.64 在网络中查找计算机

2.11 Windows 8 简介

Windows 8 是由 Microsoft 公司开发的，具有革命性变化的操作系统。该系统旨在让人们日常计算机操作更加简单和快捷，为人们提供高效易行的工作环境。Windows 8 将支持来自 Intel、AMD 和 ARM 的芯片架构。Microsoft 公司表示，这一决策意味着 Windows 系统开始向更多平台迈进，包括平板电脑和 PC。Windows Phone 8 将采用和 Windows 8 相同的内容。2011 年 9 月 14 日，Windows 8 开发者预览版发布，宣布兼容移动终端，Microsoft 公司将苹果的 IOS、谷歌的 Android 视为 Windows 8 在移动领域的主要竞争对手。2012 年 2 月，Microsoft 公司发布"视窗 8"消费者预览版，可以在平板电脑上使用。

Windows 8 的优点主要有：

① 采用 Metro UI 的主界面；

② 兼容 Windows 7 应用程序；

③ 启动更快、硬件配置要求更低；

④ 支持智能手机和平板电脑；

⑤ 支持触控、键盘和鼠标 3 种输入方式；

⑥ 支持 ARM 和 x86 架构；

⑦ 内置 Windows 应用商店；

⑧ IE10 浏览器；

⑨ 分屏多任务处理界面，右侧边框中是正在运行的应用；

⑩ 结合云服务和社交网络。

Windows 8 的版本主要有：

① Windows 8 普通版；

② Windows 8 Professional 专业版；

③ Windows 8RT；

④ Windows 8Enterprise 企业版。

习 题 2

一、选择题

1. 计算机操作系统的功能是（　　）。
   A. 把源程序代码转换成目标代码
   B. 实现计算机与用户之间的交流
   C. 完成计算机硬件与软件之间的转换
   D. 控制、管理计算机资源和程序的执行
2. 在资源管理器中，要选定多个不连续的文件用到的键是（　　）。
   A. <Ctrl>　　　　B. <Shift>　　　　C. <Alt>　　　　D. <Ctrl>+<Shift>
3. 控制面板的作用是（　　）。
   A. 控制所有程序的执行　　　　　B. 对系统进行有关的设置
   C. 设置开始菜单　　　　　　　　D. 设置硬件接口
4. 在中文 Windows 中，各种输入法之间切换的快捷键是（　　）。
   A. <Alt>+<Shift>　　　　　　　B. <Ctrl>+<Esc>
   C. <Ctrl>+<Shift>　　　　　　　D. <Ctrl>+<Alt>
5. 在 Windows 环境下,若要把整个桌面的图像复制到剪贴板,可用（　　）。
   A. <Print Screen>键　　　　　　　　B. <Alt>+<Print Screen>组合键
   C. <Ctrl>+<Print Screen>组合键　　　D. <Shift>+<Print Screen>组合键

二、填空题

1. 在 Windows 的"回收站"窗口中，要想恢复选定的文件或文件夹，可以使用"文件"菜单中的_____命令。
2. 在 Windows 中，当用鼠标左键在不同驱动器之间拖动对象时，系统默认的操作是_____。
3. 在 Windows 中,选定多个不相邻文件的操作是:单击第一个文件,然后按住_____键的同时，单击其他待选定的文件。
4. 用 Windows 的"记事本"所创建文件的默认扩展名是_____。

三、思考题

1. 什么是操作系统？它的主要作用是什么？
2. 简述操作系统的发展过程。
3. 中文 Windows 7 提供了哪些安装方法？各有什么特点？
4. 如何启动和退出 Windows 7？
5. 中文 Windows 7 的桌面由哪些部分组成？
6. 如何在"资源管理器"中进行文件的复制、移动、改名？共有几种方法？
7. 在资源管理器中删除的文件可以恢复吗？如果能,如何恢复？如果不能,请说明为什么？
8. 在中文 Windows 7 中，如何切换输入法的状态？
9. Windows 7 的控制面板有何作用？
10. 如何添加一个硬件？
11. 如何添加一个新用户？
12. 如何使用网络上其他用户所开放的资源？

第 3 章

文字处理 Word 2010

Microsoft Office 2010 是 Microsoft 公司发布的新一代办公软件，主要包括 Word 2010、Excel 2010、Power Point 2010、Outlook 2010、Access 2010、OneNote 2010、Publisher 2010 等常用的办公组件。该版本采用了 Ribbon 新界面主题，界面更加简洁明快，同时也增加了很多新功能，特别是在线应用，可以让用户更加方便地去表达自己的想法、去解决问题以及与他人联系。本章主要介绍 Microsoft Office 2010 中的综合排版工具软件 Word 2010 的一些操作方法、使用技能和新功能，如文档的基本操作、文档的格式化、图文混排、表格操作以及文档恢复功能、简单便捷的截图功能等。

【知识要点】
1. 新建、打开及保存文档；
2. 文本基本操作；
3. 字符及段落排版；
4. 创建及美化表格；
5. 图形与图像处理；
6. 页面设置与打印。

3.1 Word 2010 概述

Word 2010 是 Microsoft Office 2010 中应用最为广泛的一个组件，在本节中主要对它的工作窗口以及创建、保存、打开文档等基本操作进行简单介绍。

3.1.1 Word 2010 简介

Microsoft Office 2010 仍然采用 Ribbon 界面风格，但新版界面更加人性化。在其启动画面下，增加了很多互动功能，如随时中断软件启动、实时显示启动进度等，工作界面下的功能区中的按钮取消了边框设计，让按钮的显示可以更加清晰。Office 2010 与 Office 2007 一样，采用功能区替代了传统的菜单操作方式，但在 Office 2010 中不再有"Office"按钮，而代之于"文件"按钮，使用户更容易从 Office 2003 等早期版本中转移过来。

Word 2010 为用户提供了最上乘的文档格式设置工具，利用它能够更加轻松、高效地组织和编写文档，并能轻松地与他人协同工作。Word 2010 不仅可以完成旧版本的功能，比如文字录入与排版、表格制作、图形与图像处理等，更增添了导航窗格、屏幕截图、屏幕取词、背景移除、文字视觉效果等新功能。在 Word 2010 中仍然可以根据用户的当前操作显示相关的编辑工具，而且在进行格式修改时，用户可以在实施更改之前实时而直观地预览文档格式修改后的实际效果。

3.1.2 Word 2010 的启动与退出

1．Word 2010 的启动

安装了 Word 2010 之后，就可以使用其所提供的强大功能了。首先要启动 Word 2010，进入其工作环境，打开方法有多种，下面介绍几种常用的方法。

① 选择菜单命令"开始"｜"所有程序"｜"Microsoft Office"｜"Microsoft Word 2010"。

② 如果在桌面上已经创建了启动 Word 2010 的快捷方式，则双击快捷方式图标。

③ 双击任意一个 Word 文档，Word 2010 就会启动并且打开相应的文件。

2．Word 2010 的退出

完成文档的编辑操作后就要退出 Word 2010 工作环境，下面介绍几种常用的退出方法。

① 单击 Word 应用程序窗口右上角的"关闭"按钮。

② 单击 Word 应用程序窗口左上角的"文件"按钮，在弹出的下拉面板中单击"退出"项。

③ 在标题栏上单击鼠标右键，在弹出的快捷菜单中单击"关闭"命令。

如果在退出 Word 2010 时，用户对当前文档做过修改且还没有执行保存操作，系统将弹出一个对话框询问用户是否要将修改操作进行保存，如果要保存文档，单击"保存"按钮，如果不需要保存，单击"不保存"按钮，单击"取消"按钮则取消此次关闭操作。

3.1.3 Word 2010 窗口简介

在 Word 2010 中，微软仍然采用了可智能显示相关命令的 Ribbon 面板，整个界面更加清新柔和。Word 2010 工作窗口主要包括标题栏、快速访问工具栏、"文件"按钮、功能区、标尺栏、文档编辑区和状态栏，如图 3.1 所示。

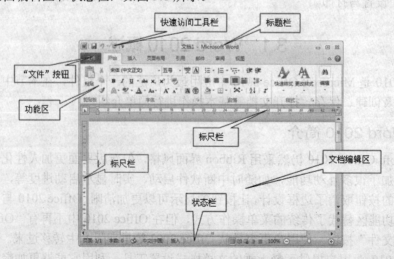

图 3.1 Word 2010 工作界面

1．标题栏

标题栏主要显示正在编辑的文档名称及编辑软件名称信息，在其右端有 3 个窗口控制按钮，分别完成最小化、最大化（还原）和关闭窗口操作。

2．快速访问工具栏

快速访问工具栏主要显示用户日常工作中频繁使用的命令，安装好 Word 2010 之后，其默认显示"保存"、"撤销"和"重复"命令按钮。当然用户也可以单击此工具栏中的"自定义快速访问工具栏"按钮 ，在弹出的菜单中勾选某些命令项将其添加至工具栏中，以便以后可以快速地使用这些命令。

3．"文件"按钮

在 Word 2010 中，使用"文件"按钮替代了 Word 2007 中的"Office"按钮，单击"文件"按钮将打开"文件"面板，包含"打开"、"关闭"、"保存"、"信息"、"最近所用文件"、"新建"、"打印"等常用命令。在"最近所用文件"命令面板中，用户可以查看最近使用的 Word 文档列表。通过单击历史 Word 文档名称右侧的固定按钮 ，可以将该记录位置固定，不会被后续历史 Word 文档替换。

4．功能区

功能区取代了 Word 2003 及早期版本中的菜单栏和工具栏，横跨应用程序窗口的顶部，由选项卡、组和命令 3 个基本组件组成。选项卡位于功能区的顶部，包括"开始"、"插入"、"页面布局"、"引用"、"邮件"等。单击某一选项卡，则可在功能区中看到若干个组，相关项显示在一个组中。命令则是指组中的按钮、用于输入信息的框等。在 Word 2010 中还有一些特定的选项卡，只不过特定选项卡只有在需要时才会出现。例如，当在文档中插入图片后，可以在功能区看到图片工具"格式"选项卡。如果用户选择其他对象，如剪贴画、表格或图表等，将显示相应的选项卡。

习惯使用 Word 早期版本的用户此时可能发现不知如何打开以前的"字体"或者"段落"设置对话框，仔细观察一下，会发现在某些组的右下角有一个小箭头按钮 ，该按钮称为对话框启动器。单击该按钮，将会看到与该组相关的更多选项，这些选项通常以 Word 早期版本中的对话框形式出现。

功能区将 Word 2010 中的所有功能选项巧妙地集中在一起，以便于用户查找使用。但是当用户暂时不需要功能区中的功能选项并希望拥有更多的工作空间时，则可以通过双击活动选项卡临时隐藏功能区，此时，组会消失，从而为用户提供更多空间，如图 3.2 所示。如果需要再次显示，则可再次双击活动选项卡，组就会重新出现。

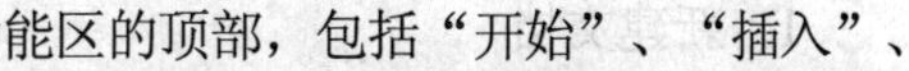

5．标尺栏

Word 2010 具有水平标尺和垂直标尺，用于对齐文档中的文本、图形、表格等，也可用来设置

| 开始　　插入　　页面布局　　引用　　邮件　　审阅　　视图 |

图 3.2　隐藏组后的功能区

所选段落的缩进方式和距离。可以通过垂直滚动条上方的"标尺"按钮 显示或隐藏标尺，也可通过"视图"选项卡"显示"组中"标尺"复选框来显示或隐藏标尺。

6．文档编辑区

文档编辑区是用户使用 Word 2010 进行文档编辑排版的主要工作区域，在该区域中有一个垂直闪烁的光标，这个光标就是插入点，输入的字符总是显示在插入点的位置上。在输入的过程中，当文字显示到文档右边界时，光标会自动转到下一行行首，而当一个自然段落输入完成后，则可通过按一下回车键来结束当前段落的输入。

在文档编辑区中进行文字编辑排版时，如果用户通过鼠标拖动选择文本并将鼠标指向该文本，会看到在所选文字的右上方以淡出形式出现一个工具栏，并且将鼠标指向该工具栏时，它的颜色会加深。此工具栏称为浮动工具栏，其中的格式命令非常有用，用户可以通过此工具栏快速地访问这些命令，对所选择文本进行格式设置。

7．状态栏

状态栏位于应用程序窗口的底部，用来显示当前文档的信息以及编辑信息等。在状态栏的左侧显示文档共几页、当前是第几页、字数等信息；右侧显示"页面视图"、"阅读版式视图"、"Web 版式视图"、"大纲视图"和"草稿视图"5 种视图模式切换按钮，并有显示当前文档显示比例的"缩放级别"按钮以及缩放当前文档的缩放滑块。

用户可以自己定制状态栏上的显示内容，在状态栏空白处单击鼠标右键，在右键弹出菜单中，通过单击来选择或取消选择某个菜单项，从而在状态栏中显示或隐藏相应项。

3.1.4　Word 2010 文档基本操作

在使用 Word 2010 进行文档录入与排版之前，必须先创建文档，而当文档编辑排版工作完成之后也必须及时地保存文档以备下次使用，这些都属于文档的基本操作，在本小节中将介绍如何完成这些基本操作，为后续的编辑和排版工作做准备。

1．新建文档

在 Word 2010 中，可以创建两种形式的新文档，一种是没有任何内容的空白文档，另一种是根据模板创建的文档，如传真、信函和简历等。

（1）创建空白文档

创建空白文档的方法有多种，在此仅介绍最常用的几种。

① 启动 Word 2010 应用程序之后，会创建一个默认文件名为"文档 1"的空白文档。

② 单击"文件"按钮面板中的"新建"命令，选择右侧"可用模板"下的"空白文档"，再单击"创建"按钮即可创建一个空白文档，如图 3.3 所示。

图 3.3 "新建"命令面板

③ 单击"自定义快速访问工具栏"按钮，在弹出的下拉菜单中选择"新建"项，之后可以通过单击快速访问工具栏中新添加的"新建"按钮创建空白文档。

（2）根据模板创建文档

Word 2010 提供了许多已经设置好的文档模板，选择不同的模板可以快速地创建各种类型的文档，如信函和传真等。模板中已经包含了特定类型文档的格式和内容等，只需根据个人需求稍做修改即可创建一个精美的文档。选择图 3.3 中"可用模板"列表中的合适模板，再单击"创建"按钮，或者在"Office.com 模板"区域中选择合适的模板，再单击"下载"按钮均可以创建一个基于特定模板的新文档。

2．保存文档

不仅在文档编辑完成后要保存文档，在文档编辑过程中也要特别注意保存，以免遇到停电或死机等情况使之前所做的工作丢失。通常，保存文档有以下几种情况。

（1）新文档保存

创建好的新文档首次保存，可以单击"快速访问工具栏"中的"保存"按钮 或者选择"文件"按钮面板中的"保存"项，均会弹出"另存为"对话框，如图 3.4 所示。在"保存位置"下拉框中选择文档要保存的位置；在"文件名"框中输入文档的名称，若不新输入名称则 Word 自动将文档的第一句话作为文档的名称；在"保存类型"下拉框中选择"Word文档"；最后单击"保存"按钮，文档即被保存在指定的位置上了。

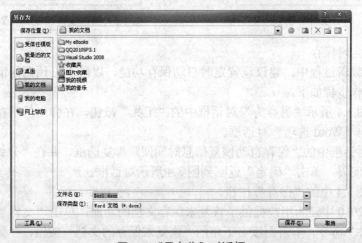

图 3.4　"另存为"对话框

（2）旧文档与换名、换类型文档保存

如果当前编辑的文档是旧文档且不需要更名或更改位置保存，直接单击"快速访问工具栏"中的"保存"按钮，或者选择"文件"按钮面板中的"保存"命令即可保存文档。此时不会出现对话框，只是以新内容代替了旧内容保存到原来的旧文档中了。

若要为一篇正在编辑的文档更改名称或保存位置，单击"文件"按钮面板中的"另存为"命令，此时也会弹出如图 3.4 所示的"另存为"对话框，根据需要选择新的存储路径或者输入新的文档名称即可。通过"保存类型"下拉列表中的选项还可以更改文档的保存类型，选择"Word 97-2003 文档"选项可将文档保存为 Word 的早期版本类型，选择"Word模板"选项可将该文档保存为模板类型。

（3）文档加密保存

为了防止他人未经允许打开或修改文档，可以对文档进行保护，即在保存时为文档加设密码，步骤如下：

① 单击图 3.4 所示的"另存为"对话框中的"工具"按钮，在弹出的下拉框中选择"常规选项"，则弹出"常规选项"对话框。

② 分别在对话框中的"打开文件时的密码"和"修改文件时的密码"文本框中输入密码，单击"确定"按钮后会弹出"确认密码"对话框，再次输入打开及修改文件时的密码后单击"确定"按钮，返回到图 3.4 所示对话框。

③ 单击图 3.4 中的"保存"按钮。

设置完成后，再打开文件时，将会弹出如图 3.5 所示的对话框，输入正确的打开文件密码后弹出如图 3.6 所示的对话框，只有输入正确的修改文件密码时，才可以修改打开的文件，否则只能以只读方式打开。

说明：对文件设置打开及修改密码，不能阻止文件被删除。

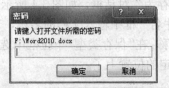
图 3.5　打开文件"密码"对话框

图 3.6　修改文件"密码"对话框

（4）文档定时保存

在文档的编辑过程中，建议设置定时自动保存功能，以防不可预期的情况发生使文件内容丢失。操作步骤如下。

① 单击图 3.4 所示"另存为"对话框中的"工具"按钮，在弹出的下拉框中选择"保存选项"，弹出"Word 选项"对话框。

② 选中对话框中的"保存自动恢复信息时间间隔"复选框，并在"分钟"数值框中输入保存的时间间隔，单击"确定"返回到图 3.4 所示对话框。

③ 单击图 3.4 中的"保存"按钮。

在 Word 2010 中还为用户提供了恢复未保存文档的功能，单击"文件"按钮面板中的"最近所用文件"命令，单击面板右下角的"恢复未保存的文档"按钮，在弹出对话框的文件列表中直接选择要恢复的文件即可。

3．打开文档

如果要对已经存在的文档进行操作，则必须先将其打开。方法很简单，直接双击要打开的文件图标，或者在打开 Word 2010 工作环境后，通过选择"文件"按钮面板中的"打开"项，在之后显示的对话框中选择要打开的文件后，单击"打开"按钮即可。

3.2　文档编辑

文档编辑是 Word 2010 的基本功能，主要完成文本的录入、选择以及移动、复制等基本操作，并且也为用户提供了查找和替换功能、撤销和重复功能。

3.2.1 输入文本

打开 Word 2010 后，用户可以直接在文本编辑区进行输入操作，输入的内容显示在光标所在处。如果没有输入到当前行行尾就想在下一行或下几行输入，是否只能通过回车换行才可以呢？不是的。其实由于 Word 支持"即点即输"功能，用户只需在想输入文本的地方双击鼠标，光标即会自动移到该处，之后用户就可以直接输入。下面就不同类型的内容输入分别进行介绍。

1．普通文本的输入

普通文本的输入非常简单，用户只需将光标移到指定位置，选择好合适的输入法后即可进行录入操作。常用的输入法切换的快捷键如下。

① 组合键<Ctrl>＋<Space>：中/英文输入法切换；

② 组合键<Ctrl>＋<Shift>：各种输入法之间的切换；

③ 组合键<Shift>＋<Space>：全/半角之间的切换。

在输入文本的过程中，用户会发现在文本的下方有时出现红色或绿色的波浪线，这是 Word 2010 所提供的拼写和语法检查功能。如果用户在输入过程中出现拼写错误，在文本下方即会出现红色波浪线；如果是语法错误，则显示为绿色波浪线。当出现拼写错误时，如误将"Computer"输入为"Conputer"，则"Conputer"下会马上显示出红色波浪线，用户只需在其上单击鼠标右键，在之后弹出的修改建议的菜单中单击想要替换的单词选项就可以将错误的单词替换。

2．特殊符号的输入

在输入过程中常会遇到一些特殊的符号使用键盘无法录入，此时可以单击"插入"选项卡，通过"符号"组中的"符号"命令按钮下拉框来录入相应的符号。如果要录入的符号不在"符号"命令按钮下拉框中显示，则可以单击下拉框中的"其他符号"选项，在弹出的"符号"对话框中选择所要录入的符号后单击"插入"按钮即可。

3．日期和时间的输入

在 Word 2010 中，可以直接插入系统的当前日期和时间，操作步骤如下。

① 将插入点定位到要插入日期或时间的位置。

② 单击"插入"选项卡"文本"组中的"日期和时间"命令，弹出"日期和时间"对话框。

③ 在对话框中选择语言后在"可用格式"列表中选择需要的格式，如果要使插入的时间能随系统时间自动更新，选中对话框中的"自动更新"复选框，单击"确定"按钮即可。

3.2.2 选择文本

在对文本进行编辑排版之前要先执行选中操作，从要选择文本的起点处按下鼠标左键，一直拖动至终点处松开鼠标即可选择文本，选中的文本将以蓝底黑字的形式出现。如果要选择的是篇幅比较大的连续文本，则使用上述方法就不是很方便，此时可以在要选择的文本起点处单击鼠标左键，然后将鼠标移至选取终点处，同时按下<Shift>键与鼠标左键即可。

在 Word 2010 中，还有几种常用的选定文本的方法，首先要将鼠标移到文档左侧的空白处，此处称为选定区，鼠标移到此处将变为右上方向的箭头：

① 单击鼠标，选定当前行文字；

② 双击鼠标，选定当前段文字；

③ 三击鼠标，选中整篇文档。

此外，按下<Alt>键的同时拖动鼠标左键，可以选中矩形区域。

3.2.3 插入与删除文本

在文档编辑过程中，会经常执行修改操作来对输入的内容进行更正。当遗漏某些内容时，可以通过单击鼠标操作将插入点定位到需要补充录入的地方后进行输入。如果要删除某些已经输入的内容，则可以选中该内容后按<Delete>键或<Backspace>键直接删除。在不选择内容的情况下，按<Backspace>键可以删除光标左侧的字符，按<Delete>键删除光标右侧的字符。

3.2.4 复制与移动文本

当需要重复录入文档中已有的内容或者要移动文档中某些文本的位置，可以通过复制与移动操作来快速地完成。复制与移动操作的方法类似，选中文本后，在所选取的文本块上单击鼠标右键则出现弹出菜单，执行复制操作选择"复制"项，执行移动操作则选择"剪切"项，然后将鼠标移到目的位置，再单击鼠标右键，选择"粘贴选项"中的合适选项即可。

3.2.5 查找与替换文本

1．查找

利用查找功能可以方便快速地在文档中找到指定的文本。选择"开始"选项卡，单击"编辑"下拉框中的"查找"按钮，在文本编辑区的左侧会显示如图 3.7 所示的"导航"窗格，在显示"搜索文档"的文本框内键入查找关键字后按回车键，即可列出整篇文档中所有包含该关键字的匹配结果项，并在文档中高亮显示相匹配的关键词，单击某个搜索结果能快速定位到正文中的相应位置。也可以选择"查找"按钮下拉框中的"高级查找"选项，在弹出的"查找和替换"对话框中的"查找内容"文本框内键入查找关键字，如"Word 2010"，然后单击"查找下一处"按钮即能定位到正文中匹配该关键字的位置，如图 3.8 所示。通过该对话框中的"更多"按钮，能看到更多的查找功能选项，如是否区分大小写、是否全字匹配以及是否使用通配符等，利用这些选项能完成更高功能的查找操作。

图 3.7 "导航"窗格

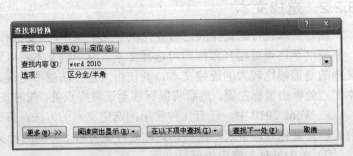

图 3.8 "查找和替换"对话框

2. 替换

替换操作是在查找的基础上进行的，单击图 3.8 中的"替换"选项卡，在对话框的"替换为"文本框中输入要替换的内容，根据情况选择"替换"还是"全部替换"按钮即可。

3.2.6　撤销和重复

Word 2010 的快速访问工具栏中提供的"撤销"按钮 可以帮助用户撤销前一步或前几步错误操作，而"重复"按钮 则可以重复执行上一步被撤销的操作。

如果是撤销前一步操作，可以直接单击"撤销"按钮，若要撤销前几步操作，则可以单击"撤销"按钮旁的下拉按钮，在弹出的下拉框中选择要撤销的操作即可。

3.3　文　档　排　版

文档编辑完成之后，就要对整篇文档进行排版以使文档具有美观的视觉效果，在这一节中将介绍 Word 2010 中常用的排版技术，包括字符、段落格式设置，边框与底纹设置，分栏设置等。

在讲解排版技术之前，先来认识一下在 Word 2010 中的几种视图显示方式。

① 页面视图：能最接近地显示文本、图形及其他元素在最终的打印文档中的真实效果。

② 阅读版式视图：默认以双页形式显示当前文档，隐藏"文件"按钮、功能区等窗口元素，便于用户阅读。

③ Web 版式视图：以网页的形式显示文档，适用于发送电子邮件和创建网页。

④ 大纲视图：可以显示和更改标题的层级结构，并能折叠、展开各种层级的文档内容，适用于长文档的快速浏览和设置。

⑤ 草稿视图：仅显示标题和正文，是最节省计算机系统硬件资源的视图模式。

可以通过状态栏右侧的视图模式按钮在这 5 种视图显示模式间进行切换。

3.3.1　字符格式设置

这里指的字符包括汉字、字母、数字、符号及各种可见字符，当它们出现在文档中时，就可以通过设置其字体、字号、颜色等对其进行修饰。对字符格式的设置决定了字符在屏幕上显示和打印输出的样式。字符格式设置可以通过功能区、对话框和浮动工具栏 3 种方式来完成。不管使用哪种方式，都需要在设置前先选择字符，即先选中再设置。

1．通过功能区进行设置

使用此种方法进行设置，要先单击功能区的"开始"选项卡，此时可以看到"字体"组中的相关命令项，如图 3.9 所示，利用这些命令项即可完成对字符的格式设置。

单击"字体"下拉按钮，当出现下拉式列表框时单击其中的某字体，如楷体，即可将所选字符以该字体形式显示。当用户将鼠标在下拉列表框的字体选项上移动时，所选字符的显示形式也会随之发生改变，这是之前提到过的 Word 2010 提供给用户在实施格式修改之前预览显示效果的功能。

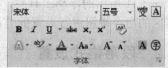

图 3.9　"开始"选项卡中的"字体"组

单击"字号"下拉按钮，当出现下拉式列表框时单击其中的某字号，如二号，即可将所选字符以该种大小形式显示。也可以通过"增大字号" A 和"减小字号"按钮 A 来改变所选字符的字号大小。

单击"加粗"、"倾斜"或"下划线"按钮，可以将选定的字符设置成粗体、斜体或加下划线显示形式。3 个按钮允许联合使用，当"加粗"和"倾斜"按钮同时按下时显示的是粗斜体。单击"下划线"按钮可以为所选字符添加黑色直线下划线，若想添加其他线型的下划线，单击"下划线"按钮旁的向下箭头，在弹出的下拉框中单击所需线型即可；若想添加其他颜色的下划线，在"下划线"下拉框中的"下划线颜色"子菜单中单击所需颜色项即可。

单击"突出显示"按钮 可以为选中的文字添加底色以突出显示，这一般用在文中的某些内容需要读者特别注意的时候。如果要更改突出显示文字的底色，单击该按钮旁的向下箭头，在弹出的下拉框中单击所需的颜色即可。

在 Word 2010 中增加了为文字添加轮廓、阴影、发光等视觉效果的新功能，单击图 3.9中的"文本效果"按钮 ，在弹出的下拉框中选择所需的效果设置选项就能将该种效果应用于所选文字。

在图 3.9 中还有其他的一些按钮，如将字符设置为上标或下标等，在此不做详述。

2．通过对话框进行设置

选中要设置的字符后，单击图 3.9 所示右下角的"对话框启动器"按钮，会弹出如图 3.10 所示的"字体"对话框。

在对话框的"字体"选项卡页面中，可以通过"中文字体"和"西文字体"下拉框中的选项为所选择字符中的中、西文字符设置字体，还可以为所选字符进行字形（常规、倾斜、加粗或加粗倾斜）、字号、颜色等的设置。通过"着重号"下拉框中的

图 3.10 "字体"对话框

"着重号"选项可以为选定字符加着重号，通过"效果"区中的复选框可以进行特殊效果设置，如为所选文字加删除线或将其设为上标、下标等。

在对话框的"高级"选项卡页面中，可以通过"缩放"下拉框中的选项放大或缩小字符，通过"间距"下拉框中的"加宽"、"紧缩"选项使字符之间的间距加大或缩小，还可通过"位置"下拉框中的"提升"、"降低"选项使字符向上提升或向下降低显示。

3．通过浮动工具栏进行设置

当选中字符并将鼠标指向其后，在选中字符的右上角会出现如图 3.11 所示的浮动工具栏，利用它进行设置的方法与通过功能区的命令按钮进行设置的方法相同，不再详述。

图 3.11 浮动工具栏

3.3.2 段落格式设置

在 Word 中，通常把两个回车换行符之间的部分叫做一个段落。段落格式的设置包括了对段落对齐方式、段落缩进、段落行间距以及段前和段后间距等的设置。

1．段落对齐方式

段落的对齐方式分为以下 5 种。

① 左对齐：段落所有行以页面左侧页边距为基准对齐。

② 右对齐：段落所有行以页面右侧页边距为基准对齐。

③ 居中对齐：段落所有行以页面中心为基准对齐。

④ 两端对齐：段落除最后一行外，其他行均匀分布在页面左右页边距之间。

⑤ 分散对齐：段落所有行均匀分布在页面左右页边距之间。

单击功能区的"开始"选项卡下"段落"组右下角的"对话框启动器"按钮，将打开

图 3.12   "段落"对话框

如图 3.12 所示的"段落"对话框，选择"对齐方式"下拉框中的选项即可进行段落对齐方式设置，或者单击"段落"组中的 5 种对齐方式按钮 ≡ ≡ ≡ ≡ ≡ 进行设置。

2．段落缩进

缩进决定了段落到左右页边距的距离，段落的缩进方式分为以下 4 种。

① 左缩进：段落左侧到页面左侧页边距的距离。

② 右缩进：段落右侧到页面右侧页边距的距离。

③ 首行缩进：段落的第一行由左缩进位置起向内缩进的距离。

④ 悬挂缩进：段落除第一行以外的所有行由左缩进位置起向内缩进的距离。

通过图 3.12 所示的"段落"对话框可以精确地设置所选段落的缩进方式和距离。左缩进和右缩进可以通过调整"缩进"区域中的"左侧"、"右侧"设置框中的上下微调按钮设置；首行缩进和悬挂缩进可以从"特殊格式"下拉框中进行选择，缩进量通过"磅值"项进行精确设置。此外，还可以通过水平标尺工具栏来设置段落的缩进，将光标放到设置段落中或选中该段落，之后拖动如图 3.13 所示的缩进方式按钮即可调整对应的缩进量，不过此种方式只能模糊设置缩进量。

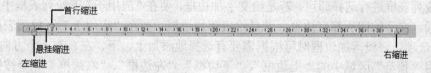

图 3.13   水平标尺

3．段落间距与行间距

通过图 3.12 所示"间距"区域中的"段前"和"段后"项可以设置所选段落与上一段落之间的距离以及该段与下一段落之间的距离。通过"行距"项可以修改所选段落相邻两行之间的距离，共有 6 个选项供用户选择。

① 单倍行距：将行距设置为该行最大字体的高度加上一小段额外间距，额外间距的大小取决于所用的字体。

② 1.5 倍行距：将行距设置为单倍行距的 1.5 倍。

③ 2 倍行距：将行距设置为单倍行距的 2 倍。

④ 最小值：将行距设置为适应行上最大字体或图形所需的最小行距。

⑤ 固定值：将行距设置为固定值。

⑥ 多倍行距：将行距设置为单倍行距的倍数。

需要注意的是，当选择行距为"固定值"并键入一个磅值时，Word 将不管字体或图形的大小，这可能导致行与行相互重叠，所以使用该选项时要小心。

3.3.3 边框与底纹设置

边框与底纹能增加读者对文档内容的兴趣和注意程度，并能对文档起到一定美化效果。

1．添加边框

选中要添加边框的文字或段落后，在功能区的"开始"选项卡下，单击"段落"组中的"下框线"按钮 右侧的下拉按钮，在弹出的下拉框中选择"边框和底纹"选项，弹出如图 3.14 所示的对话框，在此对话框的"边框"选项卡页面下可以进行边框设置。

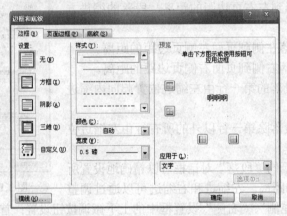

图 3.14 "边框和底纹"对话框

用户可以设置边框的类型为"方框"、"阴影"、"三维"或"自定义"类型，若要取消边框可选择"无"。选择好边框类型后，还可以选择边框的线型、颜色和宽度，只要打开相应的下拉列表框进行选择即可。若是给文字加边框，要在"应用于"下拉列表框中选择"文字"选项，文字的四周都有边框。若是给段落加边框，要在"应用于"下拉列表框中选择"段落"选项，对段落加边框时可根据需要有选择地添加上、下、左、右 4 个方向的边框，可以利用"预览"区域中的"上边框"、"下边框"、"左边框"、"右边框" 4 个按钮来为所选段落添加或删除相应方向上的边框，设置完成后单击"确定"按钮。

2．添加页面边框

为文档添加页面边框要通过如图 3.14 所示的"页面边框"选项卡来完成，页面边框的设置方法与为段落添加边框的方法基本相同。除了可以添加线型页面边框外，用户还可以添加艺术型页面边框。打开"页面边框"选项卡页面中的"艺术型"下拉列表框，选择喜欢的边框类型，再单击"确定"按钮即可。

3．添加底纹

单击图 3.14 所示中的"底纹"选项卡，在对话框的相应选项中选择填充色、图案样式和颜色以及应用的范围后再单击"确定"按钮即可。也可通过"段落"组中的"底纹"按钮 为所选内容设置底纹。

3.3.4　项目符号和编号

对于一些内容并列的相关文字，比如一个问答题的几个要点，用户可以使用项目符号或编号对其进行格式化设置，这样可以使内容看起来更加条理清晰。首先选中要添加项目符号或编号的文字，然后选择功能区的"开始"选项卡，要为所选文字添加项目符号，单击"段落"组中的"项目符号"按钮 ，也可单击该按钮旁的向下箭头，在弹出的下拉框中选择其他的项目符号样式；要为所选文字添加编号，单击"段落"组中的"编号"按钮 ，也可单击该按钮旁的向下箭头，在弹出的下拉框中选择其他的编号样式。

3.3.5　分栏设置

分栏排版就是将文字分成几栏排列，常见于报纸、杂志的一种排版形式。先选择需要分栏排版的文字，若不选择，则系统默认对整篇文档进行分栏排版，再单击"页面布局"选项卡，在"页面设置"组中单击"分栏"按钮，在弹出的下拉框中选择某个选项即可将所选内容进行相应的分栏设置。

如果想对文档进行其他形式的分栏，选择"分栏"按钮下拉框中的"更多分栏"选项，在之后弹出的"分栏"对话框中可以进行详细的分栏设置，包括设置更多的栏数、每一栏的宽度以及栏与栏的间距等。若要撤销分栏，选择一栏即可。

需要注意的是，分栏排版只有在页面视图下才能够显示出来。

3.3.6　格式刷

使用格式刷可以快速地将某文本的格式设置应用到其他文本上，操作步骤如下。

① 选中要复制样式的文本。

② 在功能区的"开始"选项卡下，单击"剪贴板"组中的"格式刷"按钮 ，之后将鼠标移动到文本编辑区，会看到鼠标旁出现一个小刷子的图标。

③ 用格式刷扫过（即按下鼠标左键拖动）需要应用样式的文本即可。

单击"格式刷"按钮，使用一次后格式刷功能就自动关闭了。如果需要将某文本的格式连续应用多次，则可以双击"格式刷"按钮，之后直接用格式刷扫过不同的文本就可以了。要结束使用格式刷功能，再次单击"格式刷"按钮或按<Esc>键。

3.3.7　样式与模板

样式与模板是 Word 中非常重要的内容，熟练使用这两个工具可以简化格式设置的操作，提高排版的质量和速度。

1. 样式

样式是应用于文档中的文本、表格等的一组格式特征，利用其能迅速改变文档的外观。应用样式时，只需执行简单的操作就可以应用一组格式。选择功能区的"开始"选项卡下"样式"组中的样式显示区域右下角的"其他"按钮 ，出现如图 3.15 所示的下拉框，其中显示出了可供选择的样式。要对文档中的文本应用样式，先选中这段文本，然后单击下拉框中需要使用的样式名称就可以了。要删除某文本中已经应用的样

图 3.15　"样式"下拉框

式，可先将其选中，再选择图 3.15 中的"清除格式"选项即可。

如果要快速改变具有某种样式的所有文本的格式，可通过重新定义样式来完成。选择图 3.15 所示下拉框中的"应用样式"选项，在弹出的"应用样式"任务窗格中的"样式名"框中选择要修改的样式名称，如"正文"，单击"修改"按钮，弹出如图 3.16 所示的对话框，此时可以看到"正文"样式的字体格式为"中文宋体，西文 Times New Roman，五号"；段落格式为"两端对齐，单倍行距"。若要将文档中正文的段落格式修改为"两端对齐，1.25 倍行距，首行缩进 2 字符"，则可以选择对话框中"格式"按钮下拉框中的"段落"项，在弹出的"段落"对话框中设置行距为 1.25 倍，首行缩进为 2 字符，单击"确定"按钮使设置生效后，即可看到文档中所有使用"正文"样式的文本段落格式已发生改变。

图 3.16 "修改样式"对话框

2．模板

模板就是一种预先设定好的特殊文档，已经包含了文档的基本结构和文档设置，如页面设置、字体格式、段落格式等，方便以后重复使用，省去每次都要排版和设置的烦恼。对于某些格式相同或相近文档的排版工作，模板是不可缺少的工具。Word 2010 提供了内容涵盖广泛的模板，有博客文章、书法字帖以及信函、传真、简历和报告等，利用其可以快速地创建专业而且美观的文档。另外，Office.com 网站还提供了贺卡、名片、信封、发票等特定功能模板。Word 2010 模板文件的扩展名为".dotx"，利用模板创建新文档的方法在前面已经介绍到，在此不再赘述。

3.3.8 创建目录

在撰写书籍或杂志等类型的文档时，通常需要创建目录来使读者可以快速浏览文档中的内容，并可通过目录右侧的页码显示找到所需内容。在 Word 2010 中，可以非常方便地创建目录，并且在目录发生变化时，通过简单的操作就可以对目录进行更新。

1．标记目录项

在创建目录之前，需要先将要在目录中显示的内容标记为目录项，操作步骤如下。

① 选中要成为目录的文本。

② 选择功能区的"开始"选项卡下"样式"组中的样式显示区域右下角的"其他"按钮,弹出如图 3.15 所示下拉框。

③ 根据所要创建的目录项级别,选择"标题 1"、"标题 2"或"标题 3"选项。

如果所要使用的样式不在图 3.15 中显示,则可以通过以下步骤标记目录项。

① 选中要成为目录的文本。

② 单击功能区的"开始"选项卡下"样式"组中的对话框启动器打开"样式"窗格。

③ 单击"样式"窗格右下角的"选项",则弹出"样式窗格选项"对话框。

④ 选择对话框中"选择要显示的样式"列表框中的"所有样式"选项,单击"确定"按钮返回到"样式"窗格。

⑤ 此时可以看到在"样式"窗格中已经显示出了所有的样式,单击选择所要的样式选项即可。

2. 创建目录

标记好目录项之后,就可以创建目录了,操作步骤如下。

① 将光标定位到需要显示目录的位置。

② 选择功能区的"引用"选项卡下"目录"组中"目录"按钮下拉框中"插入目录"项,弹出如图 3.17 所示对话框。

③ 选择是否显示页码、页码是否右对齐,并设置制表符前导符的样式。

④ 在"常规"区选择目录的格式以及目录的显示级别,一般目录显示到 3 级。

⑤ 单击"确定"按钮即可。

3. 更新目录

当文档中的目录内容发生变化时,就需要对目录进行及时更新。

要更新目录,单击功能区的"引用"选项卡下"目录"组中"更新目录"按钮,在弹出的如图 3.18 所示对话框中选择是对整个目录进行更新还是只进行页码更新。也可以先将光标定位到目录上,按<F9>键打开"更新目录"对话框进行更新设置。

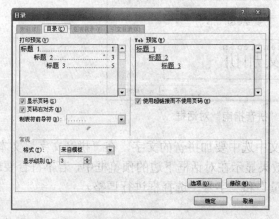

图 3.17 "目录"对话框

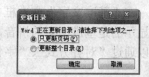

图 3.18 "更新目录"对话框

3.3.9 特殊格式设置

1. 首字下沉

在很多报刊和杂志当中,经常可以看到将正文的第一个字放大突出显示的排版形式。

要使自己的文档也有此种效果，可以通过设置首字下沉来实现，操作步骤如下。

① 将光标定位到要设置首字下沉的段落。

② 单击功能区"插入"选项卡下"文本"组中的"首字下沉"命令按钮，弹出如图 3.19 所示的下拉框。

③ 在下拉框中选择"下沉"，也可选择"悬挂"项。

④ 若要对下沉的文字进行字体以及下沉行数等的设定，单击"首字下沉选项"，在弹出的"首字下沉"对话框中进行设置，如图 3.20 所示。

图 3.19 "首字下沉"按钮下拉框

图 3.20 "首字下沉"对话框

2. 给中文加拼音

在中文排版时如果需要给中文加拼音，先选中要加拼音的文字，再单击功能区"开始"选项卡下"字体"组中的"拼音指南"按钮夢，就会弹出如图 3.21 所示的对话框。

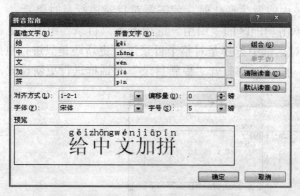

图 3.21 "拼音指南"对话框

在"基准文字"文本框中显示的是文中选中要加拼音的文字，在"拼音文字"文本框中显示的是基准文字的拼音，设置后的效果显示在对话框下边的预览框中，若不符合要求，可以通过"对齐方式"、"字体"、"偏移量"和"字号"选择框进行调整。

3.4 表格制作

表格是用于组织数据的最有用的工具之一，以行和列的形式简明扼要地表达信息，便于读者阅读。在 Word 2010 中，不仅可以非常快捷地创建表格，还可以对表格进行修饰以增加其视觉上的美观程度，而且还能对表格中的数据进行排序以及简单计算等。

3.4.1　创建表格

1．插入表格

要在文档中插入表格，先将光标定位到要插入表格的位置，单击功能区"插入"选项卡下"表格"组中的"表格"按钮，弹出如图 3.22 所示的下拉框，其中显示一个示意网格，沿网格右下方移动鼠标，当达到需要的行列位置后单击鼠标即可。

除上述方法外，也可选择下拉框中的"插入表格"项，弹出如图 3.23 所示对话框，在"列数"文本框中输入列数，"行数"文本框中输入行数，在"自动调整操作"选项中根据需要进行选择，设置完成后单击"确定"按钮即可创建一个新表格。

2．绘制表格

插入表格的方法只能创建规则的表格，对于一些复杂的不规则表格，则可以通过绘制表格的方法来实现。要绘制表格，需单击图 3.22 所示的"绘制表格"选项，之后将鼠标移到文本编辑区会看到鼠标指针已变成一个笔状图标，此时就可以像自己拿了画笔一样通过鼠标拖动画出所需的任意表格。

图 3.22　"表格"按钮下拉框

需要注意的是，首次通过鼠标拖动绘制出的是表格的外围边框，之后才可以绘制表格的内部框线，要结束绘制表格，双击鼠标或者按<Esc>键。

3．快速制表

要快速创建具有一定样式的表格，选择图 3.22 所示的"快速表格"选项，在弹出的子菜单中根据需要单击某种样式的表格选项即可。

图 3.23　"插入表格"对话框

3.4.2　表格内容输入

表格中的每一个小格叫做单元格，在每一个单元格中都有一个段落标记，可以把每一个单元格当作一个小的段落来处理。要在单元格中输入内容，需要先将光标定位到单元格中，可以通过在单元格上单击鼠标左键或者使用方向键将光标移至单元格中。例如，可以对新创建的空表进行内容的填充，得到如表 3.1 所示的表格。

当然，也可以修改录入内容的字体、字号、颜色等，这与文档的字符格式设置方法相同，都需要先选中内容再设置。

表 3.1　　　　　　　　　　　　成绩表

姓名	英语	计算机	高数
李明	86	80	93
王芳	92	76	89
张楠	78	87	88

3.4.3 编辑表格

1．选定表格

在对表格进行编辑之前，需要学会如何选中表格中的不同元素，如单元格、行、列或整个表格等。Word 2010 中有如下一些选中的技巧。

① 选定一个单元格：将鼠标移动到该单元格左边，当鼠标指针变成实心右上方向的箭头时单击鼠标左键，该单元格即被选中。

② 选定一行：将鼠标移到表格外该行的左侧，当鼠标指针变成空心右上方向的箭头时单击鼠标左键，该行即被选中。

③ 选定一列：将鼠标移到表格外该列的最上方，当鼠标指针变成实心向下方向的黑色箭头时单击鼠标左键，该列即被选中。

④ 选定整个表格：可以拖动鼠标选取，也可以通过单击表格左上角的被方框框起来的四向箭头图标 来选中整个表格。

2．调整行高和列宽

调整行高是指改变本行中所有单元格的高度，将鼠标指向此行的下边框线，鼠标指针会变成垂直分离的双向箭头，直接拖动即可调整本行的高度。

调整列宽是指改变本列中所有单元格的宽度，将鼠标指向此列的右边框线，鼠标指针会变成水平分离的双向箭头，直接拖动即可调整本列的宽度。要调整某个单元格的宽度，则要先选中该单元格，再执行上述操作，此时的改变仅限于选中的单元格。

也可以先将光标定位到要改变行高或列宽的那一行或列中的任一单元格，此时，功能区中会出现用于表格操作的两个选项卡"设计"和"布局"，再单击"布局"选项卡中的"单元格大小"组中显示当前单元格行高和列宽的两个文本框右侧的上下微调按钮，即可精确调整行高和列宽。

3．合并和拆分

在创建一些不规则表格的过程中，可能经常会遇到要将某一个单元格拆分成若干个小的单元格，或者要将某些相邻的单元格合并成一个，此时就需要使用表格的合并与拆分功能。

要合并某些相邻的单元格，首先要将其选中，然后单击功能区的"布局"选项卡中"合并"组中的"合并单元格"按钮，或者单击鼠标右键，在弹出的快捷菜单中选择"合并单元格"命令，就可以将选中的多个单元格合并成一个，合并前各单元格中的内容将以一列的形式显示在新单元格中。

要将一个单元格拆分，先将光标放到该单元格中，然后单击功能区的"布局"选项卡中"合并"组中的"拆分单元格"按钮，在弹出的"拆分单元格"对话框中设置要拆分的行数和列数，最后单击"确定"按钮即可。原有单元格中的内容将显示在拆分后的首个单元格中。

如果要将一个表格拆分成两个，先将光标定位到拆分分界处（即第二个表格的首行上），再单击功能区的"布局"选项卡中"合并"组中的"拆分表格"按钮，即完成了表格的拆分。

4．插入行或列

要在表格中插入新行或新列，只需先将光标定位到要在其周围加入新行或新列的那个单元格，再根据需要选择功能区的"布局"选项卡中"行和列"组中的命令按钮，单击"在上方插入"或"在下方插入"可以在单元格的上方或下方插入一个新行，单击"在左侧插入"或"在右侧插入"可以在单元格的左侧或右侧插入一个新列。

在此，对表 3.1 进行修改，为其插入一个"平均分"行和一个"总成绩"列，得到表 3.2。

表 3.2　　　　　　　　　　　　插入新行和列的成绩表

姓名	英语	计算机	高数	总成绩
李明	86	80	93	
王芳	92	76	89	
张楠	78	87	88	
平均分				

5．删除行或列

要删除表格中的某一列或某一行，先将光标定位到此行或此列中的任一单元格中，再单击功能区的"布局"选项卡中"行和列"组中的"删除"按钮，在弹出的下拉框中根据需要单击相应选项即可。若要一次删除多行或多列，则需将其都选中，再执行上述操作。

需要注意的是，选中行或列后直接按<Delete>键只能删除其中的内容而不能删除行或列。

6．更改单元格对齐方式

单元格中文字的对齐方式一共有 9 种，默认的对齐方式是靠上左对齐。要更改某些单元格的文字对齐方式，先选中这些单元格，再单击功能区的"布局"选项卡，在"对齐方式"组中可以看到 9 个小的图例按钮，根据需要的对齐方式单击某个按钮即可；也可以选中后单击鼠标右键，在弹出的快捷菜单中单击"单元格对齐方式"项下的某个图例选项。在此，将表 3.2 中的所有内容都设置为水平和垂直方向上都居中，得到表 3.3。

表 3.3　　　　　　　　　　　　对齐设置后的成绩表

姓名	英语	计算机	高数	总成绩
李明	86	80	93	
王芳	92	76	89	
张楠	78	87	88	
平均分				

7．绘制斜线表头

在创建一些表格时，需要在首行的第一个单元格中分别显示出行标题和列标题，有时还需要显示出数据标题，这就需要通过绘制斜线表头来进行制作。

要为表 3.3 创建表头，可以通过以下步骤来实现。

① 将光标定位在表格首行的第一个单元格当中，并将此单元格的尺寸调大。

② 单击功能区的"设计"选项卡，在"表格样式"组的"边框"按钮下拉框中选择"斜下框线"选项即可在单元格中出现一条斜线。

③ 在单元格中的"姓名"文字前输入"科目"后按回车键。

④ 调整两行文字在单元格中的对齐方式分别为"右对齐"、"左对齐"，完成设置后如表 3.4 所示。

表 3.4 插入斜线表头后的成绩表

科目 姓名	英语	计算机	高数	总成绩
李明	86	80	93	
王芳	92	76	89	
张楠	78	87	88	
平均分				

3.4.4 美化表格

1. 修改表格框线

如果要对已创建表格的框线颜色或线型等进行修改，先选中要更改的单元格，若是对整个表格进行更改，将光标定位在任一单元格均可，之后切换到功能区的"设计"选项卡，单击"表格样式"组中的"边框"按钮下拉框中的"边框和底纹"项，在弹出的"边框和底纹"对话框中分别选择边框的样式、颜色和宽度，根据需要在该对话框的右侧"预览"区中选择上、下、左、右等图示按钮将该种设置应用于不同边框，设置完成后单击"确定"按钮。

2. 添加底纹

为表格添加底纹，先选中要添加底纹的单元格，若是为整个表格添加，则需选中整个表格，之后切换到功能区的"设计"选项卡，单击"表格样式"组中的"底纹"按钮下拉框中的颜色即可。

将表 3.4 进行边框和底纹修饰后的效果如表 3.5 所示。

表 3.5 边框和底纹设置后的成绩表

科目 姓名	英语	计算机	高数	总成绩
李明	86	80	93	
王芳	92	76	89	
张楠	78	87	88	
平均分				

3.4.5 表格转换为文本

要把一个表格转换为文本，先选择整个表格或将光标定位到表格中，再单击功能区的"布局"选项卡"数据"组中的"转换为文本"按钮，在弹出的"表格转换成文本"对话框中选择分隔单元格中文字的分隔符，之后单击"确定"即可将表格转换成文本。

3.4.6 表格排序与数字计算

1. 表格中数据的计算

在 Word 2010 中，可以通过在表格中插入公式的方法来对表格中的数据进行计算。例如，要计算表 3.4 中李明的总成绩，首先将光标定位到要插入公式的单元格中，然后单击功能区的"布局"选项卡中"数据"组中的"公式"按钮,弹出如图 3.24 所示的"公式"对话框。在对话框的"公式"框中已经显示出了公式"=SUM(LEFT)",由于要计算的正是公式所在单元格左侧数据之和,所以此时不需更改,直接单击"确定"按钮就会计算出李明的总成绩并显示。若要计算英语课程的平均成绩,将光标定位到要插入公式的单元格中之后,再重复以上操作,也会弹出"公式"对话框,只是此时"公式"框中显示的公式是"=SUM(ABOVE)",由于要计算的是平均成绩,所以此时要使用的计算函数是"AVERAGE",将"公式"框中的"SUM"修改为"AVERAGE"或者通过"粘贴函数"下拉框选择"AVERAGE"函数,在

图 3.24 "公式"对话框

"编号格式"下拉框中选择数据显示格式为保留两位小数"0.00",然后单击"确定"按钮就可计算并显示英语课程的平均成绩。以相同方式计算其余数据,结果如表 3.6 所示。

表 3.6 公式计算后的成绩表

科目 姓名	英语	计算机	高数	总成绩
李明	86	80	93	259
王芳	92	76	89	257
张楠	78	87	88	253
平均分	85.33	81.00	90.00	256.33

2．表格中数据的排序

要对表格排序,首先要选择排序区域,如果不选择,则默认是对整个表格进行排序。如果要将表 3.6 按"总成绩"进行升序排序,则要选择表中除"平均分"以外的所有行,之后单击功能区的"布局"选项卡中"数据"组中的"排序"按钮,打开如图 3.25 所示的"排序"对话框。

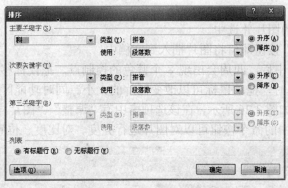

图 3.25 "排序"对话框

在"主要关键字"下拉框中选择"总成绩",则"类型"框的排序方式自动变为"数字",再选择"升序"排序,根据需要用同样的方式设置"次要关键字"以及"第三关键字"。在对话框底部,选择表格是否有标题行。如果选择"有标题行",那么顶行条目就不参与排序,

并且这些数据列将用相应标题行中的条目来表示，而不是用"列1"、"列2"等方式表示；选择"无标题行"则顶行条目将参与排序，此时选择"有标题行"，再单击"选项"按钮微调排序命令，如排序时是否区分大小写等，设置完成后单击"确定"按钮就完成了排序，结果如表3.7所示。

表3.7　　　　　　　　　　　按"总成绩"升序排序后的成绩表

科目 姓名	英语	计算机	高数	总成绩
张楠	78	87	88	253
王芳	92	76	89	257
李明	86	80	93	259
平均分	85.33	81.00	90.00	256.33

3.5 图 文 混 排

要想使文档具有很好的美观效果，仅仅通过编辑和排版是不够的，有时还需要在文档中适当的位置放置一些图片并对其进行编辑修改以增加文档的美观程度。在 Word 2010 中，为用户提供了功能强大的图片编辑工具，无须其他专用的图片工具，即能完成对图片的插入、剪裁和添加图片特效，也可以更改图片亮度、对比度、颜色饱和度、色调等，能够轻松、快速地将简单的文档转换为图文并茂的艺术作品。通过新增的去除图片背景功能还能方便地移除所选图片的背景。

3.5.1 插入图片

在文档中插入图片的操作步骤如下。

① 将光标定位到文档中要插入图片的位置。

② 单击功能区的"插入"选项卡中"插图"组中的"图片"按钮，打开"插入图片"对话框。

③ 找到要选用的图片并选中。

④ 单击"插入"按钮即可将图片插入到文档中。

图片插入到文档中后，四周会出现 8 个蓝色的控制点，把鼠标移动到控制点上，当鼠标指针变成双向箭头时，拖动鼠标可以改变图片的大小。同时功能区中出现用于图片编辑的"格式"选项卡，如图 3.26 所示，在该选项卡中有"调整"、"图片样式"、"排列"和"大小" 4 个组，利用其中的命令按钮可以对图片进行亮度、对比度、位置、环绕方式等设置。

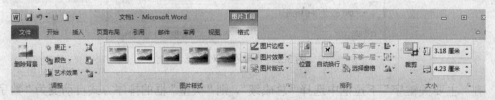

图 3.26　图片工具

Word 2010 在"调整"组中增加了许多图片编辑的新功能，包括为图片设置艺术效果、图片修正、自动消除图片背景等。通过对图片应用艺术效果，如铅笔素描、线条图形、水彩海绵、马赛克气泡、蜡笔平滑等，可使其看起来更像素描、绘图或绘画作品。通过微调图片的颜色饱和度、色调将使其具有引人注目的视觉效果，调整亮度、对比度、锐化和柔化，或重新着色能使其更适合文档内容。通过将图片背景去除能够更好地突出图片主题。要对所选图片进行以上设置，只需在图 3.26 中单击相应的设置按钮，在弹出的下拉框中进行选择即可。

　　需要注意的是，在为图片删除背景时，单击"删除背景"按钮，会显示出"背景消除"选项卡，如图 3.27 所示，Word 2010 会自动在图片上标记出要删除的部分。一般用户还需要手动拖动标记框周围的调整按钮进行设置，之后通过"标记要保留的区域"或"标记要删除的区域"按钮修改图片的边缘效果，完成设置后单击"保留更改"按钮就会删除所选图片的背景。如果用户想恢复图片到未设置前的样式，单击图 3.26 中的"重设图片"按钮 💷▾ 即可。

图 3.27　"背景消除"选项卡

　　通过"图片样式"组不仅可以将图片设置成该组中预设好的样式，还可以根据自己的需要通过"图片边框"、"图片效果"和"图片版式"3 个下拉按钮对图片进行自定义设置，包括更改图片的边框以及阴影、发光、三维旋转等效果的设置、将图片转换为 Smart Art 图形等。

　　对于图片来说，将其插入到文档中后，一般都要进行环绕方式设置，这样可以使文字与图片以不同的方式显示。选中图片后单击图 3.26 所示"排列"组中的"自动换行"按钮，在弹出的下拉框中根据需要进行选择即可。图 3.28 所示为将图片设置为"衬于文字下方"环绕方式的显示效果。

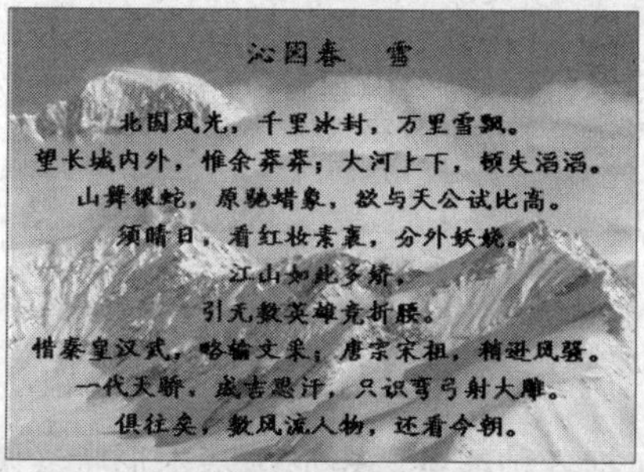

图 3.28　"衬于文字下方"环绕方式效果图

　　在 Word 2010 中增加了屏幕截图功能，能将屏幕截图即时插入到文档中。单击功能区的"插入"选项卡中"插图"组中的"屏幕截图"按钮，在弹出的下拉菜单中可以看到所有已经开启的窗口缩略图，单击任意一个窗口即可将该窗口完整的截图并自动插入到文档中。如果只想要截取屏幕上的一小部分，选择"屏幕剪辑"选项，然后在屏幕上通过鼠标拖动选取想要截取的部分即可将选取内容以图片的形式插入文档中。在添加屏幕截图后，可以使用图片工具"格式"选项卡对截图进行编辑或修改。

3.5.2　插入剪贴画

　　在文档中插入剪辑库中剪贴画的操作步骤如下。
　　① 将光标定位到文档中要显示剪贴画的位置。
　　② 单击功能区的"插入"选项卡中"插图"组中的"剪贴画"按钮，在文档编辑区的右侧会显示出"剪贴画"任务窗格。
　　③ 在"搜索文字"中键入查找图片的关键字，如"计算机"。
　　④ 在"结果类型"下拉框中选择要显示的搜索结果类型，如选择"插图"，如果需要

显示 Office.com 网站的剪贴画,则选中"包括 Office.com 内容"复选框。

⑤ 单击"搜索"按钮,在任务窗格的下方列表框中会显示出搜索结果,如图 3.29 所示。

⑥ 单击要使用的图片即可将其插入到文档中。

剪贴画插入后,在功能区同样会出现用于图片编辑的"格式"选项卡,利用其对剪贴画的设置方法与图片类似,只是不能对剪贴画进行删除背景以及艺术效果设置。

3.5.3 插入艺术字

艺术字是具有特殊效果的文字,用户可以在文档中插入 Word 2010 艺术字库中所提供的任一效果的艺术字。

在文档中插入艺术字的操作步骤如下。

① 将光标定位到文档中要显示艺术字的位置。

② 单击功能区的"插入"选项卡中"文本"组中的"艺术字"按钮,在弹出的艺术字样式框中选择一种样式。

③ 在文本编辑区中"请在此放置您的文字"框中键入文字即可。

图 3.29 "剪贴画"任务窗格

艺术字插入文档中后,功能区中会出现用于艺术字编辑的绘图工具"格式"选项卡,如图 3.30 所示,利用"形状样式"组中的命令按钮可以对显示艺术字的形状进行边框、填充、阴影、发光、三维效果等设置。利用"艺术字样式"组中的命令按钮可以对艺术字进行边框、填充、阴影、发光、三维效果和转换等设置。与图片一样,也可以通过"排列"组中的"自动换行"按钮下拉框对其进行环绕方式的设置。

图 3.30 绘图工具

3.5.4 绘制图形

Word 2010 提供了很多自选图形绘制工具,其中包括各种线条、矩形、基本形状(圆、椭圆以及梯形等)、箭头和流程图等。插入自选图形的操作步骤如下。

① 单击功能区的"插入"选项卡中"插图"组中的"形状"按钮,在弹出的形状选择下拉框中选择所需的自选图形。

② 移动鼠标到文档中要显示自选图形的位置,按下鼠标左键并拖动至合适的大小后松开即可绘出所选图形。

自选图形插入文档后,在功能区中显示出绘图工具"格式"选项卡,与编辑艺术字类似,也可以对自选图形更改边框、填充色、阴影、发光、三维旋转以及文字环绕等设置。

3.5.5 插入 Smart Art 图形

Word 2010 中的"Smart Art"工具增加了大量新模板,还新添了多个新类别,提供更丰富多彩的各种图表绘制功能,能帮助用户制作出精美的文档图表对象。使用"Smart Art"

工具，可以非常方便地在文档中插入用于演示流程、层次结构、循环或者关系的 Smart Art 图形。

在文档中插入 Smart Art 图形的操作步骤如下。

① 将光标定位到文档中要显示图形的位置。

② 单击功能区的"插入"选项卡中"插图"组中的"Smart Art"按钮，打开"选择 Smart Art 图形"对话框，如图 3.31 所示。

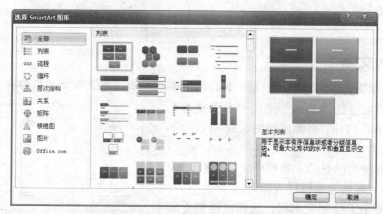

图 3.31 "选择 Smart Art 图形"对话框

③ 图中左侧列表中显示的是 Word 2010 提供的 Smart Art 图形分类列表，有列表、流程、循环、层次结构、关系等，单击某一种类别，会在对话框中间显示出该类别下的所有 Smart Art 图形的图例，单击某一图例，在右侧可以预览到该种 Smart Art 图形并在预览图的下方显示该图的文字介绍，在此选择"层次结构"分类下的组织结构图。

④ 单击"确定"按钮，即可在文档中插入如图 3.32 所示的显示文本窗格的组织结构图。

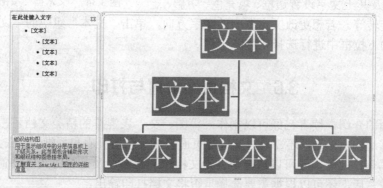

图 3.32 组织结构图

插入组织结构图后，就可以在图 3.32 所示中显示"文本"的位置输入，也可在图左侧的"在此处输入文字"文本窗格中输入。输入文字的格式按照预先设计的格式显示，当然用户也可以根据自己的需要进行更改。

当文档中插入组织结构图后，在功能区会显示用于编辑 Smart Art 图形的"设计"和"格式"选项卡，如图 3.33 所示。通过 Smart Art 工具可以为 Smart Art 图形进行添加新形状、

更改布局、更改颜色、更改形状样式（包括填充、轮廓以及阴影、发光等效果设置），还能
为文字更改边框、填充色以及设置发光、阴影、三维旋转和转换等效果。

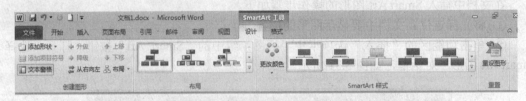

图 3.33　Smart Art 工具

3.5.6　插入文本框

文本框是存放文本的容器，也是一种特殊的图形对象。插入文本框的操作步骤如下。

① 单击功能区的"插入"选项卡中"文本"
组中的"文本框"按钮，将弹出如图 3.34 所示的下
拉框。

② 如果要使用已有的文本框样式，直接在"内
置"栏中选择所需的文本框样式即可。

③ 如果要手工绘制文本框，选择"绘制文本
框"项；如果要使用竖排文本框，选择"绘制竖排
文本框"项；进行选择后，鼠标指针在文档中变成
"十"字形状，将鼠标移动到要插入文本框的位置，
按下鼠标左键并拖动至合适大小后松开即可。

④ 在插入的文本框中输入文字。

文本框插入文档后，在功能区中显示出绘图工
具"格式"选项卡，文本框的编辑方法与艺术字类

似，可以对其及其上文字设置边框、填充色、阴影、　　　图 3.34　"文本框"按钮下拉框
发光、三维旋转等。若想更改文本框中的文字方向，单击"文本"组中的"文字方向"按
钮，在弹出的下拉框中进行选择即可。

3.6　文档页面设置与打印

通过前面的介绍，读者已经可以制作一篇图、文、表混排的精美文档了，但是为了使
文档具有较好地输出效果，还需要对其进行页面设置，包括页眉和页脚、纸张大小和方向、
页边距、页码等。此外，还可以选择是否为文档添加封面以及是否将文档设置成稿纸的形
式。设置完成之后，还可以根据需要选择是否将文档打印输出。

3.6.1　设置页眉与页脚

页眉和页脚中含有在页面的顶部和底部重复出现的信息，可以在页眉和页脚中插入文
本或图形，如页码、日期、公司徽标、文档标题、文件名或作者名等。页眉与页脚只能在
页面视图下才可以看到，在其他视图下无法看到。

设置页眉和页脚的操作步骤如下。

① 切换至功能区的"插入"选项卡。

② 要插入页眉，单击"页眉和页脚"组中的"页眉"按钮，在弹出的下拉框中选择内置的页眉样式或者选择"编辑页眉"项，之后键入页眉内容。

③ 要插入页脚，单击"页眉和页脚"组中的"页脚"按钮，在弹出的下拉框中选择内置的页脚样式或者选择"编辑页脚"项，之后键入页脚内容。

在进行页眉和页脚设置的过程中，页眉和页脚的内容会突出显示，而正文中的内容则变为灰色，同时在功能区中会出现用于编辑页眉和页脚的"设计"选项卡，如图 3.35 所示。通过"页眉和页脚"组中的"页码"按钮下拉框可以设置页码出现的位置，并且还可以设置页码的格式；通过"插入"组中的"日期和时间"命令按钮可以在页眉或页脚中插入日期和时间，并可以设置其显示格式；通过单击"文档部件"下拉框中的"域"选项，在之后弹出的"域"对话框中的"域名"列表框中进行选择，从而可以在页眉或页脚中显示作者名、文件名以及文件大小等信息。通过"选项"组中的复选框可以设置首页不同或奇偶页不同的页眉和页脚。

图 3.35　页眉和页脚工具

3.6.2　设置纸张大小与方向

通常在进行文字编辑排版之前，就要先设置好纸张大小以及方向。切换至"页面布局"选项卡，单击"页面设置"组中的"纸张方向"按钮，直接在下拉框中选择"纵向"或"横向"；单击"纸张大小"按钮，可以在下拉框中选择一种已经列出的纸张大小，或者单击"其他页面大小"选项，在之后弹出的"页面设置"对话框中进行纸张大小的选择。

3.6.3　设置页边距

页边距是页面四周的空白区域，要设置页边距，先切换到"页面布局"选项卡，单击"页面设置"组中"页边距"按钮，选择下拉框中已经列出的页边距设置，也可以单击"自定义边距"选项，在之后弹出的"页面设置"对话框中进行设置，如图 3.36 所示。在"页边距"区域中的"上"、"下"、"左"、"右"数值框中输入要设置的数值，或者通过数值框右侧的上下微调按钮进行设置。如果文档需要装订，则可以在

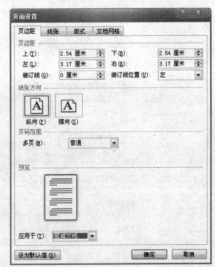

图 3.36　"页面设置"对话框

该区域中的"装订线"数值框中输入装订边距，并在"装订线位置"框中选择是在左侧还是上方进行装订。

3.6.4　设置文档封面

要为文档创建封面，用户可以单击功能区的"插入"选项卡中"页"组中的"封面"按钮，在弹出的下拉框中单击选择所需的封面即可在文档首页插入所选类型的封面，之后在封面的指定位置输入文档标题、副标题等信息即可完成封面的创建。

3.6.5　稿纸设置

如果用户想将自己的文档设置成稿纸的形式，可以单击功能区的"页面布局"选项卡中"稿纸"组中的"稿纸设置"按钮，在之后弹出的对话框中根据需要设置稿纸的格式、网格行列数、颜色以及页面大小等，再单击"确认"按钮就可以将当前文档设置成稿纸形式。

3.6.6　打印预览与打印

Word 2010 将打印预览、打印设置及打印功能都融合在了"文件"菜单的"打印"命令面板，该面板分为两部分，左侧是打印设置及打印，右侧是打印预览，如图 3.37 所示。在左侧面板中整合了所有打印相关的设置，包括打印份数、打印机、打印范围、打印方向及纸张大小等，也能根据右侧的预览效果进行页边距的调整以及设置双面打印，还可通过面板右下角的"页面设置"打开用户在打印设置过程中最常用的"页面设置"对话框。在右侧面板中能看到当前文档的打印预览效果，通过预览区下方左侧的翻页按钮能进行前后翻页预览，调整右侧的滑块能改变预览视图的大小。在 Word 早期版本中，用户需要在修改文档后，通过"打印预览"选项打开打印预览功能，而在 Word 2010，用户无须进行以上操作，只要打开"打印"命令面板，就能直接显示出实际打印出来的页面效果，并且当用户对某个设置进行更改时，页面预览也会自动更新。

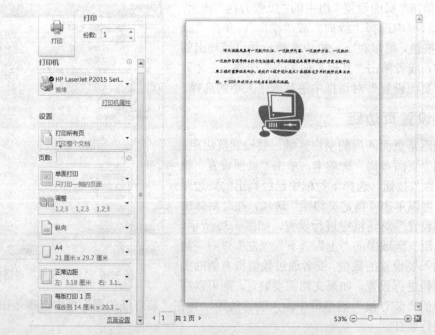

图 3.37　"预览"模式下的"打印预览"选项卡

在 Word 2010 中，打印文档可以边进行打印设置边进行打印预览，设置完成后直接可以一键打印，大大简化了打印工作，节省了时间。

由于篇幅有限，Word 2010 的很多功能在此没有讲到，有兴趣的读者可以查阅帮助或相关书籍。

习　题　3

一、选择题

1. Word 2010 文件默认的扩展名是（　　）。
　　A. doc　　　　　　B. docx　　　　　　C. dot　　　　　　D. dotx
2. Word 2010 的新增功能包括（　　）。
　　A. 背景移除　　B. 屏幕截图　　　　C. 屏幕取词　　　　D. 以上都是
3. 将文档进行分两栏设置完成后，只有在（　　）视图下才能显示。
　　A. 大纲　　　　B. 普通　　　　　　C. 页面　　　　　　D. 阅读版式
4. 在 Word 编辑状态下，若要调整段落左右边界，直接、快捷的方法是使用（　　）。
　　A. 工具栏　　　B. 标尺　　　　　　C. 样式和格式　　　D. 格式栏
5. 在 Word 2010 的（　　）选项卡中，可以为所选中文字设置文字艺术效果。
　　A. 开始　　　　B. 插入　　　　　　C. 页面布局　　　　D. 引用
6. 在 Word 2010 编辑状态下，利用键盘上的（　　）键可以在插入和改写两种状态间切换。
　　A. Delete　　　B. Backspace　　　C. Insert　　　　　D. Home
7. 通过 Word 2010 打开了一个文档并做了修改，之后执行关闭文档操作，则（　　）。
　　A. 文档被关闭，并自动保存修改后的内容
　　B. 文档被关闭，修改后的内容不能保存
　　C. 弹出对话框，询问是否保存对文档的修改
　　D. 文档不能关闭，并提示出错
8. 样式和模板是 Word 2010 的高级功能，其中样式包括（　　）格式信息。
　　A. 字体　　　　B. 段落缩进　　　　C. 对齐方式　　　　D. 以上都是
9. 对于 Word 2010 中表格的叙述，正确的是（　　）。
　　A. 不能删除表格中的单元格　　　　B. 表格中的文本只能垂直居中
　　C. 可以对表格中的数据排序　　　　D. 不可以对表格中的数据进行公式计算
10. 在 Word 文档中插入的图片默认使用（　　）环绕方式。
　　A. 四周型　　　B. 紧密型　　　　　C. 嵌入型　　　　　D. 上下型

二、简答题

1. 简述 Word 2010 窗口基本组成及各部分主要功能。
2. 简述利用格式刷进行格式复制的操作步骤。

三、上机题

1. 启动 Word 2010，输入以下内容后将文件以"Word 排版作业"名字命名保存。
信息检索简介
信息检索是指将杂乱无序的信息有序化，形成信息集合，并根据需要从信息集合中查

找出特定信息的过程，全称是信息存储与检索（information storage and retrieval）。信息的存储主要是指对一定范围内的信息进行筛选，描述其特征，加工使之有序化形成信息集合，即建立数据库，这是检索的基础；信息的检索是指采用一定的方法与策略从数据库中查找出所需信息，这是检索的目的，是存储的反过程。存储与检索是相辅相成的过程。为了迅速、准确地检索，就必须了解存储的原理。通常人们所说的信息检索主要指后一过程，即信息查找过程，也就是狭义的信息检索（information search）。

2．按照以下要求进行设置。

① 将标题设为艺术字，字体华文行楷、字号一号并设置环绕方式为"上下型环绕"、居中显示；正文设为小四号宋体，首行缩进 2 字符，1.5 倍行距。

② 对正文进行分栏设置，栏数 2 栏。

③ 对正文段落添加"茶色，背景 2，深色 25%"的底纹。

④ 在正文最后间隔一行创建一个 5 行×6 列的空表格，并将表格外框线设置为宽度 1.5 磅的双实线型，再将表格的第一行和最后一行单元格合并。

⑤ 在表格下方插入形状"爆炸形 1"，将其设为居中显示，并设置填充色为"茶色，背景 2，深色 25%"，添加"紧密映像，接触"型的映像效果。

⑥ 在页脚处插入页码，对齐方式为居中，页码数字格式为"Ⅰ，Ⅱ，Ⅲ，…"。

第 4 章

电子表格 Excel 2010

Excel 2010 是 Microsoft 公司出品的 Office 2010 系列办公软件中的另一个组件，可以
用来制作电子表格、完成许多复杂的数据运算、进行数据的统计和分析等，并且具
有强大的制作图表的功能。本章从基本的操作入手，内容涉及工作表的编辑、数据
处理、图表制作等方面的知识。

【知识要点】

1. Excel 2010 数据输入；
2. Excel 2010 工作表格式化；
3. Excel 2010 公式与函数；
4. Excel 2010 数据管理；
5. Excel 2010 图表制作；
6. Excel 2010 工作表打印输出。

4.1 Excel 2010 基础

4.1.1 Excel 2010 的新功能

在 Excel 2010 新的面向结果的用户界面中，提供了强大的工具和功能，用户可以使用
这些工具和功能轻松地分析、共享和管理数据。Excel 2010 中改进的新功能主要有以下几
方面。

① 使用单元格内嵌的迷你图及带有新迷你图的文本数据获得数据的直观汇总。

② 使用新增的切片器功能快速、直观地筛选大量信息，并增强了数据透视表和数据透
视图的可视化分析。

③ 使用新增的搜索筛选器可以快速缩小表、数据透视表和数据透视图中可用筛选选项
的范围。

④ 简化了多个来源的数据集成和快速处理多达数百万行的大型数据集，可对几乎所有
数据进行高效建模和分析。

⑤ 可以创建自定义选项卡，甚至可以自定义内置选项卡。

⑥ 使用 Excel 2010 中的条件格式功能，可对样式和图标进行更多控制。

⑦ 利用交互性更强和更动态的数据透视图，用最有说服力的视图来分析和捕获数字。

⑧ 恢复用户已关闭但没有保存的未保存文件。

⑨ Excel 2010 简化了访问功能的方式，全新的 Microsoft Office Backstage 视图取代了传统的文件菜单，允许用户通过几次单击即可保存、共享、打印和发布电子表格。

⑩ 允许企业用户将电子表格发布到 Web，从而在整个组织内共享分析信息和结果。

4.1.2 Excel 2010 的启动与退出

1. 启动

① 单击"开始"|"所有程序"|"Microsoft Office"|"Microsoft Excel 2010"命令，即可启动 Excel 2010。

② 双击任意一个 Excel 文件，Excel 就会启动并且打开相应的文件。

③ 双击桌面快捷方式也可打开一个新的 Excel 表。

2. 退出

如果要退出中文 Excel 2010，可以用下列方法之一。

① 选择菜单"文件"|"退出"命令。

② 按 < Alt > + < F4 > 组合键。

③ 单击 Excel 2010 标题栏右上角的关闭按钮 ✕ 。

4.1.3 Excel 2010 的窗口组成

Excel 2010 提供了全新的应用程序操作界面，其窗口组成如图 4.1 所示。

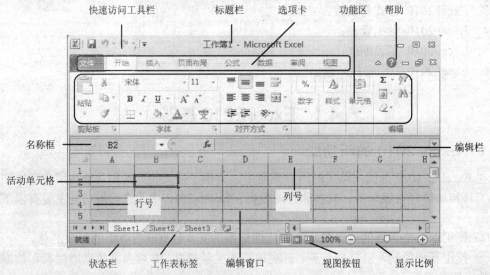

图 4.1 Excel 2010 窗口的组成

① 快速访问工具栏：显示多个常用的工具按钮，默认状态下包括"保存"、"撤销"、"恢复"按钮。用户也可以根据需要进行添加或更改。

② 标题栏：显示正在编辑的工作表的文件名以及所使用的软件名。

③ 选项卡：单击相应的选项卡，在功能区中提供了不同的操作设置选项。例如，"文件"选项卡，使用基本命令（如"新建"、"打开"、"另存为"、"打印"和"关闭"）时单击

此按钮。选择"选项"可以进行相应默认值的设定。

④ 功能区：当用户单击功能区上方的选项卡时，即可打开相应的功能区选项，如图 4.1 所示即打开了"开始"选项卡，在该区域中用户可以对字体、段落等内容进行设置。

⑤ 窗口操作按钮：用于设置窗口的最大化、最小化或关闭窗口。

⑥ 工作簿窗口按钮：用于设置 Excel 窗口中打开的工作簿窗口。

⑦ 帮助按钮：用于打开 Excel 的帮助文件。

⑧ 名称框：显示当前所在单元格或单元格区域的名称或引用。

⑨ 编辑栏：可直接在此向当前所在单元格输入数据内容；在单元格输入数据时也会同时在此显示。

⑩ 编辑窗口：显示正在编辑的工作表。工作表由行和列组成，工作表中的方形称为"单元格"。用户可以在工作表中输入或编辑数据。

⑪ 状态栏：显示当前的状态信息，如页数、字数及输入法等信息。

⑫ 工作表标签：单击相应的工作表标签即可切换到工作簿中的该工作表下，默认情况下一个工作簿中含有 3 个工作表。

⑬ 视图按钮：包括"普通"视图、"页面布局"视图和"分页预览"视图，单击想要显示的视图类型按钮即可切换到相应的视图方式下，对工作表进行查看。

⑭ 显示比例：用于设置工作表区域的显示比例，拖动滑块可进行方便快捷地调整。

4.1.4 工作簿的操作

1．新建工作簿

单击"文件"|"新建"命令，或者单击"快速访问工具栏"上的新建按钮 □。

2．打开工作簿

单击"文件"|"打开"命令，或者单击"快速访问工具栏"上的打开按钮，在出现的对话框中输入或选择要打开的文件，单击"打开"按钮。

3．保存工作簿

当完成对一个工作簿文件的建立、编辑后，就可将文件保存起来。操作步骤如下。

① 单击"文件"|"保存"命令，若该文件已保存过，可直接将工作簿保存起来。

② 若为一新文件，将会弹出一个"另存为"对话框，在"文件名"框中，输入一个新的名字来保存当前的工作簿；如果需要将工作簿保存到其他位置，可以在"保存位置"列表框中，选择其他的磁盘或目录；如果需要选择以其他文件格式保存 Excel 工作簿，可以在"保存类型"列表框中，选择其他的文件格式，单击"保存"。

③ 设置安全性选项：单击"另存为"对话框上的"工具"，选定"常规选项"后，弹出"常规选项"对话框进行打开权限密码与修改权限密码的设置。

4．关闭工作簿

单击"文件"|"关闭"命令，或直接单击应用程序窗口右上角的 ✕ 按钮，如果当前工作簿的所有的编辑工作已经保存过，直接关闭工作簿；如果关闭进行了编辑工作但没有执行保存命令的工作表，就会弹出一个警告对话框，如图 4.2 所示。

可以单击"保存"按钮保存文件，单击"不保存"按钮不保存文件，如果选择"取消"按钮，则返回到编

图 4.2 退出 Excel 2010 对话框

辑状态。

4.1.5 工作表的操作

1．选定工作表

要选定单个工作表，只需要将其变成当前活动工作表，即在其工作表标签上单击。

当选定多个工作表时，工作簿标题栏内就会出现"工作组"字样，这时，在其中任意一个工作表内的操作都将同时在所有所选的工作表中进行。选定多个工作表的方法如下。

① 要选定两个或多个相邻的工作表，先单击该组中第一个工作表标签，然后按住 <Shift>键，并单击该组中最后一个工作表标签。

② 要选定两个或多个非相邻的工作表，先单击第一个工作表标签，然后按住<Ctrl>键，并单击其他的工作表标签。

③ 要选定全部的工作表，执行工作表标签快捷菜单上的"选定全部工作表"命令即可。

④ 要取消多个工作表的选定，在任意一个工作表标签上单击，或选择工作表标签快捷菜单上的"取消成组工作表"命令。

2．工作表重命名

在创建新的工作簿时，所有的工作表以 Sheet1、Sheet2 等命名，在实际操作中，为了更有效地进行管理，可用以下两种方法对工作表重命名。

① 双击要重新命名的工作表标签，输入新名字后按回车键即可。

② 用鼠标右键单击某工作表标签，从快捷菜单中选择"重命名"。

3．移动工作表

单击要移动或复制的工作表标签，拖动到需要移动的位置释放即可。

4．复制工作表

在需要复制的工作表标签上单击鼠标右键，如图 4.3 所示，在弹出的快捷菜单中单击"移动或复制"选项，弹出"移动或复制工作表"对话框，如图 4.4 所示。首先勾选"建立副本"复选框，再在"下列选定工作表之前"列表框中单击需要移动到其位置之前的选项，单击"确定"按钮即可。或单击需要复制的工作表标签，按住<Ctrl>键再拖动到新位置完成工作表的复制，拖动时标签行上方出现一个小黑三角形，指示当前工作表所要插入的新位置。

图 4.3　工作表快捷菜单

图 4.4　复制工作表

5．插入工作表

选定新工作表插入位置之前的一个工作表，单击鼠标右键，选择"插入"|"工作表"

命令。

　　6．删除工作表

　　选定要删除的工作表，单击鼠标右键选定"删除"，进一步确认要删除工作表操作。

4.2　Excel 2010 的数据输入

4.2.1　单元格中数据的输入

　　Excel 2010 支持多种数据类型，向单元格输入数据可以通过以下 3 种方法。

　　① 单击要输入数据的单元格，使其成为"活动单元格"，然后直接输入数据。

　　② 双击要输入数据的单元格，单元格内出现光标，此时可定位光标直接输入数据或修改已有数据信息。

　　③ 单击选中单元格，然后移动鼠标至编辑栏，在编辑栏添加或输入数据。数据输入后，单击编辑栏上的 ✓ 按钮或按回车键确认输入，单击 ✗ 或按<Esc>键取消输入。选中单元格后，单击 ƒx 也可以用插入函数的方法为单元格输入内容。

　　1．文本的输入

　　单击需要输入文本文字的单元格直接输入即可，输入的文字会在单元格中自动以左对齐方式显示。

　　若需将纯数字作为文本输入，可以在其前面加上单引号，如'450002，然后按<Enter>键；也可以先输入一个等号，再在数字前后加上双引号，如="450002"。

　　2．数值的输入

　　数值是指能用来计算的数据。可向单元格中输入整数、小数和分数或科学计数法。在 Excel 2010 中能用来表示数值的字符有 0～9、+、－、（ ）、/、$、%、, 、. 、E、e。

　　在输入分数时应注意，要先输入 0 和空格。例如，输入 6/7，正确的输入是：0 空格 6/7，按 < Enter > 键后在编辑栏中可以看到其分数形式，否则会将分数当成日期，按<Enter>键后单元格中将显示 6 月 7 日，在编辑栏中可以看到 2012-6-7；再如，要输入 6 又 3/7，正确的输入是：6 空格 3/7，若不加空格按<Enter>键后单元格中将显示 Jul-63，在编辑栏中可以看到 1963-7-1，单元格内容被转换成了日期。

　　输入负数时可直接输入负号和数据，也可以不加负号而为数据加上小括号。

　　默认情况下，输入到单元格中的数值将自动右对齐。

　　3．日期和时间

　　在工作表中可以输入各种形式的日期和时间格式的数据内容。在"开始"选项卡下，"数字"选项卡下的"数字格式"列表框中单击"日期"选项。也可以在"设置单元格格式"对话框中对时间格式进行设置，如图 4.5 所示。

图 4.5　设置时间格式

　　输入日期时，其格式最好采用 YYYY-MM-DD 的形式，可在年、月、日之间用"/"或"－"连接，如 2008/8/8 或 2008-8-8。

　　时间数据由时、分、秒组成。输入时，时、分、秒之间用冒号分隔，如 8:23:46 表示 8 点 23 分 46 秒。Excel 时间是以 24 小时制表示的，若要以 12 小时制输入时间，请在时间后加一空格并输入"AM"或"PM"（或"A"及"P"），分别表示上午和下午。

　　如果要在单元格中同时输入日期和时间，应先输入日期后输入时间，中间以空格隔开。

例如，输入 2008 年 8 月 8 日下午 8 点 8 分，则可用 2008-8-8　8:8 PM 或 2008-8-8　20:8 表示。

在单元格中要输入当天的日期，按<Ctrl>+<；>组合键，输入当前时间，按 <Shift>+<Ctrl>+<；>组合键。

4．批注

在 Excel 2010 中用户可以为单元格输入批注内容，对单元格中的内容作进一步的说明和解释。在选定的活动单元格上单击右键，选择"插入批注"；也可以切换到"审阅"选项卡下，单击"批注"组中的"新建批注"按钮，在选定的单元格右侧弹出一个批注框。用户可以在此框中输入对单元格作解释和说明的文本内容。单击"确定"按钮，在单元格的右上角出现一个红色小三角，表示该单元格含有批注。

当含有批注的单元格是活动单元格时，批注会显示在单元格的边上，单击菜单"审阅" |"编辑批注"命令可以修改批注；选中单元格，单击鼠标右键，在弹出的快捷菜单中选择"删除批注"命令，可以删除批注。

4.2.2　自动填充数据

在表格中输入数据时，往往有些栏目是由序列构成的，如编号、序号、星期等，在 Excel 2010 中，序列值不必一一输入，可以在某个区域快速建立序列，实现自动填充数据。

1．自动重复列中已输入的项目

如果在单元格中键入的前几个字符与该列中已有的项相匹配，Excel 会自动输入其余的字符。但 Excel 只能自动完成包含文字或文字与数字的组合的项。只包含数字、日期或时间的项不能自动完成。如果接受建议的输入内容，按<Enter>键；如果不想采用自动提示的字符，就继续键入所需的内容。

2．使用"填充"命令填充相邻单元格

（1）实现单元格复制填充

选中包含要填充的数据的单元格上方、下方、左侧或右侧的空白单元格。在"开始"选项卡上的"编辑"组中，单击"填充"，如图 4.6 所示。然后选择"向上"、"向下"、"向左"或"向右"，可以实现单元格某一方向所选相邻区域的复制填充，如图 4.7 所示。

图 4.6　开始选项卡上的编辑组　　　　　　　　图 4.7　填充命令选项

（2）实现单元格序列填充

选定要填充区域的第一个单元格并输入数据序列中的初始值；选定含有初始值的单元格区域；在"开始"选项卡上的"编辑"组中，单击"填充"，然后单击"系列"，弹出"序列"对话框，如图 4.8 所示。

- 序列产生在：选择行或列，进一步确认是按行或是按列方向进行填充。
- 类型：选择序列类型，若选择"日期"，还必须在"日期单位"框中选择单位。
- 步长值：指定序列增加或减少的数量，可以输入正数或负数。
- 终止值：输入序列的最后一个值，用于限定输入数据的范围。

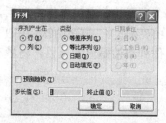

图 4.8　"序列"对话框

3．使用填充柄填充数据

填充柄是位于选定区域右下角的小黑方块。将鼠标指向填充柄时，鼠标指针更改为黑十字。

对于数字、数字和文本的组合、日期或时间段等连续序列，首先选定包含初始值的单元格，然后将鼠标移到单元格区域右下角的填充柄 ▭ 上，按下鼠标左键，在要填充序列的区域上拖动填充柄，在拖动过程中，可以观察到序列的值；松开鼠标左键，即释放填充柄之后会出现"自动填充选项"按钮 ▣，然后选择如何填充所选内容。例如，可以选择"复制单元格"实现数据的复制填充，也可以选择"填充序列"实现数值的连续序列填充。

如果填充序列是不连续的，比如数字序列的步长值不是 1，则需要在选定填充区域的第一个和下一个单元格中分别输入数据序列中的前两个数值作为初始值，两个数值之间的差决定数据序列的步长值，同时选中作为初始值的两个单元格，然后拖动填充柄直到完成填充工作。效果如图 4.9 和图 4.10 所示。

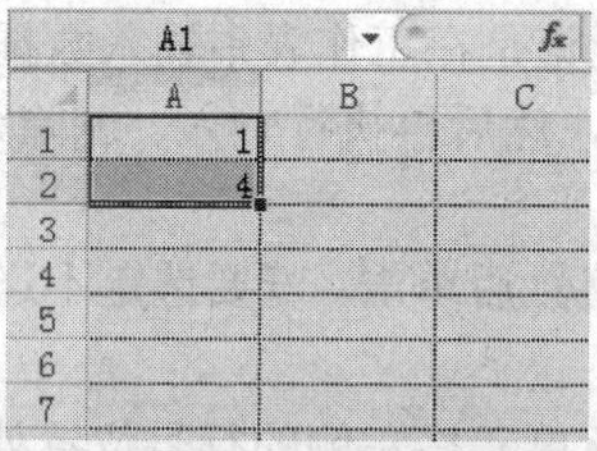

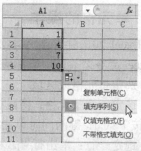

图 4.9　选中单元格并拖动填充柄

图 4.10　选择填充格式

4．使用自定义填充序列填充数据

为了更轻松地输入特定的数据序列，可以创建自定义填充序列。自定义填充序列可以基于工作表中已有项目的列表，也可以从头开始键入列表。不能编辑或删除如星期、月份、季度等内置填充序列，但可以编辑或删除自定义填充序列。

使用基于新的项目列表的自定义填充序列的具体步骤如下。

单击"文件"|"选项"，在弹出的 Excel 选项对话框中，选择"高级"|"常规"|"创建用于排序和填充系列的列表"|"编辑自定义列表"，弹出"自定义序列"对话框，如图 4.11 所示。

图 4.11　"自定义序列"对话框

单击"自定义序列"框中的"新序列",然后在"输入序列"框中键入各个项,从第一个项开始,在键入每个项后,按 < Enter > 键;当列表完成后,单击"添加"按钮,然后单击"确定" 按钮两次。在工作表中,单击一个单元格,然后在自定义填充序列中键入要用作列表初始值的项目,将填充柄 ▭,拖过要填充的单元格。

4.3 Excel 2010 工作表的格式化

4.3.1 设置工作表的行高和列宽

为使工作表表格在屏幕上或打印出来能有一个比较好的效果,用户可以对列宽和行高进行适当调整。

1. 使用鼠标调整

将鼠标指向列号或行号,鼠标指针变成双向箭头‡ ╂,按住鼠标拖动,松开鼠标,表格将调整到拖动位置处。

若在某格线处双击鼠标,则可将表格中该行(列)调整到能显示当前单元格数据的适当位置处。

2. 使用菜单调整

选定单元格区域,单击"开始"选项卡下"单元格"组中"格式"按钮,在下拉列表中选择"列宽"或"行高"|"自动调整列宽"或"自动调整行高"选项,分别在对话框中设置列宽值和行高值。

4.3.2 单元格的操作

在 Excel 2010 中,工作主要是围绕工作表展开的。无论是在工作表中输入数据还是在使用 Excel 命令之前,一般都应首先选定单元格或者对象,然后再执行输入、删除等操作。

1. 选定单元格或区域

① 选定一个单元格:将鼠标指针指向要选定的单元格然后单击。若要选定不连续的单元格,按下<Ctrl>键的同时单击需要选定的单元格。

② 选定一行:单击行号。将鼠标指针放在需要选定行单元格左侧的行号位置处,单击即可选定该行单元格。如要选定多行,则需要按<Ctrl>键的同时选定行号。

③ 选定一列:单击列号。将鼠标指针放在需要选定列单元格的列号位置处,此时鼠标呈向下的箭头状,单击即可选定该列单元格。

④ 选定整个表格:单击工作表左上角行号和列号的交叉按钮,即"全选"按钮。

⑤ 选定一个矩形区域:在区域左上角的第一个单元格内单击,按住鼠标沿着对角线方向拖动到区域右下角的最后一个单元格,松开鼠标。

⑥ 选定不相邻的矩形区域:按住<Ctrl>键,单击选定的单元格或拖动鼠标选择矩形区域。

2. 插入行、列、单元格

在需要插入单元格的位置处单击相应的单元格,单击"开始"选项卡,单击"单元格"组中"插入"右侧的下拉列表按钮,出现如图 4.12 所示下拉列表,在列表中单击"插入单元格"选项,弹出"插入"对话框,如图 4.13 所示。选择插入单元格的方式,单击"确定"按钮完成插入操作。插入行、列的操作与插入单元格类似。

3．删除行、列、单元格

单击要删除的单元格，单击"开始"选项卡，单击"单元格"组中"删除"右侧的下拉列表按钮，在展开的列表中单击"删除单元格"选项，弹出"删除"对话框，选择选项，再单击"确定"按钮，单元格即被删除。

如果要删除整行或整列，应先单击相应的行号或列号将其选定，再进行以上操作。

也可在单击相应的行号或列号将其选定后单击鼠标右键，通过快捷菜单删除。

图 4.12 插入单元格

4．单元格内容的复制与粘贴

① 鼠标移动。选定要复制的单元格，将鼠标指针指向选定单元格的黑边框上，同时按下<Ctrl>键，按下鼠标，并拖动选定的单元格到放置数据的位置。拖动时鼠标指针会变成箭头右上方加一个"+"号的形状 ，释放鼠标，完成复制操作。

② 利用剪贴板完成。单击需要复制内容的单元格，单击"开始"选项卡，单击"剪贴板"组中"复制"按钮，单击需要粘贴的单元格，再单击"剪贴板"组中"粘贴"即可。还可以单击"剪贴板"组中"粘贴"下方的下拉列表按钮，在展开的列表中单击"选择性粘贴"选项，弹出"选择性粘贴"对话框，如图 4.14 所示，选择相应的选项，再单击"确定"按钮，复制即被完成。

图 4.13 "插入"对话框

③ 用户也可以在需要复制或粘贴的单元格位置处单击鼠标右键，在弹出的快捷菜单中进行以上操作。

5．清除单元格

选定要清除的单元格，单击"开始"选项卡，单击"编辑"组中"清除"按钮，在展开的下拉列表中单击"清除内容"选项，单元格中内容即被删除。如果单元格进行了格式设置，要想清除格式，应在下拉列表中单击"清除格式"选项。

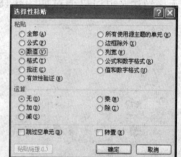

- 全部清除：清除区域中的内容、批注和格式。
- 清除格式：只清除区域中的数据格式，而保留数据的内容和批注。

图 4.14 "选择性粘贴"对话框

- 清除内容：只清除区域中的数据，而保留区域中数据格式，也等同于选中后按 < Delete >键。
- 清除批注：清除区域的批注信息。

4.3.3 设置单元格格式

1．字符的格式化

选定设置字体格式的单元格后，可以通过以下两种方法进行相应的设置。

（1）使用选项卡字体格式命令

可以直接利用"开始"选项卡下的"字体"列表命令，对字体、字号、字形、字体颜色以及其他对字符的修饰，如图 4.15 所示。

（2）使用"设置单元格格式"对话框

单击"开始"选项卡下的"字体"列表框右边的向下箭头，从下拉列表中选择一种字体；单击"字号"列表框右边的向下箭头，从下拉列表中选择字号大小；加粗按钮 **B**、倾斜按钮 *I*、下划线按钮 U，可以改变选中文本的字形；单击字体颜色按钮 **A** ▾ 右边的向下箭头，从下拉列表中选择所需要的颜色，如图 4.16 所示。

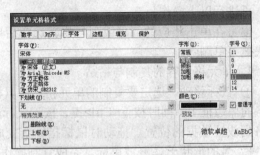

图 4.15 使用选项卡设置字体格式　　图 4.16 使用对话框设置字体格式

2．数字格式化

在 Excel 中数字是最常用的单元格内容，所以系统提供了多种数字格式，当对数字格式化后，单元格中表现的是格式化后的结果，编辑栏中表现的是系统实际存储的数据。

在"开始"选项卡下"数字"组中，提供了 5 种快速格式化数字的按钮，即货币样式按钮 ▾、百分比样式按钮 %、千分位分隔按钮 ，、增加小数位数按钮 和减少小数位数按钮 。设置数字样式时，只要选定单元格区域，单击相应的按钮即可完成，如图 4.17 所示。当然，也可以通过如图 4.18 所示的"设置单元格格式"对话框进行更多更详尽的设置。

图 4.17 设置单元格图　　　　　　图 4.18 "设置单元格格式"对话框

3．对齐及缩进设置

默认情况下，在单元格中文本左对齐，数值右对齐，特殊时可改变字符对齐方式。

在"开始"选项卡下"对齐方式"组中提供了几个对齐和缩进按钮，如顶端对齐 、垂直居中 、底端对齐 、自动换行 、文本左对齐 、文本右对齐 、居中 、合并后居中 、减少缩进量 、增加缩进量 、方向 ，如图 4.19 所示。也可以通过使用"设置单元格格式"对话框进行详细的设置，如图 4.20 所示。

① 选定要格式化的单元格或区域。

② 在"开始"选项卡下"对齐方式"组中，选择对齐的选项。"对齐方式"组中，除了可以设置水平对齐方式和缩进外，还可以设置文本的垂直对齐方式，此外还有一些其他

的设置。

方向：沿对角或垂直方向旋转文字，通常用于标志较窄的列。

自动换行：通过多行显示使单元格所有内容都可见，可以按下<Alt>+<Enter>组合键来强制换行。

合并后居中：将选择的多个单元格合并成较大的一个，并将新单元格内容居中。

图 4.19 设置对齐方式

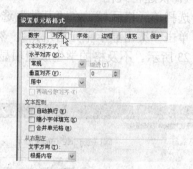

图 4.20 "设置单元格格式"对话框

4. 边框和底纹

屏幕上显示的网格线是为用户输入和编辑方便而预设的，在打印和显示时，可以全部用它作为表格的格线，也可以全部取消它，自己定义边框样式和底纹颜色。

（1）使用选项卡格式命令

选定要格式化的单元格或区域，单击"开始"选项卡下"对齐方式"组中的边框按钮 ⊞▾，从弹出的列表中选择所需要的边框线型，也可手绘边框，如图 4.21 所示。

选定要格式化的单元格或区域，单击"开始"选项卡下"对齐方式"组中的填充颜色按钮 ◇▾，从弹出的列表中选择所需的填充颜色。

（2）使用"设置单元格格式"对话框

选定要格式化的单元格区域，单击"开始"选项卡下"单元格"组中的"格式"按钮，在下拉列表中选择"设置单元格格式"选项，弹出"设置单元格格式"对话框，单击"边框"选项卡，显示关于线型的各种设置。

在"线条"框中选择一种线型样式，在"颜色"下拉列表中选择一种颜色，在"边框"框中指定添加边框线的位置，此处可设置在单元格中绘制斜线，如图 4.22 所示。

在对话框中单击"填充"选项卡，可以设置区域的底纹样式和填充色。

在"背景色"框中选择一种背景颜色，在"图案"列表中选择单元格底纹的图案。

图 4.21 添加边框

图 4.22 "设置单元格格式"对话框

4.3.4 使用条件格式

条件格式基于条件更改单元格区域的外观，有助于突出显示所关注的单元格或单元格区域，强调异常值，使用数据条、颜色刻度和图标集来直观地显示数据。例如，在学生成绩表中，可以使用条件格式将各科成绩和平均成绩不及格的分数醒目显示出来。

1. 快速格式化

选择单元格区域，在"开始"选项卡上的"样式"组中，单击"条件格式"旁边的箭头，单击"突出显示单元格规则"，然后单击"小于"，弹出"小于"条件格式对话框，如图 4.23 所示。不及格的学生成绩项显示效果如图 4.24 所示。

图 4.23 "小于"条件格式对话框

学生成绩表					
姓名	数学	计算机	英语	物理	平均成绩	总成绩
张三	98	87	97	90	93	372
李四	54	67	45	33	50	199
王五	99	82	88	76	86	345
赵六	68	78	92	54	73	292
田七	87	78	82	79	82	326

图 4.24 学生成绩条件格式显示效果

2. 高级格式化

选择单元格区域，在"开始"选项卡上的"样式"组中，单击"条件格式"旁边的箭头，然后单击"新建规则"，将显示"新建格式规则"对话框，如图 4.25 所示。单击"只为包含以下内容的单元格设置格式"选项，通过各个选项的设置，单击"确定"实现高级条件格式设置。

4.3.5 套用表格格式

Excel 2010 中提供了一些已经制作好的表格格式，制定报表时，可以套用这些格式，制作出既漂亮又专业化的表格。使用方法如下。

① 选定要格式化的区域。

② 选用"开始"选项卡下"样式"组，单击"套用表格格式"下拉选项，弹出如图4.26 所示的套用表格格式列表框。

③ 在格式列表框中选择要使用的格式，同时选中的格式出现在示例框中。

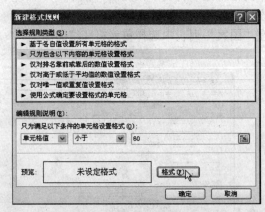

图 4.25 "新建格式规则"对话框

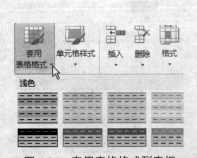

图 4.26 套用表格格式列表框

4.3.6　使用单元格样式

要在一个步骤中应用几种格式，并确保各个单元格格式一致，可以使用单元格样式。单元格样式是一组已定义的格式特征，如字体和字号、数字格式、单元格边框和单元格底纹。

1. 应用单元格样式

选择要设置格式的单元格，在"开始"选项卡上的"样式"组中，单击"单元格样式"，单击要应用的单元格样式。

2. 创建自定义单元格样式

在"开始"选项卡上的"样式"组中，单击"单元格样式"；单击"新建单元格样式"，在"样式名"框中，为新单元格样式键入适当的名称，单击"格式"，在"设置单元格格式"对话框中的各个选项卡上，选择所需的格式，然后单击"确定"按钮。

4.4　公式和函数

4.4.1　公式的使用

在 Excel 中，公式是对工作表中的数据进行计算操作最为有效的手段之一。在工作表中输入数据后，运用公式可以对表格中的数据进行计算并得到需要的结果。

在 Excel 中使用公式是以等号开始的，运用各种运算符号，将值或常量和单元格引用、函数返回值等组合起来，形成公式的表达式。Excel 2010 会自动计算公式表达式的结果，并将其显示在相应的单元格中。

1. 公式运算符与其优先级

在构造公式时，经常要使用各种运算符，常用的有 4 类，如表 4.1 所示。

表 4.1　　　　　　　　　　　　运算符及其优先级

优 先 级 别	类　　别	运　算　符
高 ↓ 低	引用运算	:（冒号）、,（逗号）、（空格）
	算术运算	-（负号）、%（百分比）、^（乘方）、* 和 /、+和 -
	字符运算	&（字符串连接）
	比较运算	=、<、<=、>、>=、<>（不等于）

引用运算是电子表格特有的运算，可将单元格区域合并计算。

冒号（:）：引用运算符，指出两对角的单元格围起的单元格区域，如"A2：B4"，指定了 A 2、B2、A3、B3、A 4、B4 这 6 个单元格。

逗号（,）：联合运算符，表示逗号前后单元格同时引用，如"A2, B4, C5"指定 A2、B4、C5 这 3 个单元格。

空格：交叉运算符，引用两个或两个以上单元格区域的重叠部分，如"B3：C5 C3：D5"指定 C3、C4、C5 这 3 个单元格，如果单元格区域没有重叠部分，就会出现错误信息"#NULL!"。

字符连接符&的作用是将两串字符连接成为一串字符，如果要在公式中直接输入文本，文本需要用英文双引号括起来。

Excel 2010 中，计算并非简单地从左到右执行，运算符的计算顺序如下：冒号、逗号、空格，负号、百分号、乘方、乘除、加减，&，比较。使用括号可以改变运算符执行的顺序。

2．公式的输入

输入公式操作类似于输入文本类型数据，不同的是，在输入一个公式时，以等号"="开头，然后才是公式的表达式。在单元格中输入公式的操作步骤如下。

① 单击要输入公式的单元格。

② 在单元格中输入一个等号"="。

③ 输入第一个数值、单元格引用或者函数等。

④ 输入一个运算符号。

⑤ 输入下一个数值、单元格引用等。

⑥ 重复上面步骤，输入完成后，按回车键或单击编辑栏中的确认按钮☑，如图 4.27 所示，即可在单元格中显示出计算结果。

通过拖动填充柄，可以复制引用公式。利用"公式"选项卡"公式审核"功能组中的相应命令，可以对被公式引用的单元格及单元格区域进行追踪，如图 4.28 所示。

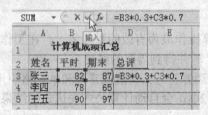

图 4.27　使用公式

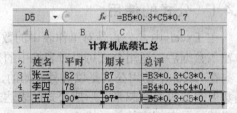

图 4.28　公式追踪

3．公式错误信息

在公式计算时，经常会出现一些异常信息，它们以符号#开头，以感叹号或问号结束，公式错误值及可能的出错原因如表 4.2 所示。

表 4.2　　　　　　　　　　　公式错误值及可能原因

错　误　值	一般出错的原因
#####	单元格中输入的数值或公式太长，单元格显示不下，不代表公式有错
#DIV/0!	做除法时，分母为零
#NULL?	应当用逗号将函数的参数分开时，却使用了空格
#NUM!	与数字有关的错误，如计算产生的结果太大或太小而无法在工作表中正确表示出来
#REF!	公式中出现了无效的单元格地址
#VALUE!	在公式中键入了错误的运算符，对文本进行了算术运算

4.4.2　单元格的引用

在公式中可以引用本工作簿或其他工作簿中任何单元格区域的数据。公式中输入的是单元格区域地址，引用后，公式的运算值随着被引用单元格的变化而变化。

1．单元格引用类型

单元格地址根据被复制到其单元格时是否改变，可分为相对引用、绝对引用和混合引用 3 种类型。

① 相对引用。相对引用是指当前单元格与公式所在单元格的相对位置。运用相对引用，当公式所在单元格的位置发生改变时，引用也随之改变。图 4.29 所示的 B5 和 C5 代表相对引用单元格。

② 绝对引用。绝对引用指向工作表中固定位置的单元格，它的位置与包含公式的单元格无关。如果在列号与行号前面均加上$符号，如图 4.30 所示的$B$2 和$C$2 就代表绝对引用单元格。

D5		fx	=B5*0.3+C5*0.7
	A	B	C	D
1		计算机成绩汇总		
2	姓名	平时	期末	总评
3	张三	82	87	=B3*0.3+C3*0.7
4	李四	78	65	=B4*0.3+C4*0.7
5	王五	90	97	=B5*0.3+C5*0.7

图 4.29 相对引用示例

D6		fx	=B6*$B$2+C6*$C$2
	A	B	C	D
1		计算机成绩汇总		
2	平时/期末	30%	70%	
3	姓名	平时	期末	总评
4	张三	82	87	85.5
5	李四	78	65	68.9
6	王五	90	97	94.9

图 4.30 绝对引用示例

③ 混合引用。混合引用是指在一个单元格地址中，用绝对列和相对行，或者相对列和绝对行，如$A1 或 A$1。当含有公式的单元格因复制等原因引起行、列引用的变化时，公式中相对引用部分会随着位置的变化而变化，而绝对引用部分不随位置的变化而变化。如图 4.31 所示，B2 单元格的值是利用 B$1 和$A2 这两个混合引用单元格的乘积来实现的。第 1 行数字为被乘数，第 A 列数字为乘数，B2:F6 为利用混合引用得到的 6*6 乘法表。

2. 同一工作簿不同工作表的单元格引用

要在公式中引用同一工作簿不同工作表的单元格内容，则需在单元格或区域前注明工作表名。例如，在当前 Sheet2 工作表 F4 单元格中求 Sheet1 工作表的单元格区域 A1:A4 之和，方法如下。

B2		fx	=B$1*$A2		
	A	B	C	D	E	F
1	1	2	3	4	5	6
2	2	4	6	8	10	12
3	3	6	9	12	15	18
4	4	8	12	16	20	24
5	5	10	15	20	25	30
6	6	12	18	24	30	36

图 4.31 混合引用示例

① 选取 Sheet2 的 F4 单元格，输入 "=SUM（Sheet1!A1:A4）"，按<Enter>键确定。

② 选取 Sheet2 的 F4 单元格，在输入 "=SUM（" 后，用鼠标选取 Sheet1 中 A1:A4 单元格区域 ，再输入 "）"，按<Enter>键即可。

3. 不同工作簿的单元格引用

要在单元格 F4 中引用其他工作簿，如 D 盘的工作簿 2.xlsx 的 Sheet1 工作表中 A1:A4 区域单元格求和，方法如下。

① 若工作簿 2.xlsx 已经被打开，则可以通过在 F4 单元格中输入 "=SUM（[工作簿2.xlsx]Sheet1!$A$1:$A$4）"，按<Enter>键确定。

② 若工作簿 2.xlsx 工作簿没有被打开，即要引用关闭后的工作簿文件的数据，则可以通过在 F4 单元格中输入 "=SUM（'D:\[工作簿 2.xlsx]Sheet1'!$A$1:$A$4）"，按<Enter>键即可。

4.4.3 函数的使用

函数实际上是一些预定义的公式，运用一些称为参数的特定的顺序或结构进行计算。Excel 2010 提供了财务、统计、逻辑、文本、日期与时间、查找与引用、数学和三角、工程、多维数据集和信息函数共 10 类函数。运用函数进行计算可大大简化公式的输入过程，只需设置函数相应的必要参数即可进行正确的计算。

函数的结构：一个函数包含等号、函数名称和函数参数 3 部分。函数名称表达函数的功能，每一个函数都有唯一的函数名，函数中的参数是函数运算的对象，可为数字、文本、逻辑值、表达式、引用或是其他的函数。要插入函数可以切换到 Excel 2010 窗口中的"公式"选项卡下进行选择，如图 4.32 所示。

若熟悉使用的函数及其语法规则，可在"编辑框"内直接输入函数形式。建议最好使用"公式"选项卡下的"插入函数"对话框输入函数。

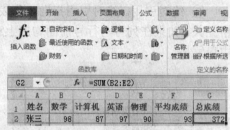

图 4.32　公式的使用

1．使用插入函数对话框

① 选定要输入函数的单元格。

② 单击"公式"选项卡下的"插入函数"，就会出现"插入函数"对话框。

③ 在选择类别中选择常用函数或函数类别，然后在选择函数中选择要用的函数，如图 4.33 所示。单击"确定"按钮后，弹出"函数参数"对话框。

④ 在弹出的"函数参数"对话框中输入参数，如图 4.34 所示。如果选择单元格区域作为参数，则单击参数框右侧的折叠对话框按钮 来缩小公式选项板，选择结束后，单击参数框右侧的展开对话框按钮 恢复公式选项板。

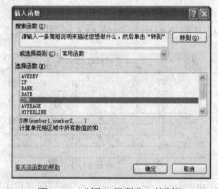

图 4.33　"插入函数"对话框

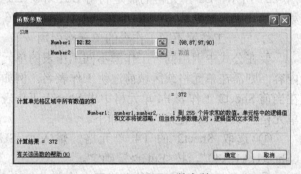

图 4.34　设置函数参数

2．常用函数

（1）求和函数 SUM( )

格式：SUM(number1,number2,…)

功能：计算一组数值 number1,number2,…的总和。

说明：此函数的参数是必不可少的，参数允许是数值、单个单元格的地址、单元格区域、简单算式，并且允许最多使用 30 个参数。

（2）求平均值函数 AVERAGE ( )

格式：AVERAGE(number1,number2,…)

功能：计算一组数值 number1,number2,…的平均值。

说明：对于所有参数进行累加并计数，再用总和除以计数结果，区域内的空白单元格不参与计数，但如果单元格中的数据为"0"时参与运算。

（3）最大值函数 MAX( )

格式：MAX(number1,number2,…)

功能：计算一组数值 number1,number2,…的最大值。

说明：参数可以是数字或者是包含数字的引用。如果参数为错误值或为不能转换为数字的文本，将会导致错误。

（4）最小值函数 MIN( )

格式：MIN(number1,number2,…)

功能：计算一组数值 number1,number2, …的最小值，参数说明同上。

（5）计数函数 COUNT( )

格式：COUNT(value1,value2,…)

功能：计算区域中包含数字的单元格个数。

说明：只有引用中的数字或日期会被计数，而空白单元格、逻辑值、文字和错误值都将被忽略。在 B6 单元格插入计数函数 COUNT（B1：B5）的结果如图 4.35 所示。

（6）条件计数函数 COUNTIF( )

格式：COUNTIF(单元格区域，条件)

功能：计算区域中满足条件的单元格个数。

说明：条件的形式可以是数字、表达式或文字。例如，可以表示为 80、"80" ">=80"或"良"。在 E9 单元格插入条件计数函数"=COUNTIF(F3:F7,">=80")−COUNTIF(F3:F7,">=90")"的结果如图 4.36 所示。

B6　=COUNT(B1:B5)

	A	B	C
1		34	
2		TRUE	
3		2007-1-1	
4			
5		a121	
6		2	

图 4.35　插入计数函数

E9　=COUNTIF(F3:F7,">=80")-COUNTIF(F3:F7,">=90")

	A	B	C	D	E	F	G
1				学生成绩表			
2	姓名	数学	计算机	英语	物理	平均成绩	总成绩
3	张三	98	87	97	90	93.00	372
4	李四	54	67	45	33	49.75	199
5	王五	99	82	88	76	86.25	345
6	赵六	68	78	92	54	73.00	292
7	田七	87	78	82	79	81.50	326
8							
9			平均成绩[80,90）人数：		2		

图 4.36　插入条件计数函数

（7）条件函数 IF( )

格式：IF(logical-test, value-if-true, value-if-false)

功能：根据逻辑值 logical-test 进行判断，若为 true，返回 value-if-true，否则，返回 value-if-false。

说明：IF 函数可以嵌套使用，最多嵌套 7 层，用 logical-test 和 value-if-true 参数可以构造复杂的测试条件。

例如，在 H3 单元格中插入条件函数=IF(F3<60，"不及格"，"及格")，返回值为及格。

又例如，在 H3 单元格中插入条件函数=IF(F3<60，"不及格"，IF（F3<70，"及格"，IF（F3<80，"中"，IF(F3<90，"良"，"优"))))，以实现综合评语自动评定，效果如图 4.37 所示。

H3　=IF(F3<60,"不及格",IF(F3<70,"及格",IF(F3<80,"中",IF(F3<90,"良","优"))))

	A	B	C	D	E	F	G	H	I
1					学生成绩表				
2	姓名	数学	计算机	英语	物理	平均成绩	总成绩	综合评定	名次
3	张三	98	87	97	90	93.00	372	优	1
4	李四	54	67	45	33	49.75	199	不及格	5
5	王五	99	82	88	76	86.25	345	良	2
6	赵六	68	78	92	54	73.00	292	中	4
7	田七	87	78	82	79	81.50	326	良	3

图 4.37　插入条件函数

（8）排名函数 RANK( )

格式：RANK(number, range, rank-way)

功能：返回单元格 number 在一个垂直区域 range 中的排位名次。

说明：rank-way 是排位的方式，为 0 或省略，则按降序排名次（值最大的为第一名），不为 0 则按升序排名次（值最小的为第一名）。

函数 RANK 对重复数的排位相同，但重复数的存在将影响后续数值的排位。

例如，在 I3 单元格中插入排名函数=RANK(F3，$F$3：$F$7)实现了自动排名，效果如图 4.38 所示。

4.4.4 快速计算与自动求和

1. 快速计算

在分析、计算工作表的过程中，有时需要得到临时计算结果而无须在工作表中表现出来，则可以使用快速计算功能。

图 4.38 插入排名函数

方法：用鼠标选定需要计算的单元格区域，即可得到选定区域数据的平均值、计数个数及求和结果，并显示在窗口下方的状态栏中，如图 4.39 所示。

2. 自动求和

由于经常用到的公式是求和、平均值、计数、最大值和最小值，所以可以使用"开始"选项卡编辑区域的"自动求和"，也可以使用"公式"选项卡的"自动求和"快捷选项命令。

① 选定存放求和结果的单元格，一般选中一行或一列数据末尾的单元格。

② 单击"公式"选项卡下的"自动求和"按钮，将自动出现求和函数以及求和的数据区域，如图 4.40 所示。

③ 如果求和的区域不正确，可以用鼠标重新选取。如果是连续区域，可用鼠标拖动的方法选取区域，如果是对单个不连续的单元格求和，可用鼠标选取单个单元格后，从键盘键入"，"用于分隔选中的单元格引用，再继续选取其他单元格。

④ 确认参数无误后，按<Enter>键确定。

图 4.39 快速计算　　　　　图 4.40 自动求和

4.5 数 据 管 理

Excel 2010 不但具有数据计算的能力，而且提供了强大的数据管理功能。可以运用数据的排序、筛选、分类汇总、合并计算、数据透视表等各项处理操作功能，实现对复杂数据的分析与处理。

4.5.1 数据排序

对数据进行排序是数据分析不可缺少的组成部分，排序有助于快速直观地显示数据并更好地理解数据，有助于组织并查找所需数据，有助于最终做出更有效的决策。

数据表是包含标题及相关数据的一组数据行，每一行相当于数据库中的一条记录。通常数据表中的第一行是标题行，由多个字段名（关键字）构成，表中的每一列对应一个字段。

排序就是按照数据某个字段名（关键字）的值，将所有记录进行升序或降序的重新排列。

1．快速排序

如果只对单列进行排序，首先单击所要排序字段内的任意一个单元格，然后单击"数据"选项卡下"排序和筛选"组中的升序按钮 或降序按钮 ，则数据表中的记录就会按所选字段为排序关键字进行相应的排序操作。

2．复杂排序

复杂排序是指通过设置"排序"对话框中的多个排序条件对数据表中的数据内容进行排序，操作方法如下。

① 单击需要排序的数据表中的任一单元格，再单击"数据"选项卡下"排序和筛选"组中的"排序"按钮，出现"排序"对话框，如图 4.41 所示。

② 单击主关键字下拉列表按钮，在展开的列表中选择主关键字，然后设置排序依据和次序。

③ 单击添加条件按钮，以同样方法设置此关键字，还可以设置第三关键字等。

首先按照主关键字排序，对于主关键字相同的记录，则按次要关键字排序，若记录的主关键字和次要关键字都相同时，才按第三关键字排序。

排序时，如果要排除第一行的标题行，则选中"数据包含标题"复选框，如果数据表没有标题行，则不选"数据包含标题"复选框。

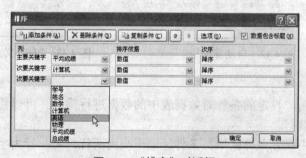

图 4.41 "排序"对话框

3．自定义排序

可以根据自己的特殊需要进行自定义的排序方式。

① 单击"数据"选项卡下"排序和筛选"组中的"排序"按钮，出现"排序"对话框。

② 单击"排序"对话框的"选项"按钮，在"排序选项"对话框中可以设置排序选项。

③ 在"排序"对话框的次序下拉列表中单击"自定义序列"选项，可以在弹出窗口中为"自定义序列"列表框"添加"定义的新序列。

④ 选中自定义序列后，返回到"排序"对话框中，此时"次序"已设置为自定义序列方式，数据内容按自定的排序方式进行重新排序。

4.5.2 数据筛选

数据筛选的主要功能是将符合要求的数据集中显示在工作表上，不符合要求的数据暂时隐藏，从而从数据库中检索出有用的数据信息。Excel 2010 中常用的筛选方式有自动筛选、自定义筛选和高级筛选。

1. 自动筛选

自动筛选是进行简单条件的筛选，方法如下。

① 单击数据表中的任一单元格，此时，在每个列标题的右侧出现一个下拉列表按钮，如图 4.42 所示。

② 在列中单击某字段右侧下拉列表按钮，其中列出了该列中的所有项目，从下拉菜单中选择需要显示的项目。

③ 如果要取消筛选，单击"数据"选项卡下"排序和筛选"组中的"筛选"按钮。

2. 自定义筛选

自定义筛选提供了多条件定义的筛选，可使在筛选数据表时更加灵活，筛选出符合条件的数据内容。

① 在数据表自动筛选的条件下，单击某字段右侧下拉列表按钮，在下拉列表中单击"数字筛选"选项，并单击"自定义筛选"选项。

② 在弹出的"自定义自动筛选方式"对话框中填充筛选条件，如图 4.43 所示。

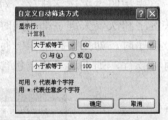

图 4.42　自动筛选　　　　　　　图 4.43　"自定义自动筛选方式"对话框

3. 高级筛选

高级筛选是以用户设定的条件对数据表中的数据进行筛选，可以筛选出同时满足两个或两个以上条件的数据。

首先在工作表中设置条件区域，条件区域至少为两行，第一行为字段名，第二行以下为查找的条件。设置条件区域前，先将数据表的字段名复制到条件区域的第一行单元格中，当作查找时的条件字段，然后在其下一行输入条件。同一条件行不同单元格的条件为"与"逻辑关系，同一列不同行单元格中的条件互为"或"逻辑关系。条件区域设置完成后进行高级筛选的具体操作步骤如下。

① 单击数据表中的任一单元格。

② 切换到"数据"选项卡下，单击"数据和筛选"组中的"高级"按钮，出现了"高级筛选"对话框，如图 4.44 所示。

③ 此时需要设置筛选数据区域，可以单击"列表区域"文本框右边的折叠对话框按钮，

将对话框折叠起来，然后在工作表中选定数据表所在单元格区域，再单击展开对话框按钮，返回到"高级筛选"对话框。

④ 单击"条件区域"文本框右边的折叠对话框按钮，将对话框折叠起来，然后在工作表中选定条件区域。再单击展开对话框按钮，返回到"高级筛选"对话框。

⑤ 在"方式"选项区域中选择"在原有区域显示筛选结果"或"将筛选结果复制到其他位置"。单击"确定"按钮完成筛选。利用高级筛选后的示例效果如图 4.45 所示。

图 4.44　"高级筛选"对话框

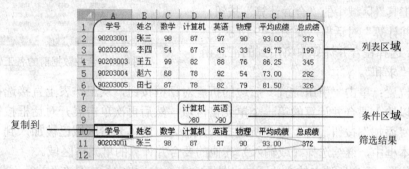

图 4.45　高级筛选示例

4.5.3　分类汇总

在实际工作中，往往需要对一系列数据进行小计和合计，使用分类汇总功能十分方便。

① 首先对分类字段进行排序，使相同的记录集中在一起。

② 单击数据表中的任一单元格。在"数据"选项卡下"分级显示"区域中单击"分类汇总"按钮，弹出"分类汇总"对话框如图 4.46 所示。

分类字段：选择分类排序字段。

汇总方式：选择汇总计算方式，默认汇总方式为"求和"。

选定汇总项：选择与需要对其汇总计算的数值列对应的复选框。

③ 设置完成后，单击"确定"按钮。分类汇总示例效果如图 4.47 所示。

图 4.46　"分类汇总"对话框

图 4.47　分类汇总示例

4.5.4 合并计算

对 Excel 2010 数据表进行数据管理，有时需要将几张工作表上的数据合并到一起，如使用日报表记录每天的销售信息，到周末需要汇总成周报表；到月底需要汇总生成月报表；年底汇总生成年报表。使用"合并计算"功能，可以将多张工作表上的数据合并。

① 准备好参加合并计算的工作表，如上半年汇总，下半年汇总，全年总表。将上半年和下半年两张工作表上的"销售额"数据汇总到全年总表上，如图 4.48 所示。

② 选中目标区域的单元格(本例是选中全年总表上的 B3 单元格)，单击"数据"选项卡下"数据工具"区域中的"合并计算"按钮，出现"合并计算"对话框，如图 4.49 所示。

函数：选择在合并计算中将用到的汇总函数，选择"求和"。

图 4.48　合并数据前的各工作表

引用位置：单击"引用位置"后边的折叠对话框按钮，从工作表上直接选择单元格区域，也可以输入要合并计算的第一个单元格区域，然后再次单击展开对话框按钮展开对话框，单击"添加"按钮，可以看到所选择（或输入）的单元格区域已被加入到"所有引用位置"文本框中，继续选择（或输入）其他的要合并计算的单元格区域。

标签位置：确定所选中的合并区域中是否含有标志，指定标志是在"首行"或"最左列"。

创建指向源数据的链接：表示当源数据发生变化时，汇总后的数据自动随之变化。

③ 单击"确定"按钮，完成合并计算功能。汇总后的结果如图 4.50 所示。

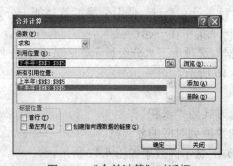

图 4.49　"合并计算"对话框

图 4.50　合并计算结果

4.6　图　　表

为使表格中的数据关系更加直观，可以将数据以图表的形式表示出来。通过创建图表可以更加清楚地了解各个数据之间的关系和数据之间的变化情况，方便对数据进行对比和分析。在 Excel 2010 中，只需选择图表类型、图表布局和图表样式，便可以很轻松地创建具有专业外观的图表。

4.6.1　创建图表

根据数据特征和观察角度的不同，Excel 2010 提供了包括柱形图、折线图、饼图、条形图、面积图、XY 散点图、股价图、曲面图、圆环图、气泡图和雷达图总共 11 类图表供用户选用，每一类图表又有若干个子类型。

1．图表基本概念

图表：由图表区和绘图区组成。

图表区：整个图表的背景区域。

绘图区：用于绘制数据的区域，在二维图表中，是指通过轴来界定的区域，包括所有数据系列；在三维图表中，同样是通过轴来界定的区域，包括所有数据系列、分类名、刻度线标志和坐标轴标题。

数据系列：在图表中绘制的相关数据点，这些数据源自数据表的行或列。图表中的每个数据系列具有唯一的颜色或图案并且在图表的图例中表示。可以在图表中绘制一个或多个数据系列。饼图只有一个数据系列。

坐标轴：界定图表绘图区的线条，用作度量的参照框架。x 轴通常为水平轴并包含分类，y 轴通常为垂直坐标轴并包含数据。

图表标题：说明性的文本，可以自动与坐标轴对齐或在图表顶部居中。

数据标签：为数据标记提供附加信息的标签，数据标签代表源于数据表单元格的单个数据点或值。

图例：一个方框，用于标志图表中的数据系列或分类指定的图案或颜色。

建立图表以后，可通过增加图表项，如数据标记、标题、文字等来美化图表及强调某些信息。大多数图表可被移动或调整大小，也可以用图案、颜色、对齐、字体及其他格式属性来设置这些图表项的格式。

2．创建图表

① 首先用鼠标（或配合<Ctrl>键）选择要包含在图表中的单元格或单元格区域。

② 选用"插入"选项卡下"图表"组，列表中给出了图表的样本，如图 4.51 所示。可以选择所需图表样式，或者单击创建图表下拉列表按钮，在弹出的下拉列表中选择图表类型，然后在右边区域中选择所需的图表类型，确定后即创建了原始图表，如图 4.52 所示。

图 4.51　图形库

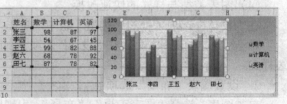

图 4.52　创建图表

无论建立哪一种图表，都要经过以下几步：指定需要用图表表示的单元格区域，即图表数据源；选定图表类型；根据所选定的图表格式，指定一些项目，如图表的方向，图表的标题，是否要加入图例等；设置图表位置，可以直接嵌入到原工作表中，也可以放在新建的工作表中。

4.6.2　图表的编辑

单击选中已经创建的图表，在 Excel 2010 窗口原来选项卡的位置右侧同时增加了"图表工具"选项卡,并提供了"设计"、"布局"和"格式"选项卡,以方便对图表进行更多的设置与美化。

1. 设置图表"设计"选项

单击图表,选择"图表工具"|"设计"选项卡,出现图表工具"设计"选择卡,如图4.53所示。

(1)图表的数据编辑

在"设计"选项卡上的"数据"组中,单击"选择数据",出现"选择数据源"对话框,可以实现对图表引用数据的添加、编辑、删除等操作,如图4.54所示。

图 4.53 图表工具"设计"选项卡

图 4.54 "选择数据源"对话框

(2)数据行/列之间快速切换

在"设计"选项卡上的"数据"中,单击"切换行/列",则可以在工作表行或从工作表列绘制图表中的数据系列之间进行快速切换。

(3)选择放置图表的位置

在"设计"选项卡上的"位置"组中,单击"移动图表",出现"移动图表"对话框,在"选择放置图表的位置"时,可以选择"新工作表",将图表重新创建于新建工作表中,也可以选择"对象位于"将图表直接嵌入到原工作表中,如图4.55所示。

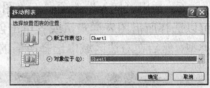

图 4.55 "移动图表"对话框

(4)图表类型与样式的快速改换

在"设计"选项卡上的"类型"组中,单击"更改图表类型",重新选定所需类型。

对已经选定的图标类型,在"设计"选项卡上的"图表样式"组中,可以重新选定所需图表样式。

2. 设置图表"布局"选项

单击图表,选择"图表工具"|"布局",出现图表工具"布局"选项卡,如图4.56所示。

图 4.56 图表工具"布局"选项卡

① 设置图表标题:单击选中图表,再单击图表工具"布局"选项卡下 "标签"组中

的"图表标题"按钮，在展开的列表中单击"图表上方"选项，在图表中自动生成默认的图表标题，输入标题文本内容，再在图表位置上单击鼠标右键，在弹出的快捷菜单中选择设置标题字体、字号、颜色、位置等。

② 设置坐标轴标题：单击选中图表，再单击图表工具"布局"选项卡下 "标签"组中的"坐标轴标题"按钮，在展开的下拉列表中对坐标轴的标题进行设置，方法和图表标题类似。

③ 在图表工具"布局"选项卡下的"标签"组中设置图表中添加、删除或放置图表图例、数据标签、数据表。

④ 单击图表工具"布局"选项卡下"插入"组中的下拉按钮，在展开的列表中可以对图表进行插入图片、形状和文本框的相关设置。

⑤ 设置图表的背景、分析图和属性。

3. 设置图表元素"格式"选项

在"图表工具"的"格式"选项卡上的"当前选择内容"组中，单击"图表区"框旁边的箭头，然后选择要设置格式的图表元素。图表工具"格式"选项卡如图 4.57 所示。

若要为所选图表元素的形状设置格式，请在"形状样式"组中单击需要的样式，或者单击"形状填充"、"形状轮廓"或"形状效果"，然后选择需要的格式选项。若要通过使用"艺术字"为所选图表元素中的文本设置格式，请在"艺术字样式"组中单击需要的样式，或者单击"文本轮廓"或"文本效果"，然后选择需要的格式选项。

图 4.57　图表工具"格式"选项卡

4.6.3　快速突显数据的迷你图

通过 Excel 表格对销售数据进行统计分析后发现，仅通过普通的数字，很难发现销售数据随时间的变化趋势。使用 Excel "图表"插入普通的"折线图"后，发现互相交错的折线也很难清晰地展现每个产品的销量变化趋势。Excel 2010 提供了全新的"迷你图"功能，利用它，仅在一个单元格中便可绘制出简洁、漂亮的小图表，并且数据中潜在的价值信息也可以醒目地呈现在屏幕之上。

① 在 Excel 工作表中，切换到"插入"选项卡，并在"迷你图"选项组中单击"折线图"按钮，如图 4.58 所示。

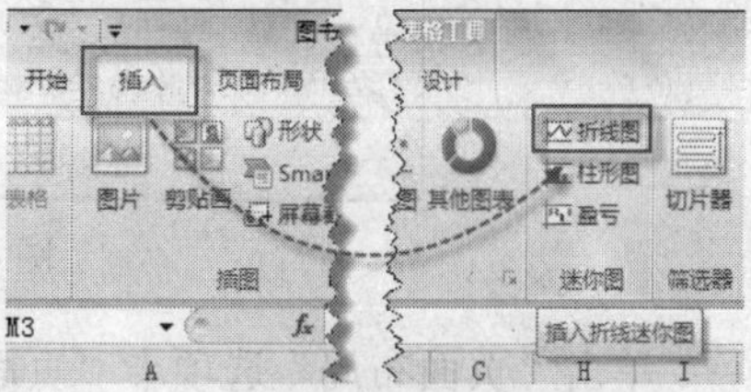

图 4.58　"迷你图"选项组

② 在打开的"创建迷你图"对话框中，在"数据范围"和"位置范围"文本框中分别设置需要进行直观展现的数据范围和用来放置图表的目标单元格位置，如图 4.59 所示。

③ 单击"确定"按钮关闭对话框，一个简洁的"折线迷你图"创建成功。可以进一步

使用"迷你图工具"对其进行美化，一个精美的迷你图设计完成后，通过向下拖动迷你图所在单元格右下角的填充柄将其复制到其他单元格中（就像复制 Excel 公式一样），从而快速创建一组迷你图，折线迷你图效果如图 4.60 所示。

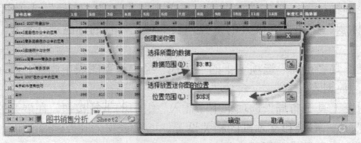

图 4.59　创建"迷你图"

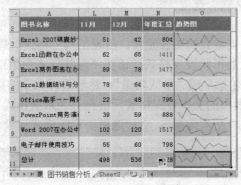

图 4.60　"迷你图"效果

4.7　打　　印

4.7.1　页面布局设置

在 Excel 2010 用户界面中，可以通过"页面布局"选项卡的各功能组页面设置命令，对页面布局效果进行快速设置，如图 4.61 所示。

图 4.61　"页面布局"选项卡

单击"页面布局"选项卡"页面设置"区域右下角的按钮，出现"页面设置"对话框。在"页面设置"对话框中可以对"页面"、"页边距"、"页眉/页脚"或"工作表"选项进行更详细的设置。

4.7.2　打印预览

打印预览有助于避免多次打印尝试和在打印输出中出现截断的数据。

1．在打印前预览工作表页

在打印前，单击要预览的工作表。单击"文件"，｜"打印"｜，在视图右侧显示"打印预览"窗口，若选择了多个工作表，或者一个工作表含有多页数据时，要预览下一页和上一页，请在"打印预览"窗口的底部单击"下一页"和"上一页"。单击"显示边距"按钮，会在"打印预览"窗口中显示页边距，要更改页边距，可将页边距拖至所需的高度和宽度。还可以通过拖动打印预览页顶部的控点来更改列宽。

2．利用"分页预览"视图调整分页符

分页符是为了便于打印，将一张工作表分隔为多页的分隔符。在"分页预览"视图中可以轻松地实现添加、删除或移动分页符。手动插入的分页符以实线显示。虚线指示 Excel 自动分页的位置。

3．利用"页面布局"视图对页面进行微调

打印包含大量数据或图表的 Excel 工作表之前，可以在"视图"选项卡"工作簿视图"功能组新的"页面布局"视图中快速对其进行微调，使工作表达到专业水准。在此视图中，可以如同在"普通"视图中那样更改数据的布局和格式。此外，还可以使用标尺测量数据的宽度和高度，更改页面方向，添加或更改页眉和页脚，设置打印边距，隐藏或显示行标题与列标题以及将图表或形状等各种对象准确放置在所需的位置。

4.7.3　打印设置

选择相应的选项来打印选定区域、活动工作表、多个工作表或整个工作簿，请单击"文件"｜"打印"命令。

若要连同其行标题和列标题一起打印的工作表，在功能区上，单击"页面布局"选项卡，在"工作表选项"组中的"标题"下，选中"打印"复选框。

习　题　4

一、选择题

1．在 Excel 中，如果把数字作为字符输入，则应当（　　）。
    A．在数字前面加空格 　　　　　　　　B．在数字前面加 0
    C．在数字前面加"'" 　　　　　　　　D．在数字前面加 0 和空格

2．现要向 A5 单元格中输入分数"1/10"并显示为分数"1/10"，正确输入方法为（　　）。
    A．1/10 　　　　　　B．空格 1/10 　　　　　C．"1/10" 　　　　　　D．0.1

3．当多个运算符出现在 Excel 公式中时，由高到低各运算符的优先级是（　　）。
    A．括号、%、^、乘除、加减、&、比较符
    B．括号、%、^、乘除、加减、比较符、&
    C．括号、^、%、乘除、加减、&、比较符
    D．括号、^、%、乘除、加减、比较符、&

4．在 Excel 中，"B1，C2"代表的单元格是（　　）。
    A．C1，C2 　　　　　　　　　　　　　B．B1，B2
    C．B1，B2，C1，C2 　　　　　　　　D．B1，C2

5．在同一个工作簿中，将工作表 Sheet1 中的单元格 D2、工作表 Sheet2 中的单元格

D2、工作表 Sheet3 中的单元格 D2 求和，结果放在工作表 Sheet4 中的单元格 D2 中，结果单元格中正确的输入是（　　）。

A．=D2+D2+D2　　B．=Sheet1D2+Sheet2D2+Sheet3D2

C．=Sheet1!D2+Sheet2!D2+Sheet3!D2　　D．以上都不对

6．若在工作簿 1 的工作表 Sheet2 的 C1 单元格内输入公式时，需要引用工作簿 2 的 Sheet1 工作表中 A2 单元格的数据，那么正确的引用为（　　）。

A．Sheet1!A2　　B．工作簿 2!Sheet1（A2）

C．工作簿 2Sheet1A2　　D．[工作簿 2]Sheet1!A2

7．在单元格 D5 中输入公式“=$B5+C$5”，这是属于（　　）。

A．相对引用　　B．混合引用　　C．绝对引用　　D．以上都不是

8．在 Excel 中，假设在 D4 单元格内输入公式“C3+$A$5”，再把公式复制到 E7 单元格中，则在 E7 单元格内，公式实际上是（　　）。

A．C3+$A$5　　B．D6+$A$5　　C．C3+$B$8　　D．D6+B8

9．在 Excel 工作表中，要计算 A1:C8 单元格区域中值大于等于 60 的单元格个数，应使用的公式是（　　）。

A．=COUNT（A1:C8,">=60"）　　B．= COUNTIF（A1:C8, >=60））

C．=COUNT（A1:C8, >=60））　　D．= COUNTIF（A1:C8, >=60））

10．在 Excel 工作表中，按 A1: A20 中的成绩，在 C1:C20 中计算出与 A 列同行成绩的名次，应在 C1 中输入公式（　　），然后复制填充到 C2:C20。

A．=RANK（C1, A1: A20）　　B．=RANK（$C$1, A1: A20）

C．=RANK（A1, A$1: A$20）　　D．=RANK（A1: A20 , C1）

二、操作题

1．如图 4.62 所示的成绩统计表，上机完成下列操作。

（1）在 Sheet1 中制作如图 4.62 所示的成绩统计表，并将 Sheet1 更名为成绩统计表。

（2）利用公式或函数分别计算平均成绩、总成绩、名次，并统计各科与平均成绩不及格人数、各科与平均成绩最高分、平均成绩优秀的比例（平均成绩大于等于 85 分的人数/考生总人数，并以%表示）。

（3）利用条件格式将各科与平均成绩不及格的单元格数据变为红色字体。

（4）以“平均成绩”为关键字降序排序。

（5）以表中的“姓名”为水平轴标签，“平均成绩”为垂直序列，制作簇状柱形图，并将图形放置于成绩统计表下方。

2．如图 4.63 所示为工资汇总表，请进行以下统计分析。

	A	B	C	D	E	F	G	H
1	成绩统计表							
2	学号	姓名	数学	计算机	英语	平均成绩	总成绩	名次
3	90203001	李莉	78	92	93			
4	90203002	张斌	58	67	43			
5	90203003	魏娜	91	87	83			
6	90203004	郝仁	68	78	92			
7	90203005	程功	88	56	79			
8	各科与平均成绩不及格人数：							
9	各科与平均成绩最高分：							
10	平均成绩优秀比例：							

图 4.62　成绩统计表

	A	B	C	D	E	F
1	工资汇总表					
2	编号	部门	姓名	基本工资	补助工资	应发工资
3	rs001	人事处	张三	1068.56	680.46	
4	jw001	教务处	李四	2035.38	869.30	
5	jw002	教务处	王五	1625.50	766.65	
6	rs002	人事处	赵六	2310.23	1012.00	
7	jw003	教务处	田七	890.22	640.50	

图 4.63　工资汇总表

（1）在 Sheet2 中制作如图 4.60 所示的工资汇总表，并将 Sheet2 更名为工资汇总表。

（2）利用公式或函数计算应发工资，数据均保留 2 位小数。

（3）以"部门"为主要关键字，"编号"为次要关键字进行升序排序。

（4）以"部门"为分类字段进行分类汇总，分别将同一部门的"应发工资"汇总求和，汇总数据显示在数据下方。

(7) 在 Sheet2 的 A1 处使用 4.60 除以 0.71 （结果四舍五入到小数点后 3 位），将结果复制到……
(8) 利用高级筛选把符合条件的……，筛选到图 2……
(9) 在"图表"工作表中建立一……，图表……为柱形图（簇状柱形图）。
(10) 对"入库"数据进行分类汇总，求……，分类汇总后的……工作表……在"汇总……汇总表……表"中。

第 5 章

演示文稿 PowerPoint 2010

本章将从认识 PowerPoint 2010 的界面开始，详细地介绍使用 PowerPoint 2010 制作、编辑、放映演示文稿的全过程。通过对本章的学习，可以使学生熟练掌握 PowerPoint 2010 的基本操作，掌握演示文稿的各种设置，能够使用 PowerPoint 2010 制作出包含文字、图形、图像、声音以及视频剪辑等多媒体元素融于一体的演示文稿。

【知识要点】
1．创建演示文稿；
2．演示文稿的编辑、设置；
3．演示文稿的放映。

5.1 创建 PowerPoint 2010 演示文稿

PowerPoint 2010 是 Microsoft 公司推出的 Office 2010 软件包中的一个重要组成部分，是专门用来编制演示文稿的应用软件。利用 PowerPoint 2010 可以制作出集文字、图形以及多媒体对象于一体的演示文稿，并可将演示文稿、彩色幻灯片和投影胶片以动态的形式展现出来。

PowerPoint 2010 的启动、退出和文件的保存与 Word 2010、Excel 2010 的启动、退出和文件的保存方式类似，只是 PowerPoint 2010 生成的文档文件的扩展名是 ".pptx"。因此，这些操作的具体方法在此就不详细介绍了。

5.1.1 窗口组成

在启动 PowerPoint 2010 后，将会看到一个如图 5.1 所示的工作界面。
PowerPoint 2010 窗口主要由以下一些部分组成。
① 标题栏。标题栏位于窗口的顶部，显示演示文稿的名称和当前所使用的程序名称 "Microsoft PowerPoint"。
② 快速访问工具栏。在 "快速访问工具栏" 中设置了 "保存"、"撤销" 等常用的按钮。
③ 功能区。功能区中包含了 "文件"、"经典菜单"、"开始"、"插入"、"设计"、"切换"、"动画"、"幻灯片放映"、"审阅"、"视图"、"加载项" 等选项卡。每一个选项卡下面都由一

组命令按钮组成。单击其中一个选项卡，系统会在下方显示相应的命令按钮，若要使用其中的某个命令，可以直接单击它。因此，灵活利用这些命令按钮进行操作，可以大大提高工作效率。

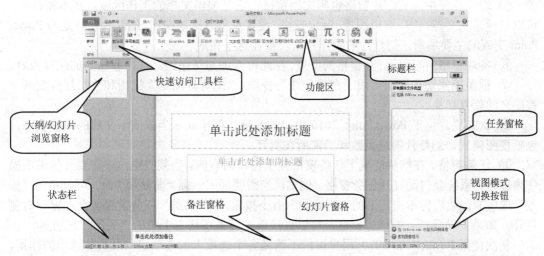

图 5.1　PowerPoint 2010 的窗口

"文件"选项卡："文件"选项卡中包括了当前文档文件的详细信息和像"保存"、"打开"、"另存为"等对文件操作的相关命令。

"经典菜单"选项卡："经典菜单"选项卡中显示的是 PowerPoint 2003 版的菜单样式。

"开始"选项卡："开始"选项卡包括剪贴板、幻灯片、字体、段落、绘图和编辑等相关操作。

"插入"选项卡："插入"选项卡中包含用户想放置在幻灯片上的所有内容，如表格、图像、插图、链接、文本、符号、媒体等相关操作。

"设计"选项卡：通过"设计"选项卡用户可以为幻灯片选择包含页面设置、主题设计、背景设计等相关操作。

"切换"选项卡："切换"选项卡主要包含对切换到本张幻灯片的设置操作。

"动画"选项卡："动画"选项卡包含所有动画效果，最易于添加的是列表或图表的基本动画效果等。

"幻灯片放映"选项卡：通过"幻灯片放映"选项卡用户可以选择从哪张幻灯片开始放映、录制旁白以及执行其他准备工作等。

"审阅"选项卡：在"审阅"选项卡上可以找到拼写检查和信息检索服务。用户还可以使用注释来审阅演示文稿，审阅批注等。

"视图"选项卡：通过"视图"选项卡不仅可以快速在各种视图页之间切换，同时还可以调整"显示比例"、控制"颜色/灰度"、拆分窗口等。

由于当前选项卡内无法容纳下所有的命令和选项，只能显示一些最常用的命令，因此，如果用户要使用一个不太常用的命令，可以单击位于选项卡右下角的斜箭头对话框启动器，将会显示更多的选项内容。

如果用户需要更大的窗口空间，可以暂时隐藏功能区。

④　大纲/幻灯片浏览窗格。显示幻灯片文本的大纲或幻灯片的缩略图。单击该窗格左

上角的"大纲"标签，可以输入幻灯片的主题，系统将根据这些主题自动生成相应的幻灯片；单击该窗格左上角的"幻灯片"标签，可以查看幻灯片的缩略图，通过缩略图可以快速地找到需要的幻灯片，也可以通过拖动缩略图来调整幻灯片的位置。

⑤ 幻灯片窗格。幻灯片窗格也叫文档窗格，它是编辑文档的工作区域。在本窗格中，可以进行输入文档内容、编辑图像、制定表格、设置对象方式等操作。幻灯片窗格是与Power Point交流的主要场所，幻灯片的制作和编辑都在这里完成。

⑥ 备注窗格。位于幻灯片窗格的下方，在此可添加与每张幻灯片内容相关的注释内容。

⑦ 视图模式切换按钮。用于在"普通"视图、"幻灯片浏览"视图和"幻灯片放映"视图之间相互切换。

⑧ 状态栏。位于 PowerPoint 2010 窗口的底部，用于显示当前演示文稿的编辑状态，包括视图模式、幻灯片的总页数和当前所在页等。

⑨ 任务窗格。在默认情况下任务窗格位于窗口的右侧。当某些操作项需要具体说明操作内容时，系统会自动打开任务窗格。例如，当需要插入一幅"剪贴画"时，可以单击"插入"选项卡，然后再单击其中的"剪贴画"命令按钮，"剪贴画"任务窗格就会在窗口右侧打开。如果要隐藏打开的任务窗格，可以直接单击任务窗格右上角的"关闭"按钮 ✕。

初次使用 PowerPoint 2010，用户可能不清楚各个选项卡的选项组以及具体选项的作用，此时可以将鼠标指针停放在具体的选项或选项组右下角的斜箭头上，几秒钟后，PowerPoint 2010 将会显示该具体选项或选项组的功能和使用提示。

5.1.2 视图方式的切换

PowerPoint 2010 提供了 4 种主要的视图模式，即"普通"视图、"幻灯片浏览"视图、"幻灯片放映"视图和"备注页"视图。

在视图模式之间进行切换可以使用窗口下方的视图模式切换按钮，也可以通过"视图"选项卡中相应的视图模式命令按钮。

1. "普通"视图

"普通"视图是 PowerPoint 2010 默认的工作模式，也是最常用的工作模式。在此视图模式下可以编写或设计演示文稿，也可以同时显示幻灯片、大纲和备注内容。

"普通"视图中有 3 个工作区域，即大纲/幻灯片编辑窗格、演示文稿编辑窗格和备注窗格，可以通过拖动窗格的边框来调整不同窗格的大小。

2. "幻灯片浏览"视图

在"幻灯片浏览"视图中，能够看到整个演示文稿的外观，如图 5.2 所示。

在该视图中可以对演示文稿进行编辑（但不能对单张幻灯片编辑），包括改变幻灯片的背景设计和配色方案、调整幻灯片的顺序、添加或删除幻灯片、复制幻灯片等。另外，还可以使用"幻灯片浏览"工具栏中的按钮来设置幻灯片的放映时间、选择幻灯片的动画切换方式等。

3. "幻灯片放映"视图

播放幻灯片的界面叫"幻灯片放映"视图。如果单击了"幻灯片放映"选项卡中的"从头开始"命令按钮（或者按下<F5>键），无论当前幻灯片的位置在哪里，都将从第一张幻灯片开始播放。如果单击了"幻灯片放映"选项卡中的"从当前幻灯片开始"命令按钮（或者单击状态栏右侧的"幻灯片放映"视图按钮），幻灯片就会从当前开始播放。幻灯片放映视图将占据整个计算机屏幕。在播放的过程中，单击鼠标可以换页，也可以按<Enter>键、空格键等。按<Esc>键可以退出"幻灯片放映"视图。或者通过单击右键，在弹出的快捷菜单中选择"结束放映"来退出"幻灯片放映"视图。

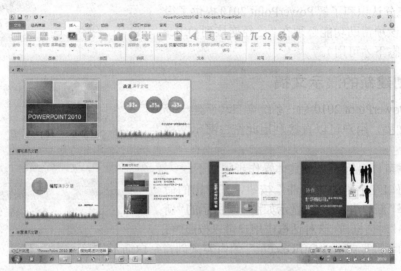

图 5.2　"幻灯片浏览"视图的窗口

4．"备注页"视图

选择"视图"选项卡中的"备注页"命令按钮，即可切换到备注页视图中，如图 5.3 所示。备注页方框会出现在幻灯片图片的下方，用户可以用来添加与每张幻灯片内容相关的备注，备注一般包含演讲者在讲演时所需的一些提示重点。

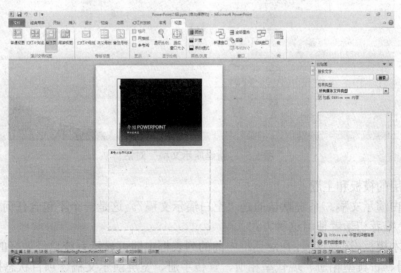

图 5.3　"幻灯片浏览"视图的窗口

5．使用"帮助"

在使用 PowerPoint 2010 的过程中，可能会遇到各种各样的问题，这时可以通过 PowerPoint 2010 提供的联机"帮助"自我学习和解决问题。

在 PowerPoint 2010 中，用户可以通过功能区右侧的"帮助"按钮 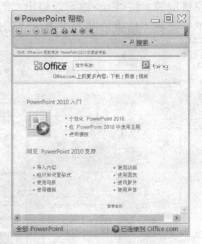 （或<F1>键）得到帮助，如图 5.4 所示。在这里系统给出了非常详细的说明，其中的"演示：熟练掌握 PowerPoint 2010"为初学者充分认识和了解 PowerPoint 2010 提供了很好的帮助（该项帮助功能必须在"已经连接到 Office Online"状态下才可用）。

5.1.3 创建新的演示文稿

启动 PowerPoint 2010 后，系统会自动新建一个空白演示文稿，用户可以直接利用此空白演示文稿工作。

用户也可以自行新建，具体操作步骤如下。

单击窗口左上角的"文件"按钮，在弹出的命令项中选择"新建"，系统会显示如图 5.5 所示的"新建演示文稿"对话框。在该对话框中用户可以按照"可用的模板和主题"或者"Office.com"的内容来创建空白演示文稿。

图 5.4　PowerPoint 2010 的"帮助"窗口

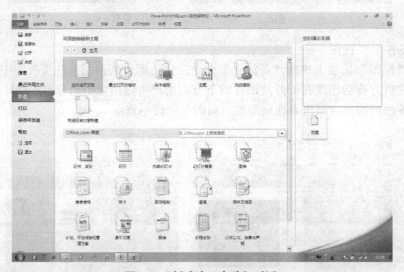

图 5.5　"新建演示文稿"对话

1. 可用的模板和主题

① 空白演示文稿。系统默认的是"空白演示文稿"。这是一个不包含任何内容的空白演示文稿。推荐初学者使用这种方法。

② 样本模板。选择该项，在对话框中间的列表框中即可显示系统已经做好的模板样式，如都市相册、古典型相册、现代型相册、宣传手册、宽屏演示文稿、项目状态报告等。

③ 主题。单击该项，在对话框中间的列表框中即可显示系统自带的要创建的主题模板，如暗香扑鼻、跋涉、沉稳、穿越、顶峰等。

④ 我的模板。单击该项，用户可以通过对话框选择一个已经自己编辑好的模板文件。

⑤ 根据现有内容新建。单击该项，用户可以通过对话框选择一个已经做好的演示文稿

文件作参考。

2．Office.com

在该项中，包括表单表格、日历、贺卡、幻灯片背景、学术、日程表等。单击任意一项，然后从对话框列表中选择一项，将其下载并安装到用户的系统中，当下次再使用时，可以直接单击"创建"按钮。

5.1.4 演示文稿的保存

演示文稿需要保存起来以备后用。用户可以使用下面的方法保存演示文稿。

（1）通过"文件"按钮

单击窗口左上角的"文件"按钮，在弹出的界面中选择"保存"命令。

（2）通过"快速访问工具栏"

直接单击"快速访问工具栏"中的"保存"按钮 ■。

（3）通过键盘

按<Ctrl>+<S>组合键。

类似 Word、Excel，如果演示文稿是第一次保存，则系统会显示"另存为"对话框，由用户选择保存文件的位置和名称（如果演示文稿的第一张幻灯片包含"标题"，那么默认文件名就是该"标题"）。需要注意，PowerPoint 2010 生成的文档文件的默认扩展名是".pptx"。这是一个非向下兼容的文件类型，也就是说，无法用早期的 PowerPoint 版本打开这种类型的文件。如果希望将演示文稿保存为使用早期的 PowerPoint 版本可以打开的文件，可以通过"文件"按钮，选择其中的"另存为"命令，在"保存类型"下拉列表中选择其中的"PowerPoint 97－2003 演示文稿"选项。

5.2 PowerPoint 2010 演示文稿的设置

5.2.1 编辑幻灯片

1．输入文本

在幻灯片中添加文字的方法有很多，最简单的方式就是直接将文本输入到幻灯片的占位符和文本框中。

（1）在占位符中输入文本

占位符就是一种带有虚线或阴影线的边框。在这些边框内可以放置标题、正文、图表、表格、图片等对象。

当创建一个空演示文稿时，系统会自动插入一张"标题幻灯片"。在该幻灯片中，共有两个虚线框，这两个虚线框就是占位符，占位符中显示"单击此处添加标题"和"单击此处添加副标题"的字样，如图 5.1 所示。将光标移至占位符中，单击即可输入文字。

（2）使用文本框输入文本

如果要在占位符之外的其他位置输入文本，可以在幻灯片中插入文本框。

单击"插入"选项卡，选择其中的"文本框"命令 ▤，在幻灯片的适当位置拖出文本框的位置，此时就可在文本框的插入点处输入文本了。在选择文本框时默认的是"横排文本框"，如果此时需要的是"竖排文本框"，可以单击"文本框"命令的下拉按钮，然后进行选择。

将鼠标指针指向文本框的边框，按住鼠标左键可以移动文本框到任意位置。

另外，涉及文本的操作还包括自选图形和艺术字中的文本。

在 PowerPoint 中涉及对文字的复制、粘贴、删除、移动的操作和对文字字体、字号、颜色等的设置，以及对段落的格式设置等操作，均与 Word 中的相关操作类似，在此就不详细叙述了，请读者同 Word 中的相关操作进行比较，掌握其操作方法。

2．插入幻灯片

在"普通"视图或者"幻灯片浏览"视图中均可以插入空白幻灯片。可以有以下 4 种方法实现该操作。

① 单击"开始"选项卡，再单击其中的"新建幻灯片"命令按钮。

② 在"大纲/幻灯片浏览窗格"中选中一张幻灯片，按<Enter>键。

③ 按<Ctrl>+<M>组合键。

④ 在"大纲/幻灯片浏览窗格"中单击鼠标右键，在弹出的快捷菜单中选择"新建幻灯片"命令。

3．幻灯片的复制、移动和删除

在 PowerPoint 中对幻灯片的复制、移动、删除等操作均与 Word 中对文本对象的相关操作类似，在此就不详细叙述了，请读者同 Word 中的相关操作进行比较，掌握其操作方法。

5.2.2　编辑图片、图形

演示文稿中只有文字信息是远远不够的。在 PowerPoint 2010 中，用户可以插入剪贴画和图片，并且可以利用系统提供的绘图工具，绘制自己需要的简单图形对象。另外，用户还可以对插入的图片进行修改。

1．编辑"剪贴画"

Office 剪辑库自带了大量的剪贴画，其中包括人物、植物、动物、建筑物、背景、标志、保健、科学、工具、旅游、农业及形状等图形类别。用户可以直接将这些剪贴画插入到演示文稿中。

（1）插入"剪贴画"

单击"插入"选项卡，再单击"剪贴画"命令按钮，"剪贴画"任务窗格就会在窗口右侧打开。单击一幅剪贴画，就可以将其插入到幻灯片中，如图 5.6 所示。利用"图片工具"可以对插入的剪贴画或图片进行编辑，如改变图片的大小和位置、剪裁图片、改变图片的对比度和颜色等。

（2）编辑"剪贴画"

在幻灯片上插入一幅剪贴画后，一般都要对其进行编辑。对图片所作的编辑，大都通过图片的"尺寸控制点"和"图片工具"的"格式"选项卡中的命令按钮来进行。

当剪贴画在幻灯片上的位置不合适的时候，可以用鼠标拖动剪贴画的尺寸控制点以改变剪贴画的大小。将鼠标指向剪贴画，可以将剪贴画拖动到指定位置。如果需要精确调整剪贴画的"大小和位置"，可以通过单击"格式"选项卡中的"大小"选项组右下角的箭头，打开"大小和位置"对话框进行设定。

当只需要剪贴画中的某个部分时，可以通过"剪裁"命令处理。单击"格式"选项卡中的"剪裁"命令按钮以后，鼠标和剪贴画中尺寸控制点的样式均会发生改变。当用鼠标通过某个剪贴画尺寸控制点向内拖动鼠标时，线框以外的部分将被剪去如图 5.7 所示。

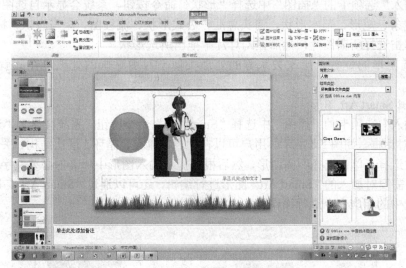

图 5.6 插入剪贴画

当在幻灯片上插入了多幅剪贴画后，根据需要可能要调整剪贴画的层次位置。单击需要调整层次关系的剪贴画，选择"格式"选项卡中"排列"选项组中的相关命令按钮可以对剪贴画的层次关系进行调整。

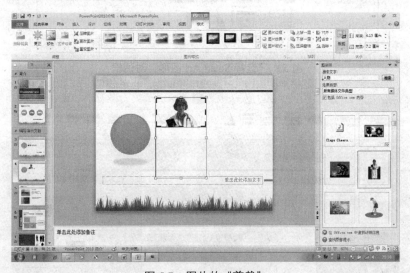

图 5.7 图片的"剪裁"

2．编辑来自文件的图片

除了插入剪贴画外，PowerPoint 2010 还允许插入各种来源的图片文件。

在"插入"选项卡中单击"图片"命令按钮，系统会显示"插入图片"对话框。选择所需图片后，单击"插入"按钮，可以将文件插入到幻灯片中。

对图片的位置、大小尺寸、层次关系等的处理类似于对剪贴画的处理，在此就不详细叙述了。

3．编辑自选图形

在"插入"选项卡的"插图"中选择"形状"命令按钮，系统会显示自选图形对话框，其中包括线条、矩形、基本形状、箭头总汇、公式形状、流程图、星与旗帜、标注、动作按钮等。单击选择所需图片，然后在幻灯片中拖出所选形状。

对自选图形的位置、层次关系等的处理类似于对剪贴画的处理，在此就不详细叙述了。

4．编辑 Smart Art 图形

在"插入"选项卡的"插图"中选择"Smart Art"命令按钮，系统会显示"选择 Smart Art 图形"对话框，如图 5.8 所示。用户可以在列表、流程、循环、层次结构、关系、矩阵、棱锥图等中选择。单击选择所需图形，然后根据提示输入图形中所需的必要文字，如图 5.9 所示。如果需要对加入的"Smart Art"图形进行编辑，还可以通过"Smart Art 工具"的"设计"选项卡中的相应命令进行操作。

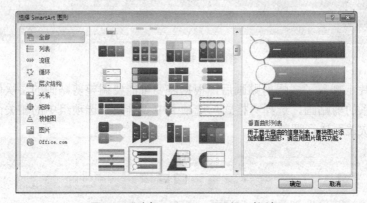

图 5.8　"选择 Smart Art 图形"对话框

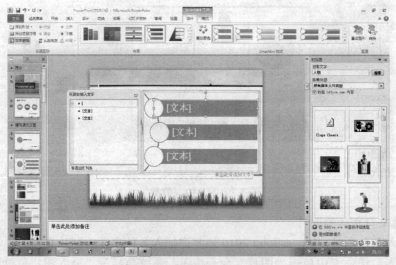

图 5.9　编辑"Smart Art"图形

5．编辑图表

图表具有较好的视觉效果，当演示文稿中需要用数据说明问题时，往往用图表显示更为直观。利用 PowerPoint 2010 可以制作出常用的图表形式，包括二维图表和三维图表。在 PowerPoint 2010 中可以链接或嵌入 Excel 文件中的图表，并可以在 PowerPoint 2010 提供的数据表窗口中进行修改和编辑。

在"插入"选项卡的"插图"中选择"图表"命令按钮，系统会显示一个类似 Excel 编辑环境的界面，用户可以使用类似 Excel 中的操作方法编辑处理相关图表。

6．编辑艺术字

艺术字就是以普通文字为基础，经过一系列的加工，使输出的文字具有阴影、形状、色彩等艺术效果。但艺术字是一种图形对象，它具有图形的属性，不具备文本的属性。

在"插入"选项卡的"插图"中选择"艺术字"命令按钮，系统会显示艺术字形状选择框，如图 5.10 所示。单击选择所需的艺术字类型，可以在弹出的"绘图工具"的"格式"选项卡中选择适当的工具对艺术字进行编辑。

图 5.10　艺术字形状

5.2.3　应用幻灯片主题

为了改变演示文稿的外观，最容易、最快捷的方法就是应用另一种主题。PowerPoint 2010 提供了几十种专业模板，它可以快速地帮助生成完美动人的演示文稿。

单击"设计"选项卡，会在"主题"中看到系统提供的部分主题，如图 5.11 所示。当鼠标指向一种模板时，幻灯片窗格中的幻灯片就会以这种模板的样式改变，当选择一种模板单击后，该模板才会被应用到整个演示文稿中。

图 5.11　"所有主题"选择框

5.2.4　应用幻灯片版式

当创建演示文稿后，可能需要对某一张幻灯片的版面进行更改，这在演示文稿的编辑中是比较常见的事情，最简单的改变幻灯片版面的方法就是用其他的版面去替代它。

在"开始"选项卡中单击"版式"命令按钮，系统会显示"版式"选择框，如图 5.12

所示。单击选择所需的版式类型后，当前幻灯片的版式就被改变了。

5.2.5　使用母版

PowerPoint 2010 提供了 3 种母版，即幻灯片母版、讲义母版和备注母版，利用它们可以分别控制演示文稿的每一个主要部分的外观和格式。

1. 幻灯片母版

幻灯片母版是一张包含格式占位符的幻灯片，这些占位符是为标题、主要文本和所有幻灯片中出现的背景项目而设置的。用户可以在幻灯片母版上为所有幻灯片设置默认版式和格式。换句话说，也就是如果更改幻灯片母版，会影响所有基于幻灯片母版的演示文稿幻灯片。在幻灯片母版视图下，可以设置每张幻灯片上都要出现的文字或图案，如公司的名称、徽标等。

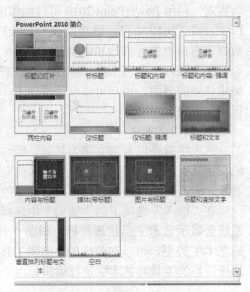

图 5.12 "版式"选择框

在"视图"选项卡中单击"幻灯片母版"命令按钮，系统会在幻灯片窗格中显示幻灯片母版样式。此时用户可以改变标题的版式，设置标题的字体、字号、字形、对齐方式等，用同样的方法可以设置其他文本的样式。用户也可以通过"插入"选项卡将对象（例如，剪贴画、图表、艺术字等）添加到幻灯片母版上。例如，在幻灯片母版上加入一张剪贴画，如图 5.13 所示。单击"幻灯片母版"选项卡中的"关闭母版视图"按钮。在切换到幻灯片浏览视图以后，幻灯片母版上插入的剪贴画在所有的幻灯片上就都出现了，如图 5.14所示。

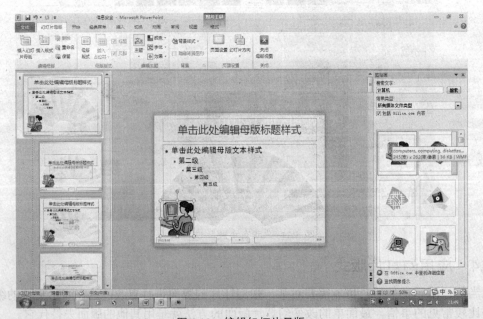

图 5.13　编辑幻灯片母版

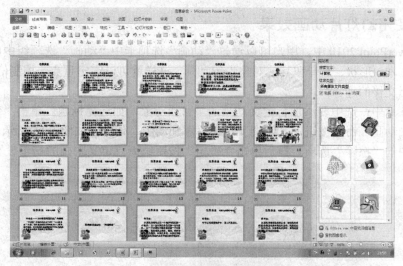

图 5.14 幻灯片母版改变后的效果

2．讲义母版

讲义是演示文稿的打印版本，为了在打印出来的讲义中留有足够的注释空间，可以设定在每一页中打印幻灯片的数量。也就是说，讲义母版用于编排讲义的格式，它还包括设置页眉页脚、占位符格式等。

3．备注母版

备注母版主要控制备注页的格式。备注页是用户输入的对幻灯片的注释内容，利用备注母版，可以控制备注页中输入的备注内容与外观。另外，备注母版还可以调整幻灯片的大小和位置。

5.2.6 设置幻灯片背景

可以通过修改幻灯片母版、为幻灯片插入图片等方式来美化幻灯片。实际上，幻灯片由两部分组成，一部分是幻灯片本身，另一部分就是母版。在播放幻灯片时，母版是固定的，而更换的则是上面的幻灯片本身。有时为了活跃幻灯片的播放效果，需要修改部分幻灯片的背景，这时可以通过对幻灯片背景的设置来改变它们。

在"设计"选项卡中单击"背景"选项组右侧的向下箭头，系统会显示"设置背景格式"对话框，如图 5.15 所示。

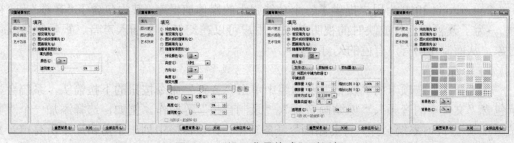

图 5.15 "设置背景格式"对话框

可以为幻灯片设置"纯色填充"、"渐变填充"、"图片或纹理填充"、"图案填充"等。

5.2.7　使用幻灯片动画效果

在 PowerPoint 2010 中，用户可以通过"动画"选项卡中"动画"选项组中的命令为幻灯片上的文本、形状、声音和其他对象设置动画，这样就可以突出重点，控制信息的流程，并提高演示文稿的趣味性。

在幻灯片中，选中要添加自定义动画的项目或对象，如选择标题。单击"动画"选项组中"添加动画"命令按钮，系统会下拉出"添加动画"任务，如图 5.16 所示。单击"进入"类别中的"擦除"选项。最后单击"确定"按钮结束自定义动画的初步设置。

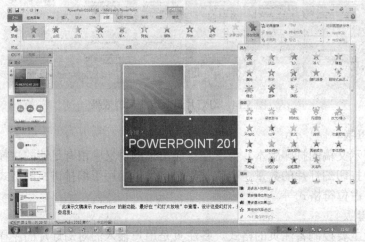

图 5.16　自定义动画的设置过程

为幻灯片项目或对象添加了动画效果以后，该项目或对象的旁边会出现一个带有数字的灰色矩形标志，并在任务窗格的动画列表中显示该动画的效果选项。此时用户还可以对刚刚设置的动画进行修改。例如，将"开始"动画的方式修改为前一事件"上一动画之后"（默认的方式是"单击时"），将"效果选项"修改为"自左侧"（默认的方式是"自底部"），将"持续时间"修改为"01.00"（默认的方式是"00.50"）。

当为同一张幻灯片中的多个对象设定了动画效果以后，它们之间的顺序还可以通过"对动画重新排序"中的"向前移动"或"向后移动"命令进行调整。

5.2.8　使用幻灯片多媒体效果

PowerPoint 2010 为用户提供了一个功能强大的媒体剪辑库，其中包含了"音频"和"视频"。为了改善幻灯片放映时的视听效果，用户可以在幻灯片中插入声音、视频等多媒体对象，从而制作出有声有色的幻灯片。

1. 添加声音

在"插入"选项卡的"媒体"选项组中单击"音频"命令按钮的下拉箭头，系统会显示包含"文件中的音频"、"剪贴画音频"、"录制音频"等操作。例如，选择添加一个"剪贴画音频"，此时系统会打开"剪贴画"任务窗格，在该窗格中列出了剪辑库中所有声音文件。单击"剪贴画"任务窗格中要插入的音频文件，系统会在幻灯片上出现一个"喇叭"图标，用户可以通过"音频工具"对插入的音频文件的播放、音量等进行设置。完成设置之后，该音频文件会按前面的设置，在放映幻灯片时播放。

添加其他音频文件的操作与添加一个"剪贴画音频"的操作类似，在此就不详细叙述了。

2．插入影片文件

在"插入"选项卡的"媒体"选项组中单击"视频"命令按钮的下拉箭头，系统会显示包含"文件中的视频"、"来自网站的视频"、"剪贴画视频"等操作。例如，选择添加一个"文件中的视频"，此时系统会打开"插入视频文件"对话框，在用户选择了一个要插入的视频文件后，系统会在幻灯片上会出现该视频文件的窗口，用户可以像编辑其他对象一样，改变它的大小和位置。用户可以通过"视频工具"对插入的视频文件的播放、音量等进行设置。完成设置之后，该视频文件会按前面的设置，在放映幻灯片时播放。

添加其他视频文件的操作与添加"文件中的视频"的操作类似，在此就不详细叙述了。

注意：在向幻灯片插入了来自"文件中的音频"和来自"文件中的视频"时，被添加的"音频"和"视频"文件的路径不能修改，否则被添加的"音频"和"视频"文件在放映幻灯片时将不能被播放。

5.2.9　实例——卫星飞行

1．准备素材

要制作卫星飞行的幻灯片，就需要星空图片、发射卫星图片、地球图片和卫星图片。准备好它们，将其存放在同一个文件夹中。

2．设置背景素材

运行 PowerPoint 2010，新建一空白幻灯片，在"设计"选项卡中单击"背景"右下角的斜箭头，系统会显示如图 5.15 所示的"设置背景格式"对话框。选中其中的"图片或纹理填充"选项，然后单击"文件…"命令按钮，系统会显示"插入图片"对话框，如图 5.17 所示。单击其中的"星空.gif"作为背景，选择"全部应用"按钮，并退出背景设置。

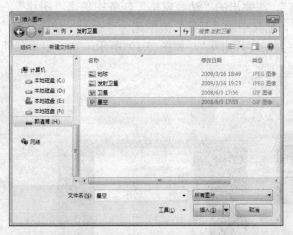

图 5.17　"插入图片"对话框

3．制作第一张幻灯片

在第一张幻灯片的占位符中输入"发射卫星"。插入一个文本框，输入"运载火箭把卫星从地面发射升空并送入预定轨道"。然后再选择"插入"选项卡中的"图片"命令按钮，插入"发射卫星"图片。调整好它们之间的大小比例、位置和"自定义动画"过程。

4. 插入第二张幻灯片

选择"开始"选项卡中的"新建新幻灯片"命令,插入一张幻灯片,然后插入"卫星"和"地球"图片(应该通过"颜色"下拉下的"设置透明色"工具将"地球"周边设置为透明)。调整好它们之间的大小比例和位置,如图 5.18 所示。

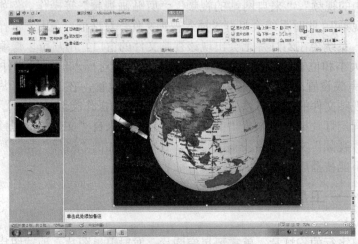

图 5.18 插入图片的编辑界面

5. 设置动画效果

用鼠标选定"卫星"图片,在"动画"选项卡中单击"添加动画"命令按钮,在弹出的下拉列表中选择下方的"其他动作路径",在弹出的对话框的"基本"类型中选择"圆形扩展"命令。然后用鼠标通过 6 个控制点调整路径的位置和大小。把它拉成椭圆形,并调整到合适的位置。

单击"动画窗格",在弹出的"动画窗格"任务中单击"图片"右侧的下拉按钮,选择其中的"计时"命令,把其中的"开始"类型选为"在上一动画之后",速度选为"慢速(3秒)",重复选为"直到幻灯片末尾",如图 5.19 所示。这样卫星就能周而复始地一直自动飞行了。

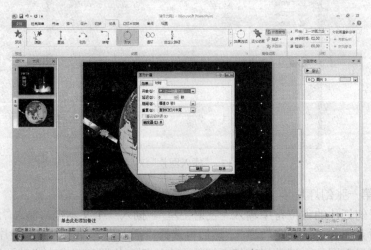

图 5.19 设置动画的编辑界面

6．绘制运行轨迹线

为了能够看清卫星在飞行时的轨迹，可以沿着卫星的动画线路画出一个轨迹来。在"插入"选项卡中单击"形状"命令按钮，选择其中的"椭圆"工具画一个椭圆图形，调整其大小和位置，让它与"圆形扩展动画"的路径重合。在"图片工具"的"格式"选项卡中选择"形状填充"的下拉箭头，选择其中的"无填充颜色"。再在"图片工具"的"格式"选项卡中选择"形状轮廓"的下拉箭头，在"主题颜色"中将"线条"的颜色设置为"浅黄，背景 2，深色 25％"；在"粗细"中将其设置为"3 磅"；最后再将"椭圆图形"的"叠放次序""下移一层"，让"卫星"在它的上面沿轨道绕行。

7．环绕处理

复制并在同一张幻灯片上粘贴"地球"图片，调整位置，让这两幅"地球图"完全重合。选中其中一幅"地球"图片，选择"裁剪"命令，从下往上裁剪这幅"地球"图片到适合的大小，调整它们的"叠放次序"，使得"卫星"产生绕到地球背面的效果（从下往上裁剪图片，会使地球从下面显露出来；从上往下裁剪图片，会使地球从上面显露出来）。

8．添加文本

在"插入"选项卡中单击"文本框"命令按钮，在幻灯片的右上角拖出文本框，输入"卫星入轨飞行"。由于背景是黑色的，所以文本的颜色可以使用"金色"，文字的字体可以设置为"隶书"。

9．保存文件

操作全部结束后，可以将文件命名为"发射卫星.pptx"。

5.3　PowerPoint 2010 演示文稿的放映

在演示文稿制作完成后，就可以观看一下演示文稿的放映效果了。

5.3.1　放映设置

1．设置幻灯片放映

单击"幻灯片放映"选项卡中"设置幻灯片放映"命令按钮，系统会显示"设置放映方式"对话框，如图 5.20 所示。

在"放映类型"框架中有 3 个选项。

① 演讲者放映（全屏幕）。该类型将以全屏幕方式显示演示文稿，这是最常用的演示方式。

② 观众自行浏览（窗口）。该类型将在小型的窗口内播放幻灯片，并提供操作命令，允许移动、编辑、复制和打印幻灯片。

③ 在展台浏览（全屏幕）。该类型可以自动放映演示文稿。

图 5.20　"设置放映方式"对话框

用户可以根据需要在"放映类型"、"放映幻灯片"、"放映选项"、"换片方式"中进行选择，所有设置完成之后，单击"确定"按钮即可。

2．隐藏或显示幻灯片

在放映演示文稿时，如果不希望播放某张幻灯片，则可以将其隐藏起来。隐藏幻灯片并不是将其从演示文稿中删除，只是在放映演示文稿时不显示该张幻灯片，其仍然保留在文件中。隐藏或显示幻灯片的操作步骤如下。

① 单击"幻灯片放映"选项卡中"设置"选项组中的"隐藏幻灯片"命令按钮，系统会将选中的幻灯片设置为隐藏状态。

② 如果要重新显示被隐藏的幻灯片，则在选中该幻灯片后，再次单击"幻灯片放映"选项卡中"设置"选项组中的"隐藏幻灯片"命令按钮，或者在幻灯片缩略图上单击鼠标右键，在弹出的快捷菜单中选择"隐藏幻灯片"命令即可。

3．放映幻灯片

启动幻灯片放映的方法有很多，常用的有以下几种。

①选择"幻灯片放映"选项卡中的"从头开始"、"从当前幻灯片开始"或者"自定义幻灯片放映"命令。

②按<F5>键。

③单击窗口右下角的"放映幻灯片"按钮 。

其中按<F5>键将从第一张幻灯片开始放映，单击窗口右下角的"放映幻灯片"按钮 ，将从演示文稿的当前幻灯片开始放映。

4．控制幻灯片放映

在幻灯片放映时，可以用鼠标和键盘来控制翻页、定位等操作。可以用<Space>键、<Enter>键、<PageDown>键、<→>键、<↓>键将幻灯片切换到下一页。也可以使用<BackSpace>键、<↑>键、<←>键将幻灯片切换到上一页，还可以单击鼠标右键，从弹出的快捷菜单中选择相关命令。

5．对幻灯片进行标注

在放映幻灯片过程中，可以用鼠标在幻灯片上画图或写字，从而对幻灯片中的一些内容进行标注。在 PowerPoint 2010 中，还可以将播放演示文稿时所使用的墨迹保存在幻灯片中。

在放映时，屏幕的左下角会出现"幻灯片放映"控制栏，单击其中的 按钮，或者单击鼠标右键，系统会弹出"幻灯片放映"工具栏，如图 5.21 所示，用户可以用鼠标选择使用画笔和墨迹颜色以后，在幻灯片中进行标注。

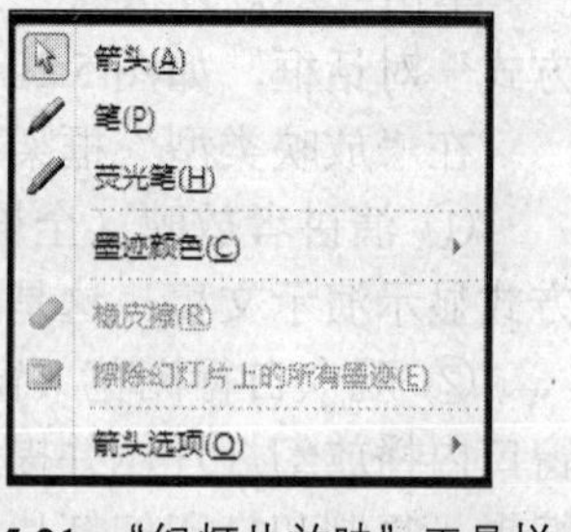

5.3.2 使用幻灯片的切换效果

幻灯片的切换就是指当前页以何种形式消失，下一页以什么样的形式出现。设置幻灯片的切换效果，可以使幻灯片以多种不同的形式出现在屏幕上，并且可以在切换时添加声音，从而增加演示文稿的趣味性。

图 5.21 "幻灯片放映"工具栏

设置幻灯片切换效果的操作步骤如下。

① 选中要设置切换效果的一张或多张幻灯片。

② 选择"切换"选项卡，系统会显示出"切换到此幻灯片"的任务选项，如图 5.22 所示，单击选择某种切换方式。

③ 可以选择切换的"声音"、"持续时间"、"应用范围"和"切换方式"。如果在此设置中没有选择"全部应用"，则前面的设置只对选中的幻灯片有效。

图 5.22　"幻灯片切换"任务窗格

5.3.3　设置链接

在 PowerPoint 中，链接是指从一张幻灯片到另一张幻灯片、一个网页或一个文件的连接。链接本身可能是文本或对象（例如，图片、图形、形状或艺术字）。表示链接的文本用下画线显示，图片、形状和其他对象的链接没有附加格式。

1．编辑超链接

选择要创建超链接的文本或对象。选择"插入"选项卡中的"链接"选项组，单击"超链接"按钮，系统会显示出"插入超链接"对话框，如图 5.23 所示。可以在此选择链接到哪一个文件或网页当前演示文稿中的哪一张幻灯片、哪一个新建文档或哪一个邮件地址。

单击"现有文件或网页"图标，在右侧选择或输入此超链接要链接到的文件或 Web 页的地址。

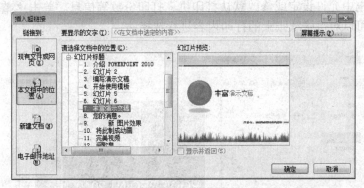

图 5.23　"插入超链接"对话框

单击"本文档中的位置"图标，右侧将列出本演示文稿的所有幻灯片以供选择。

单击"新建文档"图标，系统会显示"新建文档名称"对话框。在"新建文档名称"文本框中输入新建文档的名称。单击"更改"按钮，设置新文档所在的文件夹名，然后在"何时编辑"选项组中设置是否立即开始编辑新文档。

单击"电子邮件地址"图标，系统会显示"电子邮件地址"对话框。在"电子邮件地址"文本框中输入要链接的邮件地址，在"主题"文本框中输入邮件的主题。当用户希望访问者给自己回信，并且将信件发送到自己的电子信箱中去时，就可以创建一个电子邮件地址的超链接了。

在如图 5.23 所示的界面中，单击"屏幕提示"按钮，可以在"设置超链接屏幕提示"对话框中设置当鼠标指针置于超链接上时出现的提示内容。

最后单击"确定"按钮完成设置。

在放映演示文稿时，如果将鼠标指针移到超链接上，鼠标指针会变成"手形"，再单击鼠标就可以跳转到相应的链接位置。

2．删除超链接

如果要删除超链接的关系，选择"插入"选项卡中的
"链接"选项组，单击"超链接"按钮，系统会显示出"插
入超链接"对话框，如图 5.23 所示。单击"删除链接"按
钮即可。

如果要删除整个超链接，请选定包含超链接的文本或
图形，然后按<Delete>键，即可删除该超链接以及代表该
超链接的文本或图形。

3．编辑动作链接

编辑动作链接的步骤是，选择"插入"选项卡中的"链
接"选项组，单击"动作"按钮，系统会显示出"动作设
置"对话框，如图 5.24 所示。根据提示选择"超链接到"的位置即可。

图 5.24　"动作设置"对话框

5.4　演示文稿的打印设置

单击"文件"按钮，选择"打印"操作项，系统会显示如图 5.25 所示的界面。在"打
印"设置对话框中允许设定或修改默认打印机、打印份数等信息。单击"整页幻灯片"的
下拉按钮，还可以对每张纸张上的打印内容进行选择。

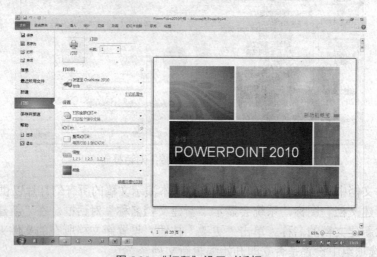

图 5.25　"打印"设置对话框

习　题　5

一、选择题

1．下面关于 PowerPoint 的说法中，不正确的是（　　）。

    A．它不是 Windows 应用程序　　　　　B．它是演示文稿制作软件

    C．它可以制作幻灯片　　　　　　　　　D．它是 Office 套装软件之一

2．在 PowerPoint 中，对于已创建的多媒体演示文档可以用（　　）命令转移到其他

未安装 PowerPoint 的机器上放映。

  A．"文件"选项/打包   B．"文件"选项/发送

  C．复制   D．"文件"选项/另存为/PowerPoint 放映

 3．PowerPoint 不支持的放映类型是（   ）。

  A．自动连续放映 B．演讲者放映   C．观众自行浏览   D．在展台浏览

 4．设置 PowerPoint 的幻灯片母版，可使用（   ）命令进行。

  A．开始/幻灯片母版   B．设计/幻灯片母版

  C．视图/幻灯片母版   D．加载项/幻灯片母版

 5．在 PowerPoint 中，要调整幻灯片的排列顺序，最好在（   ）下进行。

  A．大纲视图   B．幻灯片浏览视图   C．幻灯片视图   D．普通视图

 6．在 PowerPoint 中设置文本动画，首先要（   ）。

  A．选定文本   B．指定动画效果   C．设置动画参数   D．选定动画类型

 7．在 PowerPoint 中，若希望在文字预留区外的区域输入其他文字，可通过（   ）按钮来插入文字。

  A．图表   B．格式刷   C．文本框   D．剪贴画

二、简答题

1．简单叙述创建一个演示文稿的主要步骤。

2．在 PowerPoint 中输入和编排文本与在 Word 中有什么类似的地方？

三、上机题

1．制作一个个人简历演示文稿，要求：

（1）选择一种合适的模板；

（2）整个文件中应有不少于 3 张的相关图片；

（3）幻灯片中的部分对象应有动画设置；

（4）幻灯片之间应有切换设置；

（5）幻灯片的整体布局合理、美观大方。

2．制作一个演示文稿，介绍李白的几首诗，要求：

（1）第一张幻灯片是标题幻灯片；

（2）第二张幻灯片重点介绍李白的生平；

（3）在第三张幻灯片中给出要介绍的几首诗的目录，它们应该通过超链接链接到相应的幻灯片上；

（4）在每首诗的介绍中应该有不少于 1 张的相关图片；

（5）选择一种合适的模板；

（6）幻灯片中的部分对象应有动画设置；

（7）幻灯片之间应有切换设置；

（8）幻灯片的整体布局合理、美观大方。

第6章

计算机网络基础

本章首先介绍计算机网络的定义及发展；然后详细地阐述网络的软件组成、协议和体系结构，介绍网络的硬件组成以及常见的网络设备；最后以 Internet 为例，讲述相关的理论知识，并介绍对 Internet 的 WWW 服务、文件传输、搜索引擎等应用及相关操作。

【知识要点】

1. 计算机网络的基本概念；
2. 计算机网络的组成；
3. 计算机网络的功能与分类；
4. 网络协议和体系结构；
5. 计算机网络硬件；
6. Internet 基础知识；
7. Internet 应用。

6.1 计算机网络概述

6.1.1 计算机网络的定义

计算机网络是计算机技术与通信技术相融合、实现信息传送、达到资源共享的系统。随着计算机技术和通信技术的发展，其内涵也在发展变化。从资源共享的角度出发，美国信息处理学会联合会认为，计算机网络是以能够相互共享资源（硬件、软件、数据）的方式连接起来，并各自具备独立功能的计算机系统的集合。

在理解计算机网络定义的时候，要注意以下 3 点。

① 自主：计算机之间没有主从关系，所有计算机都是平等独立的。

② 互连：计算机之间由通信信道相连，并且相互之间能够交换信息。

③ 集合：网络是计算机的群体。

计算机网络是计算机技术和通信技术紧密融合的产物，它涉及通信与计算机两个领域。它的诞生使计算机体系结构发生了巨大变化，在当今社会经济中起着非常重要的作用，它对人类社会的进步做出了巨大贡献。从某种意义上讲，计算机网络的发展水平不仅反映了一个国家的计算机科学和通信技术水平，而且已经成为衡量其国力及现代化程度的重要标志之一。

6.1.2 计算机网络的发展

计算机网络出现的历史不长，但发展速度很快。在 40 多年的时间里，它经历了一个从简单到复杂、从单机到多机的演变过程。发展过程大致可概括为 4 个阶段：具有通信功能的单机系统阶段；具有通信功能的多机系统阶段；以共享资源为主的计算机网络阶段；以局域网及其互连为主要支撑环境的分布式计算阶段。

1．具有通信功能的单机系统

该系统又称终端—计算机网络，是早期计算机网络的主要形式。它是由一台中央主计算机连接大量的地理位置上分散的终端。20 世纪 50 年代初，美国建立的半自动地面防空系统 SAGE 就是将远距离的雷达和其他测量控制设备的信息，通过通信线路汇集到一台中心计算机进行集中处理，从而首次实现了计算机技术与通信技术的结合。

2．具有通信功能的多机系统

在单机通信系统中，中央计算机负担较重，既要进行数据处理，又要承担通信控制，实际工作效率下降；而且主机与每一台远程终端都用一条专用通信线路连接，线路的利用率较低。由此出现了数据处理和数据通信的分工，即在主机前增设一个前端处理机负责通信工作，并在终端比较集中的地区设置集中器。集中器通常由微型机或小型机实现，它首先通过低速通信线路将附近各远程终端连接起来，然后通过高速通信线路与主机的前端处理机相连。这种具有通信功能的多机系统，构成了计算机网络的雏形，如图 6.1 所示。20 世纪 60 年代初，此网络在军事、银行、铁路、民航、教育等部门都有应用。

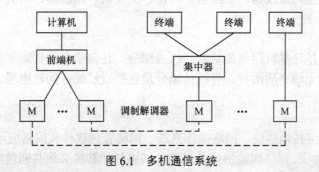

图 6.1 多机通信系统

3．计算机网络

20 世纪 60 年代中期，出现了由若干个计算机互连的系统，开创了"计算机—计算机"通信的时代，并呈现出多处理中心的特点，即利用通信线路将多台计算机连接起来，实现了计算机之间的通信。

4．局域网的兴起和分布式计算的发展

自 20 世纪 70 年代开始，随着大规模集成电路技术和计算机技术的飞速发展，硬件价格急剧下降，微机广泛应用，局域网技术得到迅速发展。早期的计算机网络是以主计算机为中心的，计算机网络控制和管理功能都是集中式的，但随着个人计算机（PC）功能的增强，PC 方式呈现出的计算能力已逐步发展成为独立的平台，这就导致了一种新的计算结构——分布式计算模式的诞生。

目前，计算机网络的发展正处于第 4 阶段。这一阶段计算机网络发展的特点是互连、高速、智能与更为广泛的应用。

6.1.3 计算机网络的组成

计算机网络由 3 部分组成：网络硬件、通信线路和网络软件。其组成如图 6.2 所示。

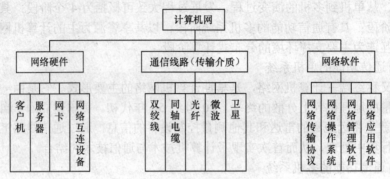

图 6.2 计算机网络的组成

1. 网络硬件

网络硬件包括客户机、服务器、网卡和网络互连设备。

客户机指用户上网使用的计算机，也可理解为网络工作站、结点机和主机。

服务器是提供某种网络服务的计算机，由运算功能强大的计算机担任。

网卡即网络适配器，是计算机与传输介质连接的接口设备。

网络互连设备包括集线器、中继器、网桥、交换机、路由器、网关等，其详细说明在后续章节中介绍。

2. 传输介质

物理传输介质是计算机网络最基本的组成部分，任何信息的传输都离不开它。传输介质分为有线介质和无线介质两种。有线传输介质包括双绞线、同轴电缆、光纤；微波和卫星为无线传输介质。

3. 网络软件

网络软件有网络传输协议、网络操作系统、网络管理软件和网络应用软件 4 个部分。

① 网络传输协议。网络传输协议就是连入网络的计算机必须共同遵守的一组规则和约定，以保证数据传送与资源共享能顺利完成。

② 网络操作系统。网络操作系统是控制、管理、协调网络上的计算机，使之能方便有效地共享网络上硬件、软件资源，为网络用户提供所需的各种服务的软件和有关规程的集合。网络操作系统除具有一般操作系统的功能外，还具有网络通信能力和多种网络服务功能。目前，常用的网络操作系统有 Windows、UNIX、Linux 和 NetWare。

③ 网络管理软件。网络管理软件的功能是对网络中大多数参数进行测量与控制，以保证用户安全、可靠、正常地得到网络服务，使网络性能得到优化。

④ 网络应用软件。网络应用软件就是能够使用户在网络中完成相应功能的一些工具软件。例如，能够实现网上漫游的 IE 或 Netscape 浏览器，能够收发电子邮件的 Outlook Express 等。随着网络应用的普及，将会有越来越多的网络应用软件，为用户带来很大的方便。

6.1.4 计算机网络的功能与分类

计算机网络的种类繁多，性能各不相同，根据不同的分类原则，可以得到各种不同类型的计算机网络。

1. 按照网络的分布范围分类

计算机网络按照其覆盖的地理范围进行分类，可以很好地反映不同类型网络的技术特征。由于网络覆盖的地理范围不同，它们所采用的传输技术也就不同，从而形成了不同的网络技术特点与网络服务功能。按地理分布范围来分类，计算机网络可以分为局域网、城域网和广域网 3 种。

① 局域网（Local Area Network，LAN）是人们最常见、应用最广的一种网络。所谓局域网，就是在局部地区范围内的网络，它所覆盖的地区范围较小，通常在几米到 10km 以内。局域网在计算机数量配置上没有太多的限制，少的可以只有两台，多的可达几百台，其分布范围局限在一个办公室、一幢大楼或一个校园内，用于连接个人计算机、工作站和各类外围设备以实现资源共享和信息交换。它的特点是分布距离近，传输速度高，连接费用低，数据传输可靠，误码率低等。

② 城域网（Metropolitan Area Network，MAN）的分布范围介于局域网和广域网之间，这种网络的连接距离可以在 10～100 km。MAN 与 LAN 相比扩展的距离更长，连接的计算机数量更多，在地理范围上可以说是 LAN 的延伸。在一个大型城市或都市地区，一个 MAN 通常连接着多个 LAN。

③ 广域网（Wide Area Network，WAN）也称远程网，它的联网设备分布范围广，一般从数千米到数百至数千千米。广域网通过一组复杂的分组交换设备和通信线路将各主机与通信子网连接起来，因此网络所涉及的范围可以是市、地区、省、国家，乃至世界范围。由于它的这一特点使得单独建造一个广域网是极其昂贵和不现实的，所以，常常借用传统的公共传输（电报、电话）网来实现。此外，由于传输距离远，又依靠传统的公共传输网，所以错误率较高。

④ 因特网（Internet）不是一种独立的网络，它将同类或不同类的物理网络（局域网与广域网）互连，并通过高层协议实现各种不同类型网络间的通信。Internet 是跨越全世界的最大的网络。

2. 按网络的拓扑结构分类

抛开网络中的具体设备，把网络中的计算机等设备抽象为点，把网络中的通信媒体抽象为线，这样从拓扑学的观点去看计算机网络，就形成了由点和线组成的几何图形，从而抽象出网络系统的具体结构。这种采用拓扑学方法描述各个结点机之间的连接方式称为网络的拓扑结构。计算机网络常采用的基本拓扑结构有总线结构、环型结构、星型结构，具体见 6.3 节计算机局域网。

6.1.5 计算机网络体系结构和 TCP/IP 参考模型

1. 计算机网络体系结构

1974 年，IBM 公司首先公布了世界上第一个计算机网络体系结构（System Network Architecture，SNA），凡是遵循 SNA 的网络设备都可以很方便地进行互连。1977 年 3 月，国际标准化组织（ISO）的技术委员会 TC97 成立了一个新的技术分委会 SC16 专门研究"开放系统互连"，并于 1983 年提出了开放系统互连参考模型，即著名的 ISO 7498 国际标准（我国相应的国家标准是 GB 9387），记为 OSI/RM。在 OSI 中采用了三级抽象：参考模型（即体系结构）、服务定义和协议规范（即协议规格说明），自上而下逐步求精。OSI/RM 并不是一般的工业标准，而是一个为制定标准用的概念性框架。

经过各国专家的反复研究，在 OSI/RM 中，采用了如表 6.1 所示的 7 个层次的体系结构。它们由低到高分别是物理层、数据链路层、网络层、传输层、会话层、表示层和应用层。每层完成一定的功能，每层都直接为其上层提供服务，并且所有层次都互相支持。第 4 层到第 7 层主要负责互操作性，而第 1 层到第 3 层则用于创造两个网络设备间的物理连接。

表 6.1 OSI/RM7 层协议模型

层　　号	名　　称	主要功能简介
7	应用层	作为与用户应用进程的接口，负责用户信息的语义表示，并在两个通信者之间进行语义匹配，它不仅要提供应用进程所需要的信息交换和远地操作，而且还要作为互相作用的应用进程的用户代理来完成一些为进行语义上有意义的信息交换所必须的功能
6	表示层	对源站点内部的数据结构进行编码，形成适合于传输的比特流，到了目的站再进行解码，转换成用户所要求的格式并进行解码，同时保持数据的意义不变。主要用于数据格式转换
5	会话层	提供一个面向用户的连接服务，它给合作的会话用户之间的对话和活动提供组织和同步所必须的手段，以便对数据的传送提供控制和管理。主要用于会话的管理和数据传输的同步
4	传输层	从端到端经网络透明地传送报文，完成端到端通信链路的建立、维护和管理
3	网络层	分组传送、路由选择和流量控制，主要用于实现端到端通信系统中中间结点的路由选择
2	数据链路层	通过一些数据链路层协议和链路控制规程，在不太可靠的物理链路上实现可靠的数据传输
1	物理层	实行相邻计算机节点之间比特数据流的透明传送，尽可能屏蔽掉具体传输介质和物理设备的差异

OSI/RM 参考模型对各个层次的划分遵循下列原则。

① 网中各结点都有相同的层次，相同的层次具有同样的功能。

② 同一结点内相邻层之间通过接口通信。

③ 每一层使用下层提供的服务，并向其上层提供服务。

④ 不同结点的同等层按照协议实现对等层之间的通信。

2. TCP/IP 参考模型

TCP/IP 使用范围极广，是目前异种网络通信使用的唯一协议体系，适用于连接多种机型，既可用于局域网，又可用于广域网，许多厂商的计算机操作系统和网络操作系统产品都采用或含有 TCP/IP。TCP/IP 已成为目前事实上的国际标准和工业标准。TCP/IP 也是一个分层的网络协议，不过它与 OSI 模型所分的层次有所不同。TCP/IP 从底至顶分为网络接口层、网际层、传输层、应用层共 4 个层次，各层功能如下。

① 网络接口层。这是 TCP/IP 的最低一层，包括有多种逻辑链路控制和媒体访问协议。网络接口层的功能是接收 IP 数据报并通过特定的网络进行传输，或从网络上接收物理帧，抽取出 IP 数据报并转交给网际层。

② 网际层（IP 层）。该层包括以下协议：IP（网际协议）、ICMP（Internet Control Message Protocol，因特网控制报文协议）、ARP（Address Resolution Protocol，地址解析协议）、RARP（Reverse Address Resolution Protocol，反向地址解析协议）。该层负责相同或不同网络中计算机之间的通信，主要处理数据报和路由。在 IP 层中，ARP 用于将 IP 地址转换成物理地址，RARP 用于将物理地址转换成 IP 地址，ICMP 用于报告差错和传送控制信息。IP 在 TCP/IP 中处于核心地位。

③ 传输层。该层提供 TCP（传输控制协议）和 UDP（User Datagram Protocol，用户数据报协议）两个协议，它们都建立在 IP 的基础上，其中，TCP 提供可靠的面向连接服务，UDP 提供简单的无连接服务。传输层提供端到端，即应用程序之间的通信，主要功能是数据格式化、数据确认和丢失重传等。

④ 应用层。TCP/IP 的应用层相当于 OSI 模型的会话层、表示层和应用层，它向用户提供一组常用的应用层协议，其中包括 Telnet、SMTP、DNS 等。此外，在应用层中还包含用户应用程序，它们均是建立在 TCP/IP 之上的专用程序。

OSI 参考模型与 TCP/IP 都采用了分层结构，都是基于独立的协议栈的概念。OSI 参考模型有 7 层，而 TCP/IP 只有 4 层，即 TCP/IP 没有表示层和会话层，并且把数据链路层和物理层合并为网络接口层。

6.2　计算机网络硬件

6.2.1　网络传输介质

传输介质是网络连接设备间的中间介质，也是信号传输的媒体，常用的介质有双绞线、同轴电缆、光纤（见图 6.3）以及微波、卫星等。

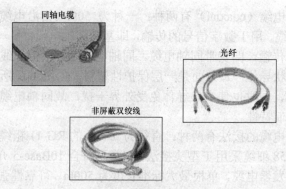

图 6.3　几种传输介质外观

1. 双绞线

双绞线（twisted-pair）是现在最普通的传输介质，它由两条相互绝缘的铜线组成，典型直径为 1mm。两根线绞接在一起是为了防止其电磁感应在邻近线对中产生干扰信号。现行双绞线电缆中一般包含 4 个双绞线对，如图 6.4 所示，具体为橙 1/橙 2、蓝 4/蓝 5、绿 6/

绿 3、棕 3/棕白 7。计算机网络使用 1—2、3—6 两组线对分别来发送和接收数据。双绞线接头为具有国际标准的 RJ-45 插头（见图 6.5）和插座。双绞线分为屏蔽（shielded）双绞线 STP 和非屏蔽（Unshielded）双绞线 UTP。非屏蔽双绞线有线缆外皮作为屏蔽层，适用于网络流量不大的场合中；屏蔽式双绞线具有一个金属甲套（sheath），对电磁干扰（Electromagnetic Interference，EMI）具有较强的抵抗能力，适用于网络流量较大的高速网络协议应用。

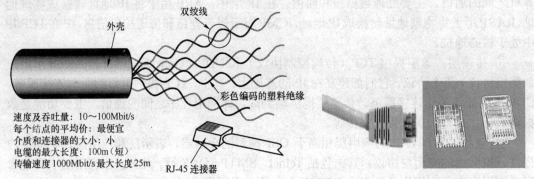

速度及吞吐量：10～100Mbit/s
每个结点的平均价：最便宜
介质和连接器的大小：小
电缆的最大长度：100m（短）
传输速度1000Mbit/s最大长度25m

图 6.4　双绞线的内部结构　　　　图 6.5　RJ-45 插头图

双绞线最多应用于基于 CMSA/CD（Carrier Sense Multiple Access/Collision Detection，载波感应多路访问/冲突检测）的技术，即 10Base-T（10 Mbit/s）和 100Base-T（100 Mbit/s）的以太网（Ethernet），具体规定有：

① 一段双绞线的最大长度为 100m，只能连接一台计算机；

② 双绞线的每端需要一个 RJ-45 插件（头或座）；

③ 各段双绞线通过集线器（Hub 的 10Base-T 重发器）互连，利用双绞线最多可以连接 64 个站点到重发器（Repeater）；

④ 10Base-T 重发器可以利用收发器电缆连到以太网同轴电缆上。

2．同轴电缆

广泛使用的同轴电缆（coaxial）有两种：一种为 50Ω（指沿电缆导体各点的电磁电压对电流之比）同轴电缆，用于数字信号的传输，即基带同轴电缆；另一种为 75Ω 同轴电缆，用于宽带模拟信号的传输，即宽带同轴电缆。同轴电缆以单根铜导线为内芯，外裹一层绝缘材料，外覆密集网状导体，最外面是一层保护性塑料，如图 6.6 所示。金属屏蔽层能将磁场反射回中心导体，同时也使中心导体免受外界干扰，故同轴电缆比双绞线具有更高的带宽和更好的噪声抑制特性。

现行以太网同轴电缆的接法有两种：直径为 0.4cm 的 RG-11 粗缆采用凿孔接头接法；直径为 0.2cm 的 RG-58 细缆采用 T 型头接法。粗缆要符合 10Base-5 介质标准，使用时需要一个外接收发器和收发器电缆，单根最大标准长度为 500m，可靠性强，最多可接 100 台计算机，两台计算机的最小间距为 2.5m。细缆按 10Base-2 介质标准直接连到网卡的 T 型头连接器（即 BNC 连接器）上，单段最大长度为 185m，最多可接 30 个工作站，最小站间距为 0.5m。

3．光纤

光纤（Fiber Optic）是软而细的、利用内部全反射原理来传导光束的传输介质，有单模和多模之分。单模光纤多用于通信业，多模光纤多用于网络布线系统。

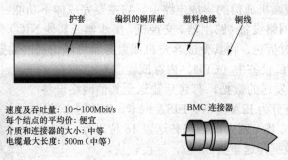

速度及吞吐量：10～100Mbit/s
每个结点的平均价：便宜
介质和连接器的大小：中等
电缆最大长度：500m（中等）

图 6.6　同轴电缆的结构图

光纤为圆柱状，由 3 个同心部分组成——纤芯、包层和护套，如图 6.7 所示。每一路光纤包括两根，一根接收，另一根发送。用光纤作为网络介质的 LAN 技术主要是光纤分布式数据接口（Fiber-optic Data Distributed Interface，FDDI）。与同轴电缆比较，光纤可提供极宽的频带且功率损耗小，传输距离长（2km 以上）、传输率高（可达数千 Mbit/s）、抗干扰性强（不会受到电子监听），是构建安全性网络的理想选择。

4．微波传输和卫星传输

这两种传输都属于无线通信，传输方式均以空气为传输介质，以电磁波为传输载体，联网方式较为灵活，适合应用在不易布线、覆盖面积大的地方。通过一些硬件的支持，可实现点对点或点对多点的数据、语音通信，通信方式分别如图 6.8 和图 6.9 所示。

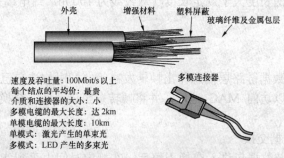

速度及吞吐量：100Mbit/s 以上
每个结点的平均价：最贵
介质和连接器的大小：小
多模电缆的最大长度：达 2km
单模电缆的最大长度：10km
单模式：激光产生的单束光
多模式：LED 产生的多束光

图 6.7　光纤的结构图

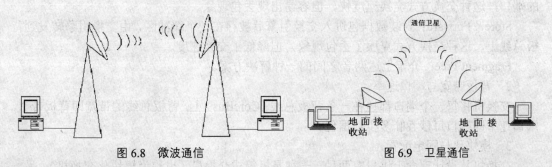

图 6.8　微波通信　　　　图 6.9　卫星通信

6.2.2　网卡

网卡也称网络适配器或网络接口卡（Network Interface Card，NIC），在局域网中用于将用户计算机与网络相连，大多数局域网采用以太网卡，如 NE2000 网卡、PCMCIA 卡等。

网卡是一块插入微机 I/O 槽中，发出和接收不同的信息帧、计算帧检验序列、执行编码译码转换等以实现微机通信的集成电路卡。它主要完成如下功能。

① 读入由其他网络设备（路由器、交换机、集线器或其他 NIC）传输过来的数据包（一般是帧的形式），经过拆包，将其变成客户机或服务器可以识别的数据，通过主板上的总线将数据传输到所需 PC 设备中（CPU、内存或硬盘）。

② 将 PC 设备发送的数据，打包后输送至其他网络设备中。它按总线类型可分为 ISA 网卡、EISA 网卡、PCI 网卡等，如图 6.10 所示。其中，ISA 网卡的数据传送以 16 位进行，EISA 网卡和 PCI 网卡的数据传送量为 32 位，速度较快。

网卡有 16 位与 32 位之分，16 位网卡的代表产品是 NE2000，市面上非常流行其兼容产品，一般用于工作站；32 位网卡的代表产品是 NE3200，一般用于服务器，市面上也有兼容产品出售。

网卡的接口大小不一，其旁边还有红、绿两个小灯。网卡的接口有 3 种规格：粗同轴电缆接口（AUI 接口）；细同轴电缆接口（BNC 接口）；无屏蔽双绞线接口（RJ-45 接口）。一般的网卡仅一种接口，但也有两种甚至 3 种接口的，称为二合一或三合一卡。红、绿小灯是网卡的工作指示灯，红灯亮时表示

图 6.10　各种网卡外观图

正在发送或接收数据，绿灯亮则表示网络连接正常，否则就不正常。值得说明的是，倘若连接两台计算机线路的长度大于规定长度（双绞线为 100 m，细电缆是 185 m），即使连接正常，绿灯也不会亮。

6.2.3　交换机

交换机可以根据数据链路层信息作出帧转发决策，同时构造自己的转发表。交换机运行在数据链路层，可以访问 MAC 地址，并将帧转发至该地址。交换机的出现，导致了网络带宽的增加。

1．3 种方式的数据交换

Cut-through：封装数据包进入交换引擎后，在规定时间内丢到背板总线上，再送到目的端口，这种交换方式交换速度快，但容易出现丢包现象。

Store＆Forward：封装数据包进入交换引擎后被存在一个缓冲区，由交换引擎转发到背板总线上，这种交换方式克服了丢包现象，但降低了交换速度。

Fragment Free：介于上述两者之间的一种解决方案。

2．背板带宽与端口速率

交换机将每一个端口都挂在一条背板总线（CoreBus）上，背板总线的带宽即背板带宽，端口速率即端口每秒吞吐多少数据包。

3．模块化与固定配置

交换机从设计理念上讲只有两种，一种是机箱式交换机（也称为模块化交换机），另一种是独立式固定配置交换机。

机箱式交换机最大的特色就是具有很强的可扩展性，它能提供一系列扩展模块，如吉比特以太网模块、FDDI 模块、ATM 模块、快速以太网模块、令牌环模块等，所以能够将

具有不同协议、不同拓扑结构的网络连接起来。它最大的缺点就是价格昂贵。机箱式交换机一般作为骨干交换机来使用。

固定配置交换机，一般具有固定端口的配置，如图 6.11 所示。固定配置交换机的可扩充性不如机箱式交换机，但是成本低得多。

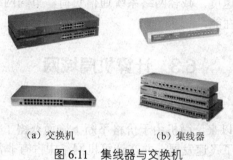

（a）交换机　　　　　（b）集线器

图 6.11　集线器与交换机

6.2.4　路由器

路由器（Router）是工作在 OSI 第 3 层（网络层）上、具有连接不同类型网络的能力并能够选择数据传送路径的网络设备，如图 6.12 所示。路由器有 3 个特征：工作在网络层上；能够连接不同类型的网络；具有路径选择能力。

1. 路由器工作在第 3 层上

路由器是第 3 层网络设备，这样说比较难以理解，为此先介绍一下集线器和交换机。集线器工作在第 1 层（即物理层），它没有智能处理能力，对它来说，数据只是电流而已，当一个端口的电流传到集线器中时，它只是简单地将电流传送到其他端口，至于其他端口连接的计算机接收不接

图 6.12　路由器

收这些数据，它就不管了。交换机工作在第 2 层（即数据链路层），它要比集线器智能一些，对它来说，网络上的数据就是 MAC 地址的集合，它能分辨出帧中的源 MAC 地址和目的 MAC 地址，因此可以在任意两个端口间建立联系，但是交换机并不懂得 IP 地址，它只知道 MAC 地址。路由器工作在第 3 层（即网络层），它比交换机还要"聪明"一些，它能理解数据中的 IP 地址，如果它接收到一个数据包，就检查其中的 IP 地址，如果目标地址是本地网络的就不理会，如果是其他网络的，就将数据包转发出本地网络。

2. 路由器能连接不同类型的网络

常见的集线器和交换机一般都是用于连接以太网的，但是如果将两种网络类型连接起来，如以太网与 ATM 网，集线器和交换机就派不上用场了。路由器能够连接不同类型的局域网和广域网，如以太网、ATM 网、FDDI 网、令牌环网等。不同类型的网络，其传送的数据单元——帧（Frame）的格式和大小是不同的，就像公路运输是以汽车为单位装载货物，而铁路运输是以车皮为单位装载货物一样，从汽车运输改为铁路运输，必须把货物从汽车上放到火车车皮上，网络中的数据也是如此，数据从一种类型的网络传输至另一种类型的网络，必须进行帧格式转换。路由器就具有这种能力，而交换机和集线器就没有。实际上，

我们所说的"互联网"，就是由各种路由器连接起来的，因为互联网上存在各种不同类型的网络，集线器和交换机根本不能胜任这个任务，所以必须由路由器来担当这个角色。

3．路由器具有路径选择能力

在互联网中，从一个结点到另一个结点，可能有许多路径，路由器可以选择通畅快捷的近路，会大大提高通信速度，减轻网络系统通信负荷，节约网络系统资源，这是集线器和二层交换机所不具备的性能。

6.3　计算机局域网

6.3.1　局域网概述

自 20 世纪 70 年代末以来，微机由于价格不断下降而获得了日益广泛的使用，这就促使计算机局域网技术得到了飞速发展，并在计算机网络中占有非常重要的地位。

1．局域网的特点

局域网最主要的特点是，网络为一个单位所拥有，且地理范围和站点数目均有限。在局域网刚刚出现时，局域网比广域网具有较高的数据率、较低的时延和较小的误码率。但随着光纤技术在广域网中普遍使用，现在广域网也具有很高的数据率和很低的误码率。

一个工作在多用户系统下的小型计算机，也基本上可以完成局域网所能做的工作，二者相比，局域网具有如下一些主要优点。

① 能方便地共享昂贵的外部设备、主机以及软件、数据，从一个站点可访问全网。

② 便于系统的扩展和逐渐演变，各设备的位置可灵活调整和改变。

③ 提高了系统的可靠性、可用性和残存性。

2．局域网拓扑结构

网络拓扑结构是指一个网络中各个结点之间互连的几何形状。任意一种局域网的访问控制方式都规定了它们各自的网络拓扑结构，局域网的网络拓扑结构通常分为 3 种：总线型拓扑结构、星型拓扑结构和环型拓扑结构。

以太网（Ethernet）是采用总线型结构的典型产品，随着 10Base-T 的推出，Ethernet 也可以按星型结构组网，而且可以通过集线器（Hub）将总线型结构和星型网络混合，连接在同一网络中。Token Ring 和 FDDI 都是采用环型结构的典型产品。通常，每种 LAN 的网络拓扑结构都有其对应的局域网介质访问控制协议，每种局域网产品，都有具体的网络拓扑规则及每段最大电缆长度、每段可容纳的最大站点数量、网络的最大电缆长度等。

（1）总线型拓扑结构

总线型拓扑结构的所有结点都通过相应硬件接口连接到一条无源公共总线上，任何一个结点发出的信息都可沿着总线传输，并被总线上其他任何一个结点接收。它的传输方向是从发送点向两端扩散传送，是一种广播式结构。在 LAN 中，采用带有冲突检测的载波侦听多路访问控制方式，即 CSMA / CD 方式。每个结点的网卡上有一个收发器，当发送结点发送的目的地址与某一结点的接口地址相符，该结点即接收该信息。总线结构的优点是安装简单，易于扩充，可靠性高，一个结点损坏不会影响整个网络工作；缺点是一次仅能一个端用户发送数据，其他端用户必须等到获得发送权，才能发送数据，介质访问获取机制较复杂。总线型拓扑结构如图 6.13 所示。

（2）星型拓扑结构

星型拓扑结构也称为辐射网，它将一个点作为中心结点，该点与其他结点均有线路连接。具有 N 个结点的星型网至少需要 $N-1$ 条传输链路。星型网的中心结点就是转接交换中心，其余 $N-1$ 个结点间相互通信都要经过中心结点来转接。中心结点可以是主机或集线器。因而该设备的交换能力和可靠性会影响网内所有用户。星型拓扑的优点是：利用中心结点可方便地

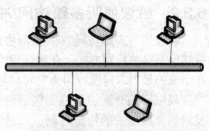

图 6.13　总线型拓扑结构示意图

提供服务和重新配置网络；单个连接点的故障只影响一个设备，不会影响全网，容易检测和隔离故障，便于维护；任何一个连接只涉及中心结点和一个站点，因此介质访问控制的方法很简单，从而访问协议也十分简单。星型拓扑的缺点是：每个站点直接与中心结点相连，需要大量电缆，因此费用较高；如果中心结点产生故障，则全网不能工作，所以对中心结点的可靠性和冗余度要求很高，中心结点通常采用双机热备份来提高系统的可靠性。星型拓扑结构如图 6.14 所示。

（3）环型网络拓扑结构

环型结构中的各结点通过有源接口连接在一条闭合的环型通信线路中，是点对点结构。环型网中每个结点发送的数据流按环路设计的流向流动。为了提高可靠性，可采用双环或多环等冗余措施来解决。目前的环型结构中，采用了一种多路访问部件 MAU，当某个结点发生故障时，可以自动旁路，隔离故障点，这也使可靠性得到了提高。环型结构的优点是实时性好，信息吞吐量大，网的周长可达 200km，结点可达几百个。但因环路是封闭的，所以扩充不便。IBM 于 1985 年率先推出令牌环网，目前的 FDDI 网就使用这种双环结构。环型拓扑结构如图 6.15 所示。

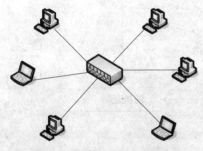

图 6.14　星型拓扑结构示意图

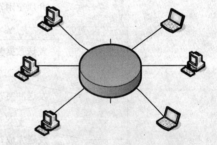

图 6.15　环型拓扑结构示意图

3．局域网参考模型

1982 年 2 月，电器和电子工程师协会（IEEE）成立了 IEEE 802 委员会，之后该委员会制定了一系列的局域网标准，称为 IEEE 802 标准。1983 年，该标准被美国国家标准局（ANSI）接收为美国国家标准，1984 年 3 月，ISO 将该标准作为国际标准。

按照 IEEE 802 标准，局域网体系结构由物理层、介质访问控制子层（MediaControl，MAC）和逻辑链路控制子层（Logical Link Control，LLC）组成。

在局域网中采用了两级寻址，用 MAC 地址标识局域网的一个站，LLC 提供了服务访问点（SAP）地址，SAP 指定了运行在一台计算机或网络设备上的一个或多个应用进程地址。

6.3.2 载波侦听多路访问/冲突检测协议

载波侦听多路访问/冲突检测协议（CSMA/CD）是一种介质访问控制技术，也就是计算机访问网络的控制方式。介质访问控制技术是局域网最重要的一项基本技术，也是网络设计和组成的最根本问题，因为它对局域网体系结构、工作过程和网络性能产生决定性的影响。

局域网的介质访问控制包括两个方面的内容：一是要确定网络的每个结点能够将信息发送到介质上去的特定时刻；二是如何对公用传输介质进行访问，并加以利用和控制。常用的局域网介质访问控制方法主要有以下 3 种：CSMA/CD、Token Ring 和 Token Bus。后两种现在已经逐渐退出历史舞台。

CSMA/CD 是一种争用型的介质访问控制协议，同时也是一种分布式介质访问控制协议。网内的所有结点都相互独立地发送和接收数据帧。在每个结点发送数据帧前，先要对网络进行载波侦听，如果网络上正有其他结点进行数据传输，则该结点推迟发送数据，继续进行载波侦听，直到发现介质空闲，才允许发送数据。如果两个或者两个以上结点同时检测到介质空闲并发送数据，则发生冲突。在 CSMA/CD 中，采取一边发送一边侦听的方法对数据进行冲突检测。如果发现冲突，将会立即停止发送，并向介质上发出一串阻塞脉冲信号来加强冲突，以便让其他结点都知道已经发生冲突。冲突发生后，要发送信号的结点将随机延时一段时间，再重新争用介质，直到发送成功。图 6.16 所示为 CSMA/CD 发送数据帧的工作原理。

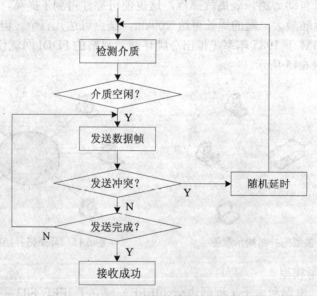

图 6.16 CSMA/CD 发送数据帧的工作原理

6.3.3 以太网

以太网又叫做 IEEE 802.3 标准网络。以太网最初由美国施乐（Xerox）公司研制成功，当时的传输速率只有 2.94Mbit/s。1981 年，施乐公司与数字设备公司（DEC）及英特尔公司（Intel）合作，联合提出了以太网的规约，即 DIX Ethernet。后来以太网的标准由 IEEE 来制定，DIX Ethernet 就成了 IEEE 802.3 协议标准的基础。IEEE 802.3 标准是 IEEE 802 系列中的一个标准，由于是从 DIX Ethernet 标准演变而来，通常又叫做以太网标准。

早期的以太网采用同轴电缆作为传输介质，传输速率为 10 Mbit/s。使用粗同轴电缆的以太网标准被称为 10Base-5 标准以太网。Base 是指传输信号是基带信号，它采用的是 0.5 英寸的 50 Ω 同轴电缆作为传输介质，最远传输距离为 500m，最多可连接 100 台计算机。使用细同轴电缆的以太网叫做 10Base-2 标准以太网，它采用 0.2 英寸 50 Ω 同轴电缆作为传输介质，最远传输距离为 200m，最多可连接 30 台计算机。

双绞线以太网 10Base-T，采用双绞线作为传输介质。10Base-T 网络中引入 Hub，网络采用树型拓扑或总线型和星型混合拓扑。这种结构具有良好的故障隔离功能，当网络任一线路或某工作站点出现故障时，均不影响网络其他站点，使得网络更加易于维护。

随着数据业务的增加，10 Mbit/s 网络已经不能满足业务需求。1993 年诞生了快速以太网 100Base-T，在 IEEE 标准里为 IEEE 802.3u。快速以太网的出现大大提升了网络速度，再加上快速以太网设备价格低廉，快速以太网很快成为局域网的主流。快速以太网从传统以太网上发展起来，保持了相同的数据格式，也保留了 CSMA/CD 介质访问控制方式。目前，正式的 100Base-T 标准定义了 3 种物理规范以支持不同介质：100Base-T 用于使用两对线的双绞线电缆，100Base-T4 用于使用四对线的双绞线电缆，100Base-FX 用于光纤。

吉比特以太网是 IEEE 802.3 标准的扩展，在保持与以太网和快速以太网设备兼容的同时，提供 1000Mbit/s 的数据带宽。IEEE 802.3 工作组建立了 IEEE 802.3z 以太网小组来建立吉比特以太网标准。吉比特以太网继续沿袭了以太网和快速以太网的主要技术，并在线路工作方式上进行了改进，提供了全新的全双工工作方式。吉比特以太网可支持双绞线电缆、多模光纤、单模光纤等介质。目前吉比特以太网设备已经普及，主要被用在网络的骨干部分。

10 吉比特以太网技术的研究开始于 1999 年底。2002 年 6 月，IEEE 802.3ae 标准正式发布。目前支持 9μm 单模、50μm 多模和 62.5μm 多模 3 种光纤。在物理层上，主要分为两种类型，一种为可与传统以太网实现连接速率为 10GMbit/s 的"LAN PHY"，另一种为可连接 SDH/SONET、速率为 9.584 64Gbit/s 的"WAN PHY"。两种物理层连接设备都可使用 10GBase-S（850nm 短波）、10GBase-L（1310nm 长波）、10GBase-E（1550nm 长波）3 种规格，最大传输距离分别为 300m、10km、40km，另外，LAN PHY 还包括一种可以使用 DWDM 波分复用技术的"10GBase-LX4"规格。WAN PHY 与 SONET OC-192 帧结构融合，可与 OC-192 电路、SONET/SDH 设备一起运行，可保护传统基础投资，使运营商能够在不同地区通过城域网提供端到端以太网。

6.4 Internet 的基本技术与应用

6.4.1 Internet 概述

1. 什么是 Internet

Internet 是一个全球性的"互联网"，中文名称为"因特网"。它并非一个具有独立形态的网络，而是将分布在世界各地的、类型各异的、规模大小不一的、数量众多的计算机网络互连在一起而形成的网络集合体，成为当今最大的和最流行的国际性网络。

Internet 采用 TCP/IP 作为共同的通信协议，将世界范围内，许许多多计算机网络连接在一起，只要与 Internet 相连，就能主动地利用这些网络资源，还能以各种方式和其他 Internet 用户交流信息。但 Internet 又远远超出一个提供丰富信息服务机构的范畴，它更像一个面对公众的自由松散的社会团体，一方面有许多人通过 Internet 进行信息交流和资源共享，另一方面又有许多人和机构资源将时间和精力投入到 Internet 中进行开发、运用和服务。Internet 正逐步深入到社会生活的各个角落，成为生活中不可缺少的部分。网民对 Internet 的正面作用评价很高，认为 Internet 对工作、学习有很大帮助的网民占 93.1%，尤其是娱乐方面，认为 Internet 丰富了网民的娱乐生活的比例高达 94.2%。前 7 类网络应用的使用率按高低排序依次是：网络音乐、即时通信、网络影视、网络新闻、搜索引擎、网络游戏、电子邮件。Internet 除了上述 7 种用途外，还常用于电子政务、网络购物、网上支付、网上银行、网上求职、网络教育等。

2．Internet 的起源和发展

Internet 是由美国国防部高级研究计划署（Advance Research Projects Agency）1969 年 12 月建立的实验性网络 ARPAnet 发展演化而来的。ARPAnet 是全世界第一个分组交换网，是一个实验性的计算机网，用于军事目的。设计要求是支持军事活动，特别是研究如何建立网络才能经受如核战争那样的破坏或其他灾害性破坏，当网络的一部分（某些主机或部分通信线路）受损时，整个网络仍然能够正常工作。与此不同，Internet 是用于民用目的，最初它主要是面向科学与教育界的用户，后来才转到其他领域，为一般用户服务，成为非常开放性的网络。ARPAnet 模型为网络设计提供了一种思想：网络的组成成分可能是不可靠的，当从源计算机向目标计算机发送信息时，应该对承担通信任务的计算机而不是对网络本身赋予一种责任——保证把信息完整无误地送达目的地，这种思想始终体现在以后计算机网络通信协议的设计以至 Internet 的发展过程中。

Internet 的真正发展是从 NSFnet 的建立开始的。最初，美国国家自然科学基金会（National Science Foundation，NSF）曾试图用 ARPAnet 作为 NSFnet 的通信干线，但这个决策没有取得成功。20 世纪 80 年代是网络技术取得巨大进展的年代，不仅大量涌现出诸如以太网电缆和工作站组成的局域网，而且奠定了建立大规模广域网的技术基础，正是在这时他们提出了发展 NSFnet 的计划。1988 年底，NSF 把在全国建立的五大超级计算机中心用通信干线连接起来，组成全国科学技术网 NSFnet，并以此作为 Internet 的基础，实现同其他网络的连接。现在，NSFnet 连接了全美上百万台计算机，拥有几百万用户，是 Internet 最主要的成员网。采用 Internet 的名称是在 MILnet（由 ARPAnet 分离出来）实现和 NSFnet 连接后开始的。此后，其他联邦部门的计算机网相继并入 Internet，如能源科学网 Esnet、航天技术网 NASAnet、商业网 COMnet 等。之后，NSF 巨型计算机中心一直肩负着扩展 Internet 的使命。

随着近年来信息高速公路建设的热潮，Internet 在商业领域的应用得到了迅速发展，加之个人计算机的普及，越来越多的个人用户也加入进来。至今，Internet 已开通到全世界大多数国家和地区，据 1995 年年中的估计，有 150 多个国家和地区的 6 万多个网络同 Internet 连接，入网计算机约 450 万台，直接使用 Internet 的用户达 4000 万人，有几千万人在 Internet 上进行信息活动。由于 Internet 在不断扩大之中，这些统计数字几乎每天都在变更。

3．Internet 在我国的发展

中国作为第 71 个国家级网加入 Internet，1994 年 5 月，以"中科院—北大—清华"为核心的"中国国家计算机网络设施"（The National Computing and Network Facility Of China，NCFC，国内也称中关村网）已与 Internet 连通。目前，Internet 已经在我国开放，通过中国公用互连网络（CHINANET）或中国教育科研计算机网（CERNET）都可与 Internet 连通。

只要有一台 486 计算机、一部调制解调器和一部国内直拨电话就能与 Internet 网相连。

Internet 在中国的发展历程可以大略地划分为 3 个阶段。

第一阶段为 1986 年 6 月～1993 年 3 月，是研究试验阶段（E-mail Only）。

在此期间中国一些科研部门和高等院校开始研究 Internet 联网技术，并开展了科研课题和科技合作工作。这个阶段的网络应用仅限于小范围内的电子邮件服务，而且仅为少数高等院校、研究机构提供电子邮件服务。

第二阶段为 1994 年 4 月～1996 年，是起步阶段（Full Function Connection）。

1994 年 4 月，中关村地区教育与科研示范网络工程进入 Internet，实现和 Internet 的 TCP/IP 连接，从而开通了 Internet 全功能服务。从此中国被国际上正式承认为有 Internet 的国家。之后，ChinaNet、CERnet、CSTnet、ChinaGBnet 等多个 Internet 网络项目在全国范围相继启动，Internet 开始进入公众生活，并在中国得到了迅速的发展。1996 年底，中国 Internet 用户数已达 20 万，利用 Internet 开展的业务与应用逐步增多。

第三阶段从 1997 年至今，是快速增长阶段。

国内 Internet 用户自 1997 年以后基本保持每半年翻一番的增长速度，中国网民数增长迅速，在过去一年中平均每天增加网民 20 万人。据中国互联网络信息中心（CNNIC）公布的统计报告显示，截至 2011 年 12 月底，中国网民规模突破 5 亿。互联网普及率较 2010 年提升 4 个百分点，达到 36.3%。相比 2007 年以来平均每年 6 个百分点的提升。

2011 年下半年，网站规模显现出稳步上升的势头，截至 2011 年底，中国网站规模达到 229.6 万，较 2010 年底增长 20%。国家顶级域名.CN 的注册量也开始转身向上：2011 年底.CN 域名注册量达到 353 万个，较 2011 年中增长 26000 余个。

4. 信息高速公路与下一代 Internet

"信息高速公路"是由美国于 1994 年提出的，目前各国所关注的"信息高速公路"建设主要是指国家信息基础设施（NII）和全球信息基础建设（GII）的规划和实施。它以高速度、大容量和高精度的声音、数据、文字、图形、影像等的交互式多媒体信息服务，来最大幅度和最快速度地改变着我们生活的面貌和方式以及社会的景观和进步。

从技术角度来讲，"信息高速公路"实质是一个多媒体信息交互高速通信的广域网，它可以实现诸如实时电视点播（Video on Demand，VOD）等多媒体通信服务，因此要求传输速率很高。

"信息高速公路"与 Internet 并不是等同的，二者不应混淆。Internet 虽然是一个国际性的广域网，但目前还谈不上"高速"。因此，Internet 与"信息高速公路"之间还相差很远，可以说，Internet 构成了当今信息时代的基础框架，是通向未来"信息高速公路"的基础和雏型。

美国政府在 1993 年提出国家信息基础设施（NII）之后，1996 年 10 月又提出了下一代 Internet（Next Generation Internet，NGI）初期行动计划，表明要进行第二代 Internet（Internet 2）的研制。

NGI 的主要任务之一是开发、试验先进的组网技术，研究网络的可靠性、多样性、安全性、业务实时能力（如广域分布式计算）、远程操作及远程控制试验设施等问题。研究的重点是网络扩展设计、端到端服务质量（QOS）和安全性 3 个方面。

中国的 Internet 自 1994 年 4 月 20 日开通，成为正式的国际 Internet 成员以来，得到了非常快的发展。中国的 Internet 应用，尤其是科研应用已到了更上一个台阶的时候，这同美国 Internet 2 的目标十分相似。中国第二代因特网协会（中国 Internet 2）也已成立，该协会纯属学术性组织，将联合众多的大学和研究院，主要以学术交流为主，进行选择并提供正确的发展方向。其工作主要涉及网络环境、网络结构、协议标准以及应用。

5. 物联网

物联网（Internet of Things）是 MIT Auto-ID 中心 Ashton 教授 1999 年在研究 RFID 时最早提出来的，当时叫传感网，其定义是通过射频识别（RFID）、红外感应器、全球定位系统、激光扫描器等信息传感设备，按约定的协议，把任何物品与互联网相连接，进行信息交换和通信，以实现智能化识别、定位、跟踪、监控和管理的一种网络概念。

2005 年，国际电信联盟（ITU）发布了《ITU 互联网报告 2005：物联网》，正式提出了物联网的概念，此时物联网的定义和范围已经发生了变化，覆盖范围有了较大的拓展，不再只是指基于 RFID 技术的物联网。物联网（Internet of Things）是一个基于互联网、传统电信网等信息承载体，让所有能够被独立寻址的普通物理对象实现互联互通的网络。它具有普通对象设备化、自治终端互连化和普适服务智能化 3 个重要特征。物联网的目的是实现物和人以及物和物之间与网络的连接，实现信息的传递和交流，让相互独立连接物体之间建立联系。

在国家大力推动工业化与信息化融合的大背景下，物联网会是工业乃至更多行业信息化过程中，一个比较现实的突破口。这几年推行的智能家居其实就是把家中的电器通过网络控制起来。物联网技术在家庭中的应用主要包括智能家居和智能医疗。

目前，物联网技术已经开始应用。上海移动已经采用物联网技术为多个行业客户度身打造了集数据采集、传输、处理和业务管理于一体的整套无线综合应用解决方案。在上海世博会期间，"车务通"全面应用于上海公共交通系统，以最先进的技术来保障世博园区周边大流量交通的顺畅；面向物流企业运输管理的"E 物流"，将为用户提供实时准确的货况信息、车辆跟踪定位、运输路径选择、物流网络设计与优化等服务，大大提升物流企业综合竞争能力。此外，在物联网普及后，用于动物、植物、机器等的传感器与电子标签及配套接口装置的数量将大大超过手机的数量。

6. 云计算

2006 年 8 月 9 日，Google 首席执行官埃里克·施密特（Eric Schmidt）在搜索引擎大会（SES San Jose 2006）首次提出"云计算"（Cloud Computing）的概念。云计算是继 20 世纪 80 年代大型计算机到客户端—服务器的大转变之后的又一种巨变；云计算是网格计算、分布式计算、并行计算、效用计算、网络存储、虚拟化、负载均衡等传统计算机和网络技术发展融合的产物，是一种基于因特网的超级计算模式，在远程的数据中心，几万甚至几千万台计算机和服务器连接成一片。因此，云计算甚至可以让用户体验每秒超过 10 万亿次的运算能力，如此强大的运算能力几乎无所不能。用户通过计算机、笔记本电脑、手机等方式接入数据中心，按各自的需求进行存储和运算。

云计算被视为科技业的下一次革命，它将带来工作方式和商业模式的根本性改变。首先，对中小企业和创业者来说，云计算意味着巨大的商业机遇，他们可以借助云计算在更高的层面上和大企业竞争。自 1989 年 Microsoft 公司推出 Office 办公软件以来，我们的工作方式已经发生了极大变化，而云计算则带来了云端的办公室……云计算由于具有功能强大的服务管理平台，因此在将更多的 IT 资源添加到云时，管理成本基本不会增加。随着智能移动设备、高速无线连接以及基于浏览器的 Web 2.0 接口的不断增加，使得基于网络的云计算模型不仅切实可行，而且还有助于降低 IT 资源的复杂性。

2008 年 2 月 1 日，IBM（NYSE: IBM）宣布将在中国无锡太湖新城科教产业园为中国的软件公司建立全球第一个云计算中心（Cloud Computing Center）。

2008 年 7 月 29 日，雅虎、惠普和英特尔宣布一项涵盖美国、德国和新加坡的联合研究计划，推出云计算研究测试床，推进云计算。

IBM 的蓝云、亚马逊的 Amazon EC2、谷歌的 Google App Engine、微软的 Windows Azure，这 4 款云计算产品在目前云计算领域代表了国际上云计算的主流方向。

6.4.2　Internet 的接入

Internet 是"网络的网络"，它允许用户随意访问任何连入其中的计算机，但如果要访问其他计算机，首先要把你的计算机系统连接到 Internet 上。

与 Internet 的连接方法大致有 5 种，简单介绍如下。

1．ISDN（Integrated Service Digital Network，综合业务数字网）

该接入技术俗称"一线通"，它采用数字传输和数字交换技术，将电话、传真、数据、图像等多种业务综合在一个统一的数字网络中进行传输和处理。用户利用一条 ISDN 用户线路，可以在上网的同时拨打电话、收发传真，就像两条电话线一样。ISDN 基本速率接口有两条 64kbit/s 的信息通路和一条 16kbit/s 的信令通路，简称 2B+D，当有电话拨入时，它会自动释放一个 B 信道来进行电话接听。

就像普通拨号上网要使用 Modem 一样，用户使用 ISDN 也需要专用的终端设备，主要由网络终端 NT1 和 ISDN 适配器组成。网络终端 NT1 好像有线电视上的用户接入盒一样必不可少，它为 ISDN 适配器提供接口和接入方式。ISDN 适配器和 Modem 一样又分为内置和外置两类，内置的一般称为 ISDN 内置卡或 ISDN 适配卡，外置的 ISDN 适配器则称之为 TA。最初，ISDN 内置卡价格在 300～400 元，而 TA 则在 1000 元左右。

用户采用 ISDN 拨号方式接入需要申请开户，各种测试数据表明，双线上网速度并不能翻番，从发展趋势来看，窄带 ISDN 也不能满足高质量的 VOD 等宽带应用。

2．DDN（Digital Data Network）

这是随着数据通信业务发展而迅速发展起来的一种新型网络。DDN 的主干网传输介质有光纤、数字微波、卫星信道等，用户端多使用普通电缆和双绞线。DDN 将数字通信技术、计算机技术、光纤通信技术以及数字交叉连接技术有机地结合在一起，提供了高速度、高质量的通信环境，可以向用户提供点对点、点对多点透明传输的数据专线出租电路，为用户传输数据、图像、声音等信息。DDN 的通信速率可根据用户需要在 $N\times64$kbit/s（N=1～32）之间进行选择，当然速度越快租用费用也越高。DDN 主要面向集团公司等需要综合运用的单位。

3．ADSL（Asymmetrical Digital Subscriber Line，非对称数字用户环路）

ADSL 是一种能够通过普通电话线提供宽带数据业务的技术，也是目前极具发展前景的一种接入技术。ADSL 素有"网络快车"之美誉，因其下行速率高、频带宽、性能优、安装方便、不需交纳电话费等特点而深受广大用户喜爱，成为继 Modem、ISDN 之后的又一种全新的高效接入方式。

ADSL 接入方式如图 6.17 所示。ADSL 方案的最大特点是不需要改造信号传输线路，完全可以利用普通铜质电话线作为传输介质，配上专用的 Modem 即可实现数据高速传输。

ADSL 支持上行速率为 640 kbit/s～1 Mbit/s，下行速率为 1～8 Mbit/s，其有效的传输距离在 3～5km。在 ADSL 接入方案中，每个用户都有单独的一条线路与 ADSL 局端相连，它的结构可以看作是星型结构，数据传输带宽是由每一个用户独享的。

4．VDSL

VDSL 比 ADSL 还要快。使用 VDSL，短距离内的最大下传速率可达 55 Mbit/s，上传速率可达 2.3 Mbit/s（将来可达 19.2 Mbit/s，甚至更高）。VDSL 使用传输的介质是一对铜线，有效传输距离可超过 1000m。

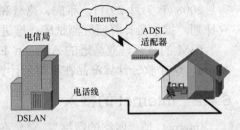

图 6.17   ADSL 接入方式

目前有一种基于以太网方式的 VDSL，接入技术使用 QAM 调制方式，它的传输介质也是一对铜线，在 1.5km 之内能够达到双向对称的 10 Mbit/s 传输，即达到以太网的速率。如果这种技术用于宽带运营商社区的接入，可以大大降低成本。方案是在机房增加 VDSL 交换机，在用户端放置用户端 CPE，二者之间通过室外 5 类线连接，每栋楼只放置一个 CPE，而室内部分采用综合布线方案。这样做的原因是：近两年宽带建设牵引的社区用户上网率较低，一般在 5%～10%，为了节省接入设备和提高端口利用率，故采用此方案。

5．光纤入户

无源光网络（PON）技术是一种点对多点的光纤传输和接入技术，下行采用广播方式，上行采用时分多址方式，可以灵活地组成树型、星型、总线型等拓扑结构，在光分支点不需要结点设备，只需要安装一个简单的光分支器即可，具有节省光缆资源、带宽资源共享、节省机房投资、设备安全性高、建网速度快、综合建网成本低等优点。

随着 Internet 的爆炸式发展，在 Internet 上的商业应用和多媒体等服务也得以迅猛推广，宽带网络一直被认为是构成信息社会最基本的基础设施。要享受 Internet 上的各种服务，用户必须以某种方式接入网络。为了实现用户接入 Internet 的数字化、宽带化，提高用户上网速度，光纤到户是用户网今后发展的必然方向。

中国的宽带网民数量增长迅速。据统计，2012 年 1～3 月份，基础电信企业互联网宽带接入用户净增 754.8 万户，达到 15754.9 万户，同比劲增 18%。2011 年同期，基础电信企业互联网宽带接入用户净增 735.0 万户，达 13366.7 万户。2007—2011 年，基础电信企业的互联网宽带接入用户每年新增用户数分别为 1561.1 万户、1701 万户、2034.7 万户、2236 万户、3019.5 万户，增长态势平稳。工业和信息化部加大指导力度，在"宽带普及提速工程"动员部署大会上提出，2012 年，全国 4Mbit/s 及以上宽带接入产品超过 50%，新增光纤到户覆盖家庭超过 3500 万户，市场调研公司 eMarketer 预计，预计到 2016 年，中国宽带渗透率将达到 60%。

6.4.3　IP 地址与 MAC 地址

1．网络 IP 地址

由于网际互连技术是将不同物理网络技术统一起来的高层软件技术，因此在统一的过程中，首先要解决的就是地址的统一问题。

TCP/IP 对物理地址的统一是通过上层软件完成，确切地说，是在网际层中完成的。IP 提供一种在 Internet 中通用的地址格式，并在统一管理下进行地址分配，保证一个地址对应网络中的一台主机,这样物理地址的差异被网际层所屏蔽。网际层所用到的地址就是经常所说的 IP 地址。

IP 地址是一种层次型地址,携带关于对象位置的信息。它所要处理的对象比广域网要庞杂得多,无结构的地址是不能担此重任的。Internet 在概念上分 3 个层次,如图 6.18 所示。

IP 地址正是对上述结构的反映,Internet 是由许多网络组成,每一网络中有许多主机,因此必须分别为网络主机加以标识,以示区别。这种地址模式明显地携带位置信息,给出一主机的 IP 地址,就可以知道它位于哪个网络。

图 6.18 Internet 在概念上的 3 个层次

IP 地址是一个 32 位的二进制数,是将计算机连接到 Internet 的网际协议地址,它是 Internet 主机的一种数字型标识,一般用小数点隔开的十进制数表示,如 166.160.66.119,而实际上并非如此。IP 地址由网络标识(netid)和主机标识(hostid)两部分组成,网络标识用来区分 Internet 上互连的各个网络,主机标识用来区分同一网络上的不同计算机(即主机)。

IP 地址由 4 部分数字组成,每部分都不大于 256,各部分之间用小数点分开。例如,某 IP 地址的二进制表示为

$$11001010 \quad 11000100 \quad 00000100 \quad 01101010$$

则十进制表示为 202.196.4.106。

IP 地址通常分为以下 3 类。

① A 类:IP 地址的前 8 位为网络号,其中第 1 位为 "0",后 24 位为主机号,其有效范围为 1.0.0.1~126.255.255.254。此类地址的网络全世界仅可有 126 个,每个网络可接

$$2^8 \times 2^8 \times (2^8-2) = 16\,777\,214 \text{ 个}$$

主机结点,所以通常供大型网络使用。

② B 类:IP 地址的前 16 位为网络号,其中第 1 位为 "1",第 2 位为 "0",后 16 位为主机号,其有效范围为 126.0.0.1~191.255.255.254。该类地址的网络全球共有

$$2^6 \times 2^8 = 16\,384 \text{ 个}$$

每个可连接的主机数为

$$2^8 \times (2^8-2) = 65\,024 \text{ 个}$$

所以通常供中型网络使用。

③ C 类:IP 地址的前 24 位为网络号,其中第 1 位为 "1",第 2 位为 "1",第 3 位为 "0",后 8 位为主机号,其有效范围为 192.0.0.1~222.255.255.254。该类地址的网络全球共有

$$2^5 \times 2^8 \times 2^8 = 2\,097\,152 \text{ 个}$$

每个可连接的主机数为 254 台,所以通常供小型网络使用。

2.子网掩码

从 IP 地址的结构中可知,IP 地址由网络地址和主机地址两部分组成。这样 IP 地址中具有相同网络地址的主机应该位于同一网络内,同一网络内的所有主机的 IP 地址中网络地址部分应该相同。不论是在 A、B 或 C 类网络中,具有相同网络地址的所有主机构成了一个网络。

通常一个网络本身并不只是一个大的局域网,它可能是由许多小的局域网组成。因此,为了维持原有局域网的划分便于网络的管理,允许将 A、B 或 C 类网络进一步划分成若干

个相对独立的子网。A、B 或 C 类网络通过 IP 地址中的网络地址部分来区分。在划分子网时，将网络地址部分进行扩展，占用主机地址的部分数据位。在子网中，为识别其网络地址与主机地址，引出一个新的概念：子网掩码（Subnet Mask）或网络屏蔽字（netmask）。

子网掩码的长度也是 32 位，其表示方法与 IP 地址的表示方法一致。其特点是：它的 32 位二进制可以分为两部分，第一部分全部为 "1"，而第二部分则全部为 "0"。子网掩码的作用在于，利用它来区分 IP 地址中的网络地址与主机地址。其操作过程为：将 32 位的 IP 地址与子网掩码　　进行二进制的逻辑与操作，得到的便是网络地址。例如，IP 地址为 166.111.80.16，子网掩码为 255.255.126.0，则该 IP 地址所属的网络地址为 166.111.0.0，而 166.111.129.32 子网掩码为 255.255.126.0，则该 IP 地址所属的网络地址为 166.111.126.0，原本为一个 B 类网络的两种主机被划分为两个子网。由 A、B 以及 C 类网络的定义中可知，它们具有默认的子网掩码。A 类地址的子网掩码为 255.0.0.0，B 类地址的子网掩码为 255.255.0.0，而 C 类地址的子网掩码为 255.255.255.0。

这样，便可以利用子网掩码来进行子网的划分。例如，某单位拥有一个 B 类网络地址 166.111.0.0，其缺省的子网掩码为 255.255.0.0。如果需要将其划分成为 256 个子网，则应该将子网掩码设置为 255.255.255.0。于是，就产生了从 166.111.0.0 到 166.111.255.0 总共 256 个子网地址，而每个子网最多只能包含 254 台主机。此时，便可以为每个部门分配一个子网地址。

子网掩码通常是用来进行子网的划分，它还有另外一个用途，即进行网络的合并，这一点对于新申请 IP 地址的单位很有用处。由于 IP 地址资源的匮乏，如今 A、B 类地址已分配完，即使具有较大的网络规模，所能够申请到的也只是若干个 C 类地址（通常会是连续的）。当用户需要将这几个连续的 C 类地址合并为一个网络时，就需要用到子网掩码。例如，某单位申请到连续 4 个 C 类网络合并成为一个网络，可以将子网掩码设置为 255.255.252.0。

3．IP 地址的申请组织及获取方法

IP 地址必须由国际组织统一分配。IP 组织分 A、B、C、D、E 5 类，A 类为最高级 IP 地址。

① 分配最高级 IP 地址的国际组织——NIC。

Network Information Center（国际网络信息中心）负责分配 A 类 IP 地址、授权分配 B 类 IP 地址的组织——自治区系统、有权重新刷新 IP 地址。

② 分配 B 类 IP 地址的国际组织——InterNIC、APNIC 和 ENIC。

目前全世界有 3 个自治区系统组织：ENIC 负责欧洲地区的分配工作，InterNIC 负责北美地区，APNIC 负责亚太地区（设在日本东京大学）。我国属 APNIC，被分配 B 类地址。

③ 分配 C 类地址：由各国和地区的网管中心负责分配。

4．MAC 地址

在局域网中，硬件地址又称为物理地址或 MAC 地址（因为这种地址用在 MAC 帧中）。

在所有计算机系统的设计中，标识系统（identification system）是一个核心问题。在标识系统中，地址就是为识别某个系统的一个非常重要的标识符。

严格地说，名字应当与系统的所在地无关。这就像每一个人的名字一样，不随所处的地点而改变。但是 802 标准为局域网规定了一种 48bit 的全球地址（一般都简称为 "地址"），是指局域网上的每一台计算机所插入的网卡上固化在 ROM 中的地址。

假定连接在局域网上的一台计算机的网卡坏了而更换了一个新的网卡，那么这台计算机的局域网的"地址"也就改变了，虽然这台计算机的地理位置一点也没变化，所接入的局域网也没有任何改变。

假定将位于南京的某局域网上的一台笔记本电脑转移到北京，并连接在北京的某局域网。虽然这台笔记本电脑的地理位置改变了，但只要笔记本电脑中的网卡不变，那么该笔记本电脑在北京的局域网中的"地址"仍然和它在南京的局域网中的"地址"一样。

现在 IEEE 的注册管理委员会（Registration Authority Committee，RAC）是局域网全球地址的法定管理机构，它负责分配地址字段的 6 个字节中的前 3 个字节（即高位 24bit）。世界上凡要生产局域网网卡的厂家都必须向 IEEE 购买由这 3 个字节构成的一个号（即地址块），这个号的正式名称是机构唯一标识符（Organizationally Unique Identifier，OUI），通常也叫做公司标识符（company_id）。例如，3Com 公司生产的网卡的 MAC 地址的前 6 个字节是 02-60-8C；地址字段中的后 3 个字节（即低位 24bit）则是由厂家自行指派，称为扩展标识符（extended identifier），只要保证生产出的网卡没有重复地址即可。可见用一个地址块可以生成 2^{24} 个不同的地址。用这种方式得到的 48bit 地址称为 MAC-48，它的通用名称是 EUL-48。这里 EUI 表示扩展的唯一标识符（Extended Unique Identifier）。EUI-48 的使用范围更广，不限于硬件地址，如用于软件接口。但应注意，24bit 的 OUI 不能够单独用来标志一个公司，因为一个公司可能有几个 OUI，也可能有几个小公司合起来购买一个 OUI。在生产网卡时这种 6 字节的 MAC 地址已被固化在网卡的只读存储器（ROM）中。因此，MAC 地址也常常叫做硬件地址（hardware address）或物理地址。可见"MAC 地址"实际上就是网卡地址或网卡标识符 EUI-48。当这块网卡插入到某台计算机后，网卡上的标识符 EUI-48 就成为这个计算机的 MAC 地址了。

　　5. IPv6

IP 是 Internet 的核心协议。现在使用的 IP（即 IPv4）是在 20 世纪 70 年代末期设计的，无论从计算机本身发展还是从 Internet 规模和网络传输速率来看，现在 IPv4 已很不适用了。这里最主要的问题就是 32bit 的 IP 地址不够用。

要解决 IP 地址耗尽的问题，可以采用以下 3 个措施。

① 采用无分类编址 CIDR，使 IP 地址的分配更加合理。

② 采用网络地址转换 NAT 方法，可节省许多全球 IP 地址。

③ 采用具有更大地址空间的新版本的 IP，即 IPv6。

尽管上述前两项措施的采用使得 IP 地址耗尽的日期退后了不少，但却不能从根本上解决 IP 地址即将耗尽的问题。因此，治本的方法应当是上述的第③种方法。

及早开始过渡到 IPv6 的好处是：有更多的时间来规划平滑过渡；有更多的时间培养 IPv6 的专门人才；及早提供 IPv6 服务比较便宜。因此，现在有些 ISP 已经开始进行 IPv6 的过渡。

IETF 早在 1992 年 6 月就提出要制定下一代的 IP，即 IPng（IP Next Generation）。IPng 现在正式称为 IPv6。1998 年 12 月发表的 "RFC 2460-2463" 已成为 Internet 草案标准协议。应当指出，换一个新版的 IP 并非易事。世界上许多团体都从 Internet 的发展中看到了机遇，因此在新标准的制订过程中出于自身的经济利益而产生了激烈的争论。

IPv6 仍支持无连接的传送，但将协议数据单元 PDU 称为分组，而不是 IPv4 的数据报。为方便起见，本书仍采用数据报这一名词。

IPv6 所引进的主要变化如下。

① 更大的地址空间。Pv6 将地址从 IPv4 的 32bit 增大到了 128bit，使地址空间增大了 2^{96} 倍。这样大的地址空间在可预见的将来是不会用完的。

② 扩展的地址层次结构。IPv6 由于地址空间很大，因此可以划分为更多的层次。

③ 灵活的首部格式。IPv6 数据报的首部和 IPv4 的并不兼容。IPv6 定义了许多可选的扩展首部，不仅可提供比 IPv4 更多的功能，而且还可提高路由器的处理效率，这是因为路由器对扩展首部不进行处理。

④ 改进的选项。IPv6 允许数据报包含有选项的控制信息，因而可以包含一些新的选项，IPv4 所规定的选项是固定不变的。

⑤ 允许协议继续扩充。这一点很重要，因为技术总是在不断地发展的（如网络硬件的更新），而新的应用也还会出现，但 IPv4 的功能是固定不变的。

⑥ 支持即插即用（即自动配置）。

⑦ 支持资源的预分配。IPv6 支持实时视像等要求保证一定的带宽和时延的应用。

IPv6 将首部长度变为固定的 40bit，称为基本首部（base header）。将不必要的功能取消了，首部的字段数减少到只有 8 个（虽然首部长度增大一倍）。此外，还取消了首部的检验和字段（考虑到数据链路层和运输层部有差错检验功能）。这样就加快了路由器处理数据报的速度。

IPv6 数据报在基本首部的后面允许有零个或多个扩展首部（extension header），再后面是数据。但请注意，所有的扩展首部都不属于数据报的首部。所有的扩展首部和数据合起来叫做数据报的有效载荷（payload）或净负荷。

6. IPv6 地址及其表示方案

IPv6 地址有 3 类：单播、组播和泛播地址。单播和组播地址与 IPv4 的地址非常类似，但 IPv6 中不再支持 IPv4 中的广播地址（IPv6 对此的解决办法是使用一个"所有节点"组播地址来替代那些必须使用广播的情况，同时，对那些原来使用了广播地址的场合，则使用一些更加有限的组播地址），而增加了一个泛播地址。本节介绍的是 IPv6 的寻址模型、地址类型、地址表达方式以及地址中的特例。

一个 IPv6 的 IP 地址由 8 个地址节组成，每节包含 16 个地址位，以 4 个十六进制数书写，节与节之间用冒号分隔。IPv6 地址的基本表达方式是 X:X:X:X:X:X:X:X，其中 X 是一个 4 位十六进制整数（16 位）。每一个数字包含 4 位，每个整数包含 4 个数字，每个地址包括 8 个整数，共计 128 位（4×4×8＝128）。请注意这些整数是十六进制整数，其中 A～F 表示的是 10～15。地址中的每个整数都必须表示出来，但起始的 0 可以不必表示。

这是一种比较标准的 IPv6 地址表达方式，此外还有另外两种更加清楚和易于使用的方式。某些 IPv6 地址中可能包含一长串的 0，当出现这种情况时，标准中允许用"空隙"来表示这一长串的 0。换句话说，地址 2000:0:0:0:0:0:0:1 可以被表示为 2000::1。这两个冒号表示该地址可以扩展到一个完整的 128 位地址。在这种方法中，只有当 16 位组全部为 0 时才会被两个冒号取代，且两个冒号在地址中只能出现一次。

在 IPv4 和 IPv6 的混合环境中可能有第 3 种方法。IPv6 地址中的最低 32 位可以用于表示 IPv4 地址，该地址可按照一种混合方式表达，即 X:X:X:X:X:X:d.d.d.d，其中 X 表示一个 16 位整数，而 d 表示一个 8 位十进制整数。例如，地址 0:0:0:0:0:0:10.0.0.1 就是一个合法的 IPv4 地址。把两种可能的表达方式组合在一起，该地址也可以表示为::10.0.0.1。

7. IPv4 向 IPv6 的过渡

由于现在整个 Internet 上使用老版本 IPv4 的路由器的数量太大，因此，"规定一个日期，从这一天起所有的路由器一律都改用 IPv6"，显然是不可行的。这样，向 IPv6 过渡只能采用逐步演进的办法，同时，还必须使新安装的 IPv6 系统能够向后兼容。这就是说，IPv6 系统必须能够接收和转发 IPv4 分组，并且能够为 IPv4 分组选择路由。

下面介绍两种向 IPv6 过渡的策略，即使用双协议栈和使用隧道技术。

双协议栈（dual stack）是指在完全过渡到 IPv6 之前，使一部分主机（或路由器）装有两个协议栈，一个 IPv4 和一个 IPv6。因此，双协议栈主机（或路由器）既能够和 IPv6 的系统通信，又能够和 IPv4 的系统进行通信。双协议栈的主机（或路由器）记为 IPv6/IPv4，表明它具有两种 IP 地址：一个 IPv6 地址和一个 IPv4 地址。

双协议栈主机在和 IPv6 主机通信时采用 IPv6 地址，而和 IPv4 主机通信时就采用 IPv4 地址。但双协议栈主机怎样知道目的主机是采用哪一种地址呢？它是使用域名系统 DNS 来查询。若 DNS 返回的是 IPv4 地址，双协议栈的源主机就使用 IPv4 地址。但当 DNS 返回的是 IPv6 地址，源主机就使用 IPv6 地址。需要注意的是，IPv6 首部中的某些字段无法恢复。例如，原来 IPv6 首部中的流标号 X 在最后恢复出的 IPv6 数据报中只能变为空缺。这种信息的损失是使用首部转换方法所不可避免的。

向 IPv6 过渡的另一种方法是隧道技术（tunneling）。这种方法的要点就是在 IPv6 数据报要进入 IPv4 网络时，将 IPv6 数据报封装成为 IPv4 数据报（整个的 IPv6 数据报变成了 IPv4 数据报的数据部分），然后 IPv6 数据报就在 IPv4 网络的隧道中传输，当 IPv4 数据报离开 IPv4 网络中的隧道时再将其数据部分（即原来的 IPv6 数据报）交给主机的 IPv6 协议栈。要使双协议栈的主机知道 IPv4 数据报里面封装的数据是一个 IPv6 数据报，就必须将 IPv4 首部的协议字段的值设置为 41（41 表示数据报的数据部分是 IPv6 数据报）。

6.4.4　WWW 服务

1. WWW 服务概述

WWW（World Wide Web）的字面解释意思是"布满世界的蜘蛛网"，一般把它称为"环球网"、"万维网"。WWW 是一个基于超文本（Hypertext）方式的信息浏览服务，它为用户提供了一个可以轻松驾驭的图形化用户界面，以查阅 Internet 上的文档。这些文档与它们之间的链接一起构成了一个庞大的信息网，称为 WWW 网。

现在 WWW 服务是 Internet 上最主要的应用，通常所说的上网、看网站一般说来就是使用 WWW 服务。WWW 技术最早是在 1992 年由欧洲粒子物理实验室（CERN）研制的，它可以通过超链接将位于全世界 Internet 上不同地点的不同数据信息有机地结合在一起。对用户来说，WWW 带来的是世界范围的超级文本服务，这种服务是非常易于使用的。只要操纵计算机的鼠标进行简单的操作，就可以通过 Internet 从全世界任何地方调来用户所希望得到的文本、图像（包括活动影像）、声音等信息。

Web 允许用户通过跳转或"超级链接"从某一页跳到其他页。可以把 Web 看作是一个巨大的图书馆，Web 节点就像一本本书，而 Web 页好比书中特定的页。页可以包含新闻、图像、动画、声音、3D 世界以及其他任何信息，而且能存放在全球任何地方的计算机上。由于它良好的易用性和通用性，使得非专业的用户也能非常熟练地使用它。另外，它制定了一套标准的、易为人们掌握的超文本标记语言（HTML）、信息资源的统一定位格式（URL）

和超文本传送通信协议（HTTP）。

随着技术的发展，传统的 Internet 服务如 Telnet、FTP、Gopher 和 Usenet News（Internet 的电子公告板服务）现在也可以通过 WWW 的形式实现了。通过使用 WWW，一个不熟悉网络的人也可以很快成为 Internet 的行家，自由地使用 Internet 的资源。

2．WWW 的工作原理

万维网有如此强大的功能，那么 WWW 是如何运作的呢？

WWW 中的信息资源主要由一篇篇的 Web 文档，或称 Web 页为基本元素构成。这些 Web 页采用超级文本（Hyper Text）的格式，即可以含有指向其他 Web 页或其本身内部特定位置的超级链接，或简称链接。可以将链接理解为指向其他 Web 页的"指针"。链接使得 Web 页交织为网状，这样，如果 Internet 上的 Web 页和链接非常多的话，就构成了一个巨大的信息网。

当用户从 WWW 服务器取到一个文件后，用户需要在自己的屏幕上将它正确无误地显示出来。由于将文件放入 WWW 服务器的人并不知道将来阅读这个文件的人到底会使用哪一种类型的计算机或终端，要保证每个人在屏幕上都能读到正确显示的文件，必须以一种各类型的计算机或终端都能"看懂"的方式来描述文件，于是就产生了 HTML——超文本语言。

HTML（Hype Text Markup Language）的正式名称是超文本标记语言。HTML 对 Web 页的内容、格式及 Web 页中的超级链接进行描述，而 Web 浏览器的作用就在于读取 Web 网点上的 HTML 文档，再根据此类文档中的描述组织并显示相应的 Web 页面。

HTML 文档本身是文本格式的，用任何一种文本编辑器都可以对它进行编辑。HTML 有一套相当复杂的语法，专门提供给专业人员用来创建 Web 文档，一般用户并不需要掌握它。在 UNIX 系统中，HTML 文档的后缀为".html"，而在 DOS/Windows 系统中则为".htm"。图 6.19 和图 6.20 所示分别为人民网（http://www.people.com.cn）的 Web 页面及其对应的 HTML 文档。

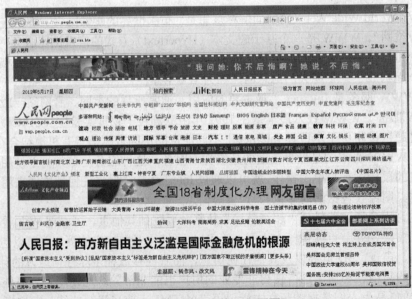

图 6.19　人民网的 Web 页面

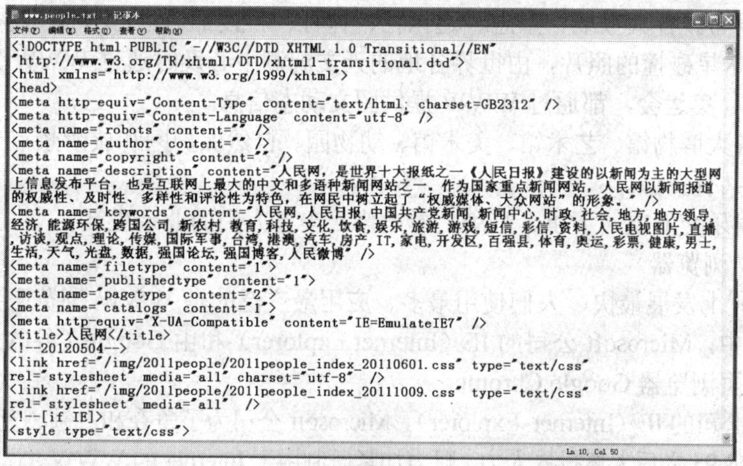

```
<!DOCTYPE html PUBLIC "-//W3C//DTD XHTML 1.0 Transitional//EN"
"http://www.w3.org/TR/xhtml1/DTD/xhtml1-transitional.dtd">
<html xmlns="http://www.w3.org/1999/xhtml">
<head>
<meta http-equiv="Content-Type" content="text/html; charset=GB2312" />
<meta http-equiv="Content-Language" content="utf-8" />
<meta name="robots" content="" />
<meta name="author" content="" />
<meta name="copyright" content="" />
<meta name="description" content="人民网，是世界十大报纸之一《人民日报》建设的以新闻为主的大型网
上信息发布平台，也是互联网上最大的中文和多语种新闻网站之一。作为国家重点新闻网站，人民网以新闻报道
的权威性、及时性、多样性和评论性为特色，在网民中树立起了“权威媒体、大众网站”的形象。" />
<meta name="keywords" content="人民网,人民日报,中国共产党新闻,新闻中心,时政,社会,地方,地方领导,
经济,能源环保,跨国公司,新农村,教育,科技,文化,饮食,娱乐,旅游,游戏,短信,彩信,资料,人民电视图片,直播
,访谈,观点,理论,传媒,国际军事,台湾,港澳,汽车,房产,IT,家电,开发区,百强县,体育,奥运,彩票,健康,男士,
生活,天气,光盘,数据,强国论坛,强国博客,人民微博" />
<meta name="filetype" content="1">
<meta name="publishedtype" content="1">
<meta name="pagetype" content="2">
<meta name="catalogs" content="1">
<meta http-equiv="X-UA-Compatible" content="IE=EmulateIE7" />
<title>人民网</title>
<!--20120504-->
<link href="/img/2011people/2011people_index_20110601.css" type="text/css"
rel="stylesheet" media="all" charset="utf-8" />
<link href="/img/2011people/2011people_index_20111009.css" type="text/css"
rel="stylesheet" media="all" />
<!--[if IE]>
<style type="text/css">
```

图 6.20　人民网的 HTML 文档

3．WWW 服务器

WWW 服务器是任何运行 Web 服务器软件、提供 WWW 服务的计算机。理论上来说，这台计算机应该有一个非常快的处理器、一个巨大的硬盘和大容量的内存，但是，所有这些技术需要的基础就是它能够运行 Web 服务器软件。

下面给出服务器软件的一个详细定义。

① 支持 WWW 的协议：HTTP（基本特性）。

② 支持 FTP、USENET、Gopher 和其他的 Internet 协议（辅助特性）。

③ 允许同时建立大量的连接（辅助特性）。

④ 允许设置访问权限和其他不同的安全措施（辅助特性）。

⑤ 提供一套健全的例行维护和文件备份的特性（辅助特性）。

⑥ 允许在数据处理中使用定制的字体（辅助特性）。

⑦ 允许俘获复杂的错误和记录交通情况（辅助特性）。

对于用户来说，存在不同品牌的 Web 服务器软件可供选择，除了 FrontPage 中包括的 Personal Web Server，Microsoft 还提供了另外一种流行的 Web 服务器，名为 Internet Information Server（IIS）。

4．WWW 的应用领域

WWW 是 Internet 发展最快、最吸引人的一项服务，它的主要功能是提供信息查询，不仅图文并茂，而且范围广、速度快。所以 WWW 几乎应用在人类生活、工作的所有领域。最突出的有如下几方面。

① 交流科研进展情况，这是最早的应用。

② 宣传单位。企业、学校、科研院所、商店、政府部门，都通过主页介绍自己。许多个人也拥有自己的主页，让世界了解自己。

③ 介绍产品与技术。通过主页介绍本单位开发的新产品、新技术，并进行售后服务，越来越成为企业、商家的促销渠道。

④ 远程教学。Internet 流行之前的远程教学方式主要是广播电视。有了 Internet，在一间教室安装摄像机，全世界都可以听到该教师的讲课。另外，学生、教师可以不同时联网，学生仍可以通过 Internet 获取自己感兴趣的内容。

⑤ 新闻发布。各大报纸、杂志、通讯社、体育、科技都通过 WWW 发布最新消息。例如，彗星与木星碰撞的照片，由世界各地的天文观测中心及时通过 WWW 发布。世界杯足球赛、NBA、奥运会，都通过 WWW 提供图文动态信息。

⑥ 世界各大博物馆、艺术馆、美术馆、动物园、自然保护区和旅游景点介绍自己的珍品，成为人类共有资源。

⑦ 休闲娱乐交朋友，下棋、打牌、看电影，丰富人们的业余生活。

5．WWW 浏览器

在 Internet 上发展最快、人们使用最多、应用最广泛的是 WWW 浏览服务，且在众多的浏览器软件中，Microsoft 公司的 IE（Internet Explorer）和由 Google（谷歌）公司开发的开放原始码网页浏览器 Google Chrome。

Microsoft 公司的 IE（Internet Explorer）。Microsoft 公司为了争夺和占领浏览器市场，在操作系统 Windows 95 之后大量投入人力、财力加紧研制用于 Internet 的 WWW 浏览器，并在后续的 Windows 95 OEM 版以及后来的 Windows 98 中捆绑免费发行，一举从网景公司手中夺得大片浏览器市场。IE 流行的版本有 V3.0、V4.0、V5.0、V5.5、V6.0、V7.0、V6.0，现在使用最广泛的是 IE V6.0。

Google Chrome 浏览器。谷歌公司开发的浏览器，又称 Google 浏览器。Chrome 在中国的通俗名字，音译是 kuomu，中文字取"扩目"，取意"开阔你的视野"的意思，Chrome 包含了"无痕浏览"（Incognito）模式（与 Safari 的"私密浏览"和 Internet Explorer 8 的类似），这个模式可以"让你在完全隐密的情况下浏览网页，因为你的任何活动都不会被记录下来"，同时也不会储存 cookies。当在窗口中启用这个功能时"任何发生在这个窗口中的事情都不会进入你的计算机。"

Chrome 搜索更为简单，Chrome 的标志性功能之一是 Omnibox 位于浏览器顶部的一款通用工具条。用户可以在 Omnibox 中输入网站地址或搜索关键字，或者同时输入这两者，Chrome 会自动执行用户希望的操作。Omnibox 能够了解用户的偏好，如果一用户喜欢使用 PCWorld 网站的搜索功能，一旦用户访问该站点，Chrome 会记得 PCWorld 网站有自己的搜索框，并让用户选择是否使用该站点的搜索功能。如果用户选择使用 PCWorld 网站的搜索功能，系统将自动执行搜索操作。

StatCounter 的统计数据，2012 年 5 月份全球浏览器市场中，Chrome 浏览器终于成功地从 IE 浏览器手中抢得冠军宝座，截至 2012 年 5 月底，Chrome 浏览器最新全球市场份额为 32.43%，IE 浏览器则为 32.12%

6．Web 2.0 简介

Web 2.0 是人们对 Internet 发展新阶段的一个概括。无法准确定义 Web 2.0 是什么，但可以对其特征进行简单归纳，下面在 Web 2.0 与 Web 1.0 的对比中认识什么是 Web 2.0。

英国人 Tim Berners Lee 1989 年在欧洲共同体的一个大型科研机构任职时发明了 World Wide Web，简称 WWW。Internet 上的资源，可以在一个网页里比较直观的表示出来，而且资源之间可以在网页上互相链接。这种以内容为中心，以信息的发布、传输、分类、共享为目的的 Internet 称为 Web 1.0。在这种模式中绝大多数网络用户只充当了浏览者的角色，话语权是掌握在各大网站的手里。

如果说 Web 1.0 是以数据（信息）为核心，那 Web 2.0 是以人为核心，旨在为用户提供更人性化的服务。Web 1.0 到 Web 2.0 的转变，具体地说，从模式上是单纯的"读"向"写"

发展，由被动地接收 Internet 信息向主动创造 Internet 信息迈进；从基本构成单元上，是由"网页"向"发表/记录信息"发展；从工具上，是由 Internet 浏览器向各类浏览器、RSS 阅读器等内容发展；运行机制上，由"Client Server"向"Web Services"转变；作者由程序员等专业人士向全部普通用户发展。

在 Web 2.0 中用户可读写，在 Web 1.0 阶段，大多数用户只是信息的读者，而不是作者，一个普通的用户只能浏览新浪网的信息而不能进行编辑；在 Web 2.0 阶段人人都可以成为信息的提供者，每个人都可以在自己的 BLOG 上发表言论而无须经过审核，从而完成了从单纯的阅读者到信息提供者角色的转变。

Web 2.0 倡导个性化服务。在 Web 1.0 阶段 Internet 的交互性没有得到很好的发挥，网络提供的信息没有明确的针对性，最多是对信息进行了分类，使信息针对特定的人群，还是没有针对到具体的个人。Web 2.0 中允许个人根据自己的喜好进行订阅，从而获取自己需要的信息与服务。

Web 2.0 实现人的互连。在 Web 1.0 中实质上是数据（信息）的互连，是以数据（信息）为中心的；而 Web 2.0 中最终连接的是用户，如以用户为核心来组织内容的 BLOG 就是个典型代表，每个人在网络上都可以是一个结点，BLOG 的互连本质上是人的互连。

表 6.2 所示为 Web 1.0 和 Web 2.0 的对比情况。

表 6.2　　　　　　　　　　Web 1.0 和 Web 2.0 对比

	Web 1.0	Web 2.0
核心理念	用户只是浏览者，以内容为中心，广播化	用户可读写，个性化服务，社会互连，以人为本
典型应用	新闻发布、信息搜索	BLOG、RSS
代表网站	http://www.sohu.com http://www.baidu.com	各种 BLOG 网站

6.4.5　域名系统

1．什么是域名？

前面讲到的 IP 地址，是 Internet 上互连的若干主机进行内部通信时，区分和识别不同主机的数字型标志，这种数字型标志对于上网的广大一般用户而言却有很大的缺点，它既无简明的含义，又不容易被用户很快记住。因此，为解决这个问题，人们又规定了一种字符型标志，称之为域名（domain name）。如同每个人的姓名和每个单位的名称一样，域名是 Internet 上互连的若干主机（或称网站）的名称。广大网络用户能够很方便地用域名访问 Internet 上自己感兴趣的网站。

从技术上讲，域名只是一个 Internet 中用于解决地址对应问题的一种方法，可以说只是一个技术名词。但是，由于 Internet 已经成为了全世界人的 Internet，域名也自然地成为了一个社会科学名词。

从社会科学的角度看，域名已成为了 Internet 文化的组成部分。

从商界看，域名已被誉为"企业的网上商标"。没有一家企业不重视自己产品的标识——商标，而域名的重要性和其价值，也已经被全世界的企业所认识。1998 年 3 月一个月内，世界上注册了 179 331 个通用顶级域名（据精品网络有关资料），平均每天注册 5977

个域名，每分钟 25 个。这个记录正在以每月 7%的速度增长。中国国内域名注册的数量，从 1996 年底之前累计的 300 多个，至 1998 年 11 月猛增到 16 644 个，每月增长速度为 10%。截至 2003 年年底，中国域名数量首次突破百万大关，全国网站接近 60 万个。

2．为什么要注册域名？

Internet 这个信息时代的宠儿，已经走出了襁褓，为越来越多的人所认识，电子商务、网上销售、网络广告已成为商界关注的热点。"上网"已成为不少人的口头禅。但是，要想在网上建立服务器发布信息，则必须首先注册自己的域名，只有有了自己的域名才能让别人访问到自己。所以，域名注册是在 Internet 上建立任何服务的基础。同时，由于域名的唯一性，尽早注册又是十分必要的。

域名一般是由一串用点分隔的字符串组成，组成域名的各个不同部分常称为子域名（Sub-Domain），它表明了不同的组织级别，从左往右可不断增加，类似于通信地址一样从广泛的区域到具体的区域。理解域名的方法是从右向左来看各个子域名，最右边的子域名称为顶级域名，它是对计算机或主机最一般的描述。越往左看，子域名越具有特定的含义。域名的结构是分层结构，从右到左的各子域名分别说明不同国家或地区的名称、组织类型、组织名称、分组织名称和计算机名。

以 zhaoben@jx.jsjxy.gdut.edu.cn 为例，顶级域名 cn 代表中国，第 2 个子域名 edu 表明这台主机是属于教育部门，gdut 具体指明是广东工业大学，其余的子域名是计算机学院的一台名为 jx 的主机。注意，在 Internet 地址中不得有任何空格存在，而且 Internet 地址不区分大写或小写字母，但作为一般的原则，在使用 Internet 地址时，最好全用小写字母。

顶级域名可以分成两大类，一类是组织性顶级域名，另一类是地理性顶级域名。

组织性顶级域名是为了说明拥有并对 Internet 主机负责的组织类型，常用的组织性顶级域名如表 6.3 所示。

表 6.3   组织性顶级域名及地理性顶级域名

组织性顶级域名		地理性顶级域名			
域　名	含　义	域　名	含　义	域　名	含　义
Com	商业组织	au	澳大利亚	it	意大利
Edu	教育机构	ca	加拿大	jp	日本
Gov	政府机构	cn	中国	sg	新加坡
Int	国际性组织	de	德国	uk	英国
Mil	军队	fr	法国	us	美国
Net	网络技术组织	in	印度		
Org	非营利组织				

组织性顶级域名是在国际性 Internet 产生之前的地址划分，主要是在美国国内使用，随着 Internet 扩展到世界各地，新的地理性顶级域名便产生了，它仅用两个字母的缩写形式来完全表示某个国家或地区。表 6.3 所示为一些国家顶级域名的例子。如果一个 Internet 地址的顶级域名不是地理性域名，那么该地址一定是美国国内的 Internet 地址，换句话讲，Internet 地址的地理性顶级域名的默认值是美国，即表中 us 顶级域名通常没有必要使用。

为保证 Internet 上的 IP 地址或域名地址的唯一性，避免导致网络地址的混乱，用户需要使用 IP 地址或域名地址时，必须通过电子邮件向网络信息中心 NIC 提出申请。 目前世界上有 3 个网络信息中心：InterNIC（负责美国及其他地区）、RIPENIC（负责欧洲地区）和 APNIC（负责亚太地区）。

在中国，网络域名的顶级域名为 CN，二级域名分为类别域名和行政区域名两类。行政区域名共 34 个，包括各省、自治区、直辖市。类别域名如表 6.4 所示。

表 6.4　　　　　　　　　　　　　中国的二级类别域名

域　　名	含　　义
Ac	科研机构
Com	工、商、金融等企业
Edu	教育机构
Gov	政府部门
Net	因特网络，接入网络的信息中心和运行中心
Org	非营利性的组织

在中国，由 CERNET 网络中心受理二级域名 EDU 下的三级域名注册申请，CNNIC 网络中心受理其余二级域名下的三级域名注册申请。除此之外，还包括如表 6.5 所示的省市域名。

表 6.5　　　　　　　　　　　　　省市级域名

Bj: 北京市	Sh: 上海市	Tj: 天津市	Cq: 重庆市	He: 河北省	Sx: 山西省
Ln: 辽宁省	Jl: 吉林省	Hl: 黑龙江	Js: 江苏省	Zj: 浙江省	Ah: 安徽省
Fj: 福建省	Jx: 江西省	Sd: 山东省	Ha: 河南省	Hb: 湖北省	Hn: 湖南省
Gd: 广东省	Gx: 广西	Hi: 海南省	Sc: 四川省	Gz: 贵州省	Yn: 云南省
Xz: 西藏	Sn: 陕西省	Gs: 甘肃省	Qh: 青海省	Nx: 宁夏	Xj: 新疆
Nm: 内蒙古	Tw: 台湾省	Hk: 香港特别行政区	Mo: 澳门特别行政区		

3．网络域名注册

一段时间以来，社会各界就"域名抢注"一事炒得沸沸扬扬，不乏危言耸听之词。其实"域名抢注"与商标抢注根本不可同日而语。按照国际惯例，中国企业域名应在国内注册，舍近求远并不明智，并且国内注册域名是免费的。

申请注册三级域名的用户首先必须遵守国家对 Internet 的各种规定和法律，还必须拥有独立法人资格。在申请域名时，各单位的三级域名原则上采用其单位的中文拼音或英文缩写，com 域下每个公司只登记一个域名，用户申请的三级域名，域名中字符的组合规则如下。

① 在域名中，不区分英文字母的大小写。

② 对于一个域名的长度是有一定限制的，CN 下域名命名的规则如下。

- 遵照域名命名的全部共同规则。
- 只能注册三级域名，三级域名用字母（A～Z，a～z，大小写等价）、数字（0～9）和连接符（-）组成，各级域名之间用实点（.）连接，三级域名长度不得超过 20 个字符。
- 不得使用，或限制使用以下名称。

a. 注册含有"CHINA"、"CHINESE"、"CN"、"NATIONAL"等经国家有关部门（指部级以上单位）正式批准。

b. 公众知晓的其他国家或者地区名称、外国地名、国际组织名称不得使用。

c. 县级以上（含县级）行政区划名称的全称或者缩写，相关县级以上（含县级）人民政府正式批准。

d. 行业名称或者商品的通用名称不得使用。

e. 他人已在中国注册过的企业名称或者商标名称不得使用。

f. 对国家、社会或者公共利益有损害的名称不得使用。

g. 经国家有关部门（指部级以上单位）正式批准和相关县级以上（含县级）人民政府正式批准是指，相关机构要出据书面文件表示同意 XXXX 单位注册 XXXX 域名。例如，要申请 beijing.com.cn 域名，要提供北京市人民政府的批文。

国内用户申请注册域名，应向中国因特网络信息中心提出，该中心是由国务院信息化工作领导小组办公室授权的提供因特网域名注册的唯一合法机构。

6.4.6　电子邮件

电子邮件（E-mail）是 Internet 应用最广的服务，通过网络的电子邮件系统，用户可以用非常低廉的价格（不管发送到哪里，都只需负担网费即可），以非常快速的方式（几秒钟之内可以发送到世界上任何指定的目的地），与世界上任何一个角落的网络用户联系。这些电子邮件可以是文字、图像、声音等各种文件。同时，可以得到大量免费的新闻、专题邮件，并实现轻松的信息搜索。正是由于电子邮件的使用简易、投递迅速、收费低廉、易于保存、全球畅通无阻，使得电子邮件被广泛地应用，它使人们的交流方式得到了极大的改变。

近年来随着 Internet 的普及和发展，万维网上出现了很多基于 Web 页面的免费电子邮件服务，用户可以使用 Web 浏览器访问和注册自己的用户名与口令，一般可以获得存储容量达数 GB 的电子邮箱，并可以立即按注册用户登录，收发电子邮件。如果经常需要收发一些大的附件，Gmail、Yahoo mail、Hotmail、MSN mail、网易 163 mail、126 mail、Yeah mail 等都能够满足要求。

用户使用 Web 电子邮件服务时几乎无须设置任何参数，直接通过浏览器收发电子邮件，阅读与管理服务器上个人电子信箱中的电子邮件（一般不在用户计算机上保存电子邮件），大部分电子邮件服务器还提供了自动回复功能。电子邮件具有使用简单方便、安全可靠、便于维护等优点，缺点是用户在编写、收发、管理电子邮件的全过程都需要联网，不利于采用计时付费上网的用户。由于现在电子邮件服务被广泛应用，用户都会使用，所以具体操作过程不再赘述。

6.4.7　文件传输

文件传输的意思很简单，就是指把文件通过网络从一个计算机系统复制到另一个计算机系统的过程。在 Internet 中，实现这一功能的是 FTP。像大多数的 Internet 服务一样，FTP 也采用客户机/服务器模式，当用户使用一个名叫 FTP 的客户程序时，就和远程主机上的服务程序相连了。若用户输入一个命令，要求服务器传送一个指定的文件，服务器就会响应该命令，并传送这个文件；用户的客户程序接收这个文件，并把它存入用户指定的目录中。从远程计算机上复制文件到自己的计算机上，称为"下载"（downloading）文件；从自己的计算机上复制文件到远程计算机上，称为"上传"（uploading）文件。使用 FTP 程序时，用户应输入 FTP 命令和想要连接的远程主机的地址。一旦程序开始运行并出现提示符"ftp"后，就可以输入命令，来回复制文件，或做其他操作了。例如，可以查询远程计算机上的文档，也可以变换目录等。远程登录是由本地计算机通过网络，连接到远端的另一台计算机上作为这台远程主机的终端，可以实地使用远程计算机上对外开放的全部资源，也可以查询数据库、检索资料或利用远程计算机完成大量的计算工作。

Internet 上的文件传输功能是依靠 FTP 实现的。UNIX 或 Windows 系统都包含这一协议文件。

在实现文件传输时，需要使用 FTP 程序。IE 和 Chrome 浏览器都带有 FTP 程序模块。可在浏览器窗口的地址栏直接输入远程主机的 IP 地址或域名，浏览器将自动调用 FTP 程序。例如，要访问主机域名为 ftp.ftpx.com 的服务器，在地址栏输入 ftp://ftp.ftpx.com。这里，第 1 个 ftp 指使用的协议名，其后是主机名。当连接成功后，浏览器窗口显示出该服务器上的文件夹和文件名列表，如图 6.21 所示。

如果想从站点上下载文件，可参考站点首页的文件。找到需要的文件，用鼠标右键单击所需下载文件的文件名，弹出快捷菜单，执行"目标地点另存为"命令，选择路径后，下载过程开始。

文件上传对服务器而言是"写入"，这就涉及使用权限问题。上传的文件需要传送到 FTP 服务器上指定的文件夹或通过鼠标右键单击文件夹名，执行快捷菜单属性命令，打开"FTP 属性"对话框，可以查看该文件是否具有"写入"权限，如图 6.22 所示。

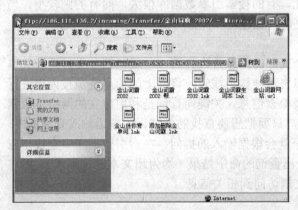
图 6.21　IE5 中访问 FTP 站点

图 6.22　"FTP 属性"对话框

若用户没有账号，则不能正式使用 FTP，但可以匿名使用 FTP。匿名 FTP 允许没有账号和口令的用户以 anonymous 或 FTP 特殊名来访问远程计算机，当然，这样会有很大的限制。匿名用户一般只能获取文件，不能在远程计算机上建立文件或修改已存在的文件，对可以复制的文件也有严格的限制。当用户以 anonymous 或 FTP 登录后，FTP 可接受任何字符串作为口令，但一般要求用电子邮件的地址作为口令，这样服务器的管理员能知道谁在使用，当需要时可及时联系。

6.5　搜索引擎

随着网络的普及，Internet 日益成为信息共享的平台。各种各样的信息充满整个网络，既有很多有用信息，也有很多垃圾信息。如何快速准确地在网上找到真正需要的信息已变得越来越重要。搜索引擎（Search Engine）是一种网上信息检索工具，在浩瀚的网络资源中，它能帮助用户迅速而全面地找到所需要的信息。

6.5.1　搜索引擎的概念和功能

搜索引擎是在 Internet 上对信息资源进行组织的一种主要方式。从广义上讲，是用于对网络信息资源管理和检索的一系列软件，在 Internet 上查找信息的工具或系统。

搜索引擎的主要功能包括以下几方面。

（1）信息搜集

各个搜索引擎都拥有蜘蛛（Spider）或机器人（Robots）这样的"页面搜索软件"，在各网页中爬行，访问网络中公开区域的每一个站点，并记录其网址，将它们带回到搜索引擎，从而创建出一个详尽的网络目录。由于网络文档的不断变化，机器人也不断把以前已经分类组织的目录进行更新。

（2）信息处理

将"网页搜索软件"带回的信息进行分类整理，建立搜索引擎数据库，并定时更新数据库内容。在进行信息分类整理阶段，不同的搜索引擎会在搜索结果的数量和质量上产生明显的差异。有的搜索引擎把"网页搜索软件"发往每一个站点，记录下每一页的所有文本内容，并收入到数据库中，从而形成全文搜索引擎；而另一些搜索引擎只记录网页的地址、篇名、特点的段落和重要的词。因此，有的搜索引擎数据库很大，而有的则较小。当然，最重要的是数据库的内容必须经常更新、重建，以保持与信息世界的同步发展。

（3）信息查询

每个搜索引擎都必须向用户提供一个良好的信息查询界面，一般包括分类目录及关键词两种信息查询途径。分类目录查询是以资源结构为线索，将网上的信息资源按内容进行层次分类，使用户能按线性结构逐层逐类检索信息。关键词查询是利用建立的网络资源索引数据库向网上用户提供查询"引擎"。用户只要把想要查找的关键词或短语输入查询框中，并单击"搜索"（Search）按钮，搜索引擎就会根据输入的提问，在索引数据库中查找相应的词语，并进行必要的逻辑运算，最后给出查询的命中结果（均为超文本链接形式）。用户只要通过搜索引擎提供的链接，就可以立刻访问到相关信息。

6.5.2　搜索引擎的类型

搜索引擎可以根据不同的方式分为多种类型。

1．根据组织信息的方式分类

① 目录式分类搜索引擎。目录式分类搜索引擎（Directory）将信息系统加以归类，利用传统的信息分类方式来组织信息，用户按类查找信息，最具代表性的是 Yahoo。由于网络目录中的网页是专家人工精选得来，故有较高的查准率，但查全率低，搜索范围较窄，适合那些希望了解某一方面信息但又没有明确目的的用户。

② 全文搜索引擎。全文搜索（Full-text search）引擎实质是能够对网站的每个网页中的每个单字进行搜索的引擎。最典型的全文搜索引擎是 Altavista、Google 和百度。全文搜索引擎的特点是查全率高，搜索范围较广，提供的信息多而全，缺乏清晰的层次结构，查询结果中重复链接较多。

③ 分类全文搜索引擎。分类全文搜索引擎是综合全文搜索引擎和目录式分类搜索引擎的特点而设计的，通常是在分类的基础上，再进一步进行全文检索。现在大多数的搜索引擎都属于分类全文搜索引擎。

④ 智能搜索引擎。这种搜索引擎具备符合用户实际需要的知识库。搜索时，引擎根据知识库来理解检索词的意义，并以此产生联想，从而找出相关的网站或网页。同时还具有一定的推理能力，它能根据知识库的知识，运用人工智能方法进行推理，这样就大大提高了查全率和查准率。

典型的智能搜索引擎有 FSA Eloise 和 FAQ Finder。FSA Eloise 专门用于搜索美国证券交易委员会的商业数据库。FAQ Finder 则是一个具有回答式界面的智能搜索引擎，它在获知用户问题后，查询 FAQ 文件，然后给出适当的结果。

2．根据搜索范围分类

① 独立搜索引擎。独立搜索引擎建有自己的数据库，搜索时检索自己的数据库，并根据数据库的内容反馈出相应的查询信息或链接站点。

② 元搜索引擎。元搜索引擎是一种调用其他独立搜索引擎的引擎。搜索时，它用用户的查询词同时查询若干其他搜索引擎，做出相关度排序后，将查询结果显示给用户。它的注意力集中在改善用户界面，以及用不同的方法过滤从其他搜索引擎接收到的相关文档，包括消除重复信息。典型的元搜索引擎有 MetaSearch、OMetaCrawler、Digisearch 等。用户利用这种引擎能够获得更多、更全面的网址。

6.5.3　常用搜索引擎

1．百度

百度是国内最大的商业化全文搜索引擎，占国内 80％的市场份额。百度的网址是：http://www.baidu.com，其搜索页面如图 6.23 所示。百度功能完备，搜索精度高，除数据库的规模及部分特殊搜索功能外，其他方面可与当前的搜索引擎业界领军人物 Google 相媲美，在中文搜索支持方面甚至超过了 Google，是目前国内技术水平最高的搜索引擎。

图 6.23　百度的搜索页面

百度目前主要提供中文（简/繁体）网页搜索服务。如无限定，默认以关键词精确匹配方式搜索。支持"-"、"."、"|"、"link:"、"《》"等特殊搜索命令。在搜索结果页面，百度还设置了关联搜索功能，方便访问者查询与输入关键词有关的其他方面的信息。其他搜索功

能包括新闻搜索、MP3 搜索、图片搜索、Flash 搜索等。

2．Google

Google 提供常规及高级搜索功能。Google 的网址是：http://www.google.cn，其搜索页面如图 6.24 所示。在高级搜索中，用户可限制某一搜索必须包含或排除特定的关键词或短语。该引擎允许用户定制搜索结果页面所含信息条目数量，可从 10～100 条任选。提供网站内部查询和横向相关查询。Google 还提供特别主题搜索，如 Apple Macintosh、BSD Unix、Linux 和大学院校搜索等。

图 6.24　Google 的搜索页面

Google 允许以多种语言进行搜索，在操作界面中提供多达 30 余种语言选择，包括英语、主要欧洲国家语言（含 13 种东欧语言）、日语、中文简繁体、韩语等。还可在多达 40 多个国别专属引擎中进行选择。

以关键词搜索时，返回结果中包含全部及部分关键词；短语搜索时，默认以精确匹配方式进行；不支持单词多形态（Word Stemming）和断词（Word Truncation）查询；字母无大小写之分，全部默认为小写。

搜索结果显示网页标题、链接（URL）及网页字节数，匹配的关键词以粗体显示。其他特色功能包括"网页快照"（Snap Shot），即直接从数据库缓存（Cache）中调出该页面的存档文件，而不实际连接到网页所在的网站（图像等多媒体元素仍需从目标网站下载），方便用户在预览网页内容后决定是否访问该网站，或者在网页被删除或暂时无法连接时，方便用户查看原网页的内容。

3．Yahoo

Yahoo 既有目录检索、关键词检索，也有专题检索，内容丰富。Yahoo 的网址是：http://www.yahoo.cn，其搜索页面如图 6.25 所示。Yahoo 的检索方式中，可以选择在类目、网页、当前文件索引和最新新闻 4 个数据库中进行搜索，还可以使用各种布尔操作符。在高级检索中，可以定义各种智能搜索方式，以提高命中率。如果用户的关键词在 Yahoo 中检索不到结果，它还会自动将查询转交给 Altavista，由它来为用户进一步查询。

4．搜狐

搜狐公司于 1998 年推出中国首家大型分类查询搜索引擎，经过数年的发展，每日浏览量超过 800 万，到现在已经发展成为中国影响力较大的分类搜索引擎。累计收录中文网站达 150 多万，每日页面浏览量超过 800 万，每天收到 2000 多个网站登录请求。

搜狐的目录导航式搜索引擎完全是由人工加工而成，相比机器人加工的搜索引擎来讲具有很高的精确性、系统性和科学性。分类专家层层细分类目，组织成庞大的树状类目体系。利用目录导航系统可以很方便地查找到一类相关信息。

搜狐的网址是：http://www.sohu.com，其搜索页面如图 6.26 所示。搜狐的搜索引擎可以查找网站、网页、新闻、网址、软件 5 类信息。搜狐的网站搜索是以网站作为收录对象，具体的方法就是将每个网站首页的 URL 提供给搜索用户，并且将网站的题名和整个网站的内容简单描述一下，但是并不揭示网站中每个网页的信息。网页搜索就是将每个网页作为收录对象，揭示每个网页的信息，信息的揭示比较具体。新闻搜索可以搜索到搜狐新闻的内容。网址搜索是 3721 提供的网络实名查找。搜狐的搜索引擎叫做 Sogou，是嵌入在搜狐的首页中的。

图 6.25　Yahoo 的搜索页面　　　　　　　图 6.26　搜狐的搜索页面

5．Altavista

Altavista 是目前 Internet 上功能强大的一个搜索引擎。Altavista 的网址是：http://www.altavista.com，其搜索页面如图 6.27 所示。它提供目录和关键词查询，关键词检索分为简单检索和高级检索，利用高级检索可以完成极其复杂的查询，它支持常用的布尔运算符、嵌套、近似搜索等。另外，还可以对查找的范围、语种等进行限制，对查询结果可进行多种翻译，还可根据用户的查询结果，自动生成一份关键词表，用户可以选择自己想要的关键词，从而提高查询的准确率。

图 6.27　Altavista 的搜索页面

6．Excite

Excite 是一种能在大型数据库中进行快速概念检索的搜索引擎，支持目录检索和关键词检索。Excite 的网址是：http://www.excite.com，其搜索页面如图 6.28 所示。Excite 在处理关键词时使用了智能概念提取技术，因此，在查询时，不仅能检索出直接包含关键词的网页，也能检索出那些虽然没包含给定关键词，但包含了与这些关键词相关的其他词汇的网页。在检索结果显示上，将给出 3 种结果：专家选择的站点目录、结果网页和新闻报道。在高级检索中，可以有各种检索选择。另外，还提供了若干专题检索。

7．Lycos

Lycos 是搜索引擎中的元老，是最早提供信息搜索服务的网站之一。2000 年被西班牙网络集团 Terra Lycos Network 以 125 亿美元收归旗下。Lycos 的网址是：http://www.lycos.com，其搜索页面如图 6.29 所示。根据媒体调查统计机构 Nielsen/NetRatings 2002 年 10 份的数据，Lycos 以当月 3700 万次的独立访问排名第 5 大用户最常访问的网站。

图 6.28 Excite 的搜索页面

图 6.29 Lycos 的搜索页面

Lycos 整合了搜索数据库、在线服务和其他 Internet 工具，提供网站评论、图像及包括 MP3 在内的压缩音频文件下载链接等。Lycos 是目前最大的西班牙语门户网络。

Lycos 提供常规及高级搜索。高级搜索提供多种选择定制搜索条件，并允许针对网页标题、地址进行检索。具有多语言搜索功能，共有 25 种语言供选择。

常规搜索时如无特殊限定，则默认以布尔逻辑 and 关系进行查询。高级搜索界面中，可选择 and、or、not 等。另外，还可用 adj、near、far 或 before 来限定词与词之间的关系，支持"+"号和"−"号。

6.6 网络下载工具迅雷

迅雷是一款基于多资源线程技术的下载工具，能够将存在于第三方服务器和计算机上的数据文件进行有效整合，通过这种先进的超线程技术，用户能够以更快的速度从第三方服务器和计算机狄取所需的数据文件。其最新版本迅雷的界面和性能在原有版本的基础上进行了很多改进，配合 Windows 7 使用，酷炫无比。

在迅雷的官方网站（www.xunlei.com）下载最新版本迅雷 7.2.7.3500， 安装后即可使用。

1．迅雷的功能特点

迅雷 7.2.7.3500 版本发布于 2012 年 5 月 31 日，在原来的版本上进行了很多改进，其功能和特点如下。

① 全新界面。采用新一代高性能界面引擎"Bolt"， 界面及各组件采用异步接口加载图片，带来从容流畅的下载体验。

② 更便捷的操作流程，更快的启动速度，更易驾驭。

③ 全新程序架构，突破传统开发方式打造的迅雷 7 稳定可靠。

④ 可随意更换的外观，更崇尚个性化。

⑤ 迅雷 7 增加了独有的私人医生"迅雷下载诊断工具"。

⑥ 下载负载均衡功能。迅雷网络可以对服务器资源进行均衡，有效降低了服务器负载。

2.　使用迅雷 7 搜索下载网络资源

① 双击桌面上的"迅雷 7"图标，即可启动迅雷，其界面如图 6.30 所示。

图 6.30　迅雷 7 主界面

② 迅雷 7 的界面中，搜索栏在窗口最下方，在搜索栏中输入想要下载的文件名，如"变形金刚"，然后单击放大镜或者按<Enter>键进行搜索，如图 6.31 所示。

图 6.31　搜索栏

③ 搜索跳转至如图 6.32 所示页面。

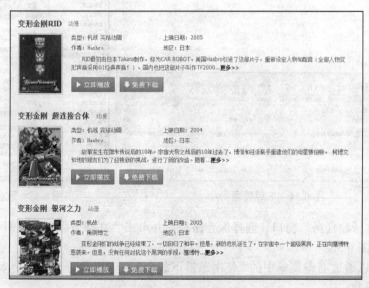

图 6.32　搜索结果页面

④ 选择需要下载的内容，单击"免费下载"按钮，跳转至"迅雷大全"下载资源页面，

选中下载内容，页面会显示文件大小信息，然后单击"下载选中文件"按钮，开始下载任务，如图 6.33 所示。

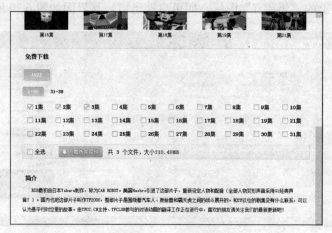

图 6.33　选择下载资源

⑤ 用户可单击"下载管理"选项中的"正在下载"查看正在下载的任务，如图 6.34 所示。用户还可以单击"暂停"按钮暂停下载任务，或者单击"删除"按钮删除任务，对误删除的任务可在垃圾箱中查看，并可单击"还原"命令还原任务。

3．在其他网页中下载文件

① 用户可以使用迅雷方便快捷地下载网络资源。以下载百度 MP3 为例，右击要下载的歌曲地址，在弹出的快捷菜单中选择"使用迅雷下载"命令，如图 6.35 所示。

图 6.34　下载管理　　　　　　　　　　图 6.35　歌曲下载

② 弹出"新建任务"窗口，选择保存路径，并单击"立即下载"按钮即可开始下载该音乐文件，如图 6.36 所示。

用户还可以通过右键菜单中的"使用迅雷下载全部链接"命令来下载更多的网络资源。

4．批量下载

① 迅雷同时提供了批量下载功能，可以方便地创建多个包含共同特征的下载任务。启动迅雷 7，单击主界面右上角的小三角 ，出现如图 6.37 所示的选项菜单。

② 选择"新建下载",弹出如图 6.38 所示的"新建任务"对话框,这时可以在"输入下载 URL"文本框中输入想要下载的 URL 地址下载单个任务,也可单击"按规则添加批量任务",链接进行批量下载。

图 6.36　新建下载任务　　　图 6.37　选项菜单　　　图 6.38　新建任务

③ 单击"按规则添加批量任务"链接后弹出"批量任务"对话框,如图 6.39 所示。

④ 迅雷批量下载可使用通配符填空机制,如网站 A 提供了 10 个这样的下载链接:

http://www.a.com/01.zip

http://www.a.com/02.zip

...

http://www.a.com/10.zip

这 10 个地址只有数字部分不同,用(*)表示不同的部分,这些地址可以写成:

http://www.a.com/(*).zip

同时,通配符长度指的是这些地址不同部分数字的长度,例如:

从 01.zip～10.zip,通配符长度是 2;

从 001.zip～010.zip,通配符长度是 3。

注意:在填写从 xxx 到 xxx 的时候,虽然是从 01

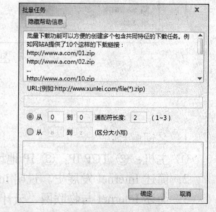

图 6.39　批量任务

到 10 或者是 001 到 010,但是,当设定了通配符长度以后,就只需要填写成从 1 到 10。填写完成后,在示意窗口会显示第一个和最后一个任务的具体链接地址,检查是否正确,然后单击"确定"按钮后选择需要下载的文件即可,如图 6.40 所示。

5. 设置向导

用户可以通过迅雷 7 中的"设置向导"来添加个人喜欢的应用或者特色功能。

① 在图 6.37 所示的菜单中选择"设置向导",可以打开"设置向导"对话框,包括"存储目录"、"热门皮肤"、"精品应用"、"特色功能"和"网络测试"5 个选项卡,如图 6.41 所示。

② 用户可以通过一键设置来进行快速设置,也可以进行自定义设置,自由选择存储路径、皮肤方案以及是否安装"迅雷游戏"、"迅雷看看"、"免费高清下载"、"迅雷新闻"等各种应用程序。单击"下一步"按钮,转向"热门皮肤"设置选项卡,继续单击"下一步"直至完成设置。设置好后可以在迅雷主界面看到自己选择的设置,如图 6.42 所示。下次启

动迅雷程序即可直接看到这些应用，无须重新设置。

图 6.40　填写通配符

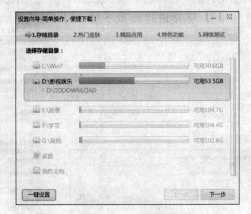

图 6.41　设置向导

图 6.42　迅雷快捷应用

习　题　6

1．名词解释：

① 主机；② TCP/IP；③ IP 地址；④ 域名；⑤ URL；⑥ 网关。

2．简述 Internet 发展史。说明 Internet 都提供哪些服务，接入 Internet 有哪几种方式。

3．简述 Internet 与物联网、云计算之间的区别以及联系。

4．什么是 WWW？什么是 FTP？它们分别使用什么协议？

5．IP 地址和域名的作用是什么？

6．分析以下域名的结构：

① www.microsoft.com；② www.itat.com.cn；③ www.gdut.edu.cn。

7．Web 服务器使用什么协议？简述 Web 服务程序和 Web 浏览器的基本作用。

8．什么是计算机网络？它主要涉及哪几方面的技术？其主要功能是什么？

9．从网络的地理范围来看，计算机网络如何分类？

10．常用的 Internet 连接方式是什么？

11．什么是网络的拓扑结构？常用的网络拓扑结构有哪几种？

12．简述网络适配器的功能、作用及组成。

13．搜索信息时，如何选择搜索引擎？

14．怎样在迅雷中添加批量任务？

第 7 章

多媒体技术及应用

本章从多媒体技术的基本概念入手，详细讲述多媒体计算机的组成和多媒体信息在计算机中的表示，最后简单介绍多媒体开发工具 Authorware 及其使用。通过本章的学习，可以使学生掌握多媒体技术的基本概念和基本知识。

【知识要点】

1. 多媒体技术基本概念；
2. 多媒体系统组成；
3. 声音媒体的数字化；
4. 视觉媒体的数字化；
5. 多媒体数据压缩技术；
6. 多媒体编辑软件 Authorware。

7.1 多媒体技术的基本概念

多媒体技术的出现，标志着信息技术一次新的革命性的飞跃。多媒体计算机把文字、音频、图形、动画、视频图像等多种媒体信息集成于一体，并采用了图形界面、窗口操作、触摸屏技术，使人机交互能力大大提高。它极大地改变了人类获取、处理、使用信息的方式，同时也深刻影响了人类的学习、工作和生活的方式。

7.1.1 多媒体

多媒体一词译自英文 Multimedia，而该词又是由 multiple 和 media 复合而成，核心词是媒体。媒体（Medium，复数 Media）又称媒介、媒质，通常指大众信息传播的手段，如报纸、杂志、电视等。在计算机信息领域中媒体泛指一切信息载体，此时有两种具体含义，一种指信息的存储实体，如磁带、磁盘、光盘和半导体存储器；另一种指信息的表现形式或多种信息的载体（媒介），概括为声（声音）、文（文字）、图（静止图像和动态视频）、形（波形、图形、动画）、数（各种采集或生成的数据）5 类。多媒体技术中的"媒体"更多地是指后者。

7.1.2 多媒体技术概述

1．多媒体技术的定义

多媒体技术从不同的角度有着不同的定义。比如有人定义"多媒体计算机是一组硬件和软件设备；结合了各种视觉和听觉媒体，能够产生令人印象深刻的视听效果。在视觉媒体上，包括图形、动画、图像、文字等媒体，在听觉媒体上，则包括语言、立体声响和音乐等媒体。用户可以从多媒体计算机同时接触到各种各样的媒体来源"。还有人定义多媒体是"传统的计算媒体——文字、图形、图像以及逻辑分析方法等与视频、音频以及为了知识创建和表达的交互式应用的结合体"。概括起来就是：多媒体技术，即是计算机交互式综合处理多媒体信息——文本、图形、图像和声音，使多种信息建立逻辑连接，集成为一个系统并具有交互性。简言之，多媒体技术就是具有集成性、实时性和交互性的计算机综合处理声文图信息的技术。

总之，多媒体技术是指能对多种载体（媒介）上的信息和多种存储体（媒质）上的信息进行处理的技术。也就是说一种把文字、图形、图像、视频、动画、声音等表现信息的媒体结合在一起，并通过计算机进行综合处理和控制，将多媒体各个要素进行有机组合，完成一系列随机性交互式操作的技术。

2．多媒体技术的特点

（1）多样性

一方面指信息表现媒体类型的多样性，另一方面也指媒体输入、传播、再现和展示手段的多样性。以输入数据的手段为例，20世纪60到70年代要穿纸带，80年代改用键盘，到了多媒体时代，不但可继续用键盘，也可以用鼠标、触摸屏、扫描、语音、手势、表情等较为自然的输入方式。多媒体技术的引入将计算机所能处理的信息空间扩展和放大，使人们的思维表达不再局限于顺序、单调、狭小的范围内，而有了更充分、更自由的表现余地。多媒体技术为这种自由提供了多维信息空间下的交互手段和获得多维化信息的方法。

（2）集成性

多媒体技术将各类媒体的设备集成在一起，同时也将多媒体信息或表现形式以及处理手段集成在同一个系统之中。对计算机的发展来说，这是一次系统级的飞跃。

（3）交互性

交互性是指实现媒体信息的双向处理，即用户与计算机的多种媒体进行交互式操作，从而为用户提供更有效控制和使用信息的手段，同时也为应用开辟了更加广阔的领域。早期的计算机与人之间通过键盘、屏幕等进行信息的交互，用户要让计算机运行某个程序，必须通过键盘输入文件名，而计算机将计算结果以数据和字符在屏幕上显示。后来计算机引入鼠标和Windows图形界面，用户要让计算机实现某个问题，只要用鼠标单击就可以了，大大方便了输入，计算机交互有了长足的发展。当今随着多媒体技术的飞速发展，信息的输入/输出也由单一媒体转变为多媒体，人与计算机之间的交互手段多样化，除键盘、鼠标等传统输入手段外，还可以用语音输入、手势输入等；而信息的输出也多样化了，既可以以字符显示，又可以以图像、声音、视频等形式出现，让用户与计算机之间的交互变得和谐自然。

7.1.3 多媒体技术的发展

多媒体和多媒体技术可追溯到20世纪80年代。1984年，美国Apple公司在更新换代的 Macintosh 个人计算机（Mac）上使用基于图形界面的窗口操作系统，并在其中引入位图概念进行图像处理，随后增加了语音压缩和真彩色图像系统，使用 Macromedia 公司的 Director 软件进行多媒体创作，成为当时最好的多媒体个人计算机。1986 年 Philips 公司和 Sony 公司联合推出交互式紧凑光盘系统（Compact Disc Interactive，CDI），能够将声音、文字、图形图像、视频等多媒体信息数字化存储到光盘上。1987 年 RCA 公司推出了交互式数字视频系统（Digital Video Interactive，DVI），使用标准光盘存储、检索多媒体数据。1990 年 Philips 等十多家厂商联合成立了多媒体市场委员会并制定了 MPC（多媒体计算机）的市场标准，建立了多媒体个人计算机系统硬件的最低功能标准，利用 Microsoft 公司的 Windows 操作系统，以 PC 现有的广大市场作为推动多媒体技术发展的基础。1995 年，由美国 Microsoft 公司开发的功能强大的 Windows 95 操作系统问世，使多媒体计算机的用户界面更容易操作，功能更为强劲。随着视频音频压缩技术日趋成熟，高速的奔腾系列 CPU 开始武装个人计算机，个人计算机市场已经占据主导地位，多媒体技术得到了蓬勃发展。Internet 的兴起，也促进了多媒体技术的发展。

7.2　多媒体计算机系统的组成

多媒体计算机系统是一个能处理多媒体信息的计算机系统。它是计算机和视觉、听觉等多种媒体系统的综合。一个完整的多媒体计算机系统由硬件和软件两部分组成，其核心是一台计算机，外围主要是视听等多种媒体设备。因此，简单地说，多媒体系统的硬件是计算机主机及可以接收和播放多媒体信息的各种输入/输出设备，其软件是音频/视频处理核心程序、多媒体操作系统及各种多媒体工具软件和应用软件。

7.2.1　多媒体系统的硬件结构

多媒体系统的硬件即多媒体计算机，它应该是能够输入、输出并综合处理文字、声音、图形、图像、动画等多种媒体信息的计算机。多媒体个人计算机（Multimedia Personal Computer，MPC）必须遵循 MPC 规范。MPC 标准的最低要求如表 7.1 所示。

表 7.1　　　　　　　　　　　　MPC 标准的最低要求

技术项目	MPC 标准 1.0	MPC 标准 2.0	MPC 标准 3.0
处理器	16MHz，386SX	25MHz，486Sz	75MHz，Pentium
RAM	2MB	4MB	8MB
音频	8 位数字音频，8 个合成音（乐器数字接口 MIDI）	16 位数字音频，8 个合成音（MIDI）	16 位数字音频，Wavetable 波表合成音（MIDI）
视频	640×480，256 色	在 40%CPU 频带的情况下每秒传输 1.2MB 像素	在 40%CPU 频带的情况下每秒传输 2.4MB 像素
视频显示	640×480，256 色	640×480，16 位色	640×480，24 位色
硬频显示	30MB	160MB	540MB
CD-RDM	150KB/s 持续传送速率，平均最快查询时间为 1s	300KB/s 持续传送速率，平均最快查询时间为 400ms，CD-ROMXA 能进行多种对话	600KB/s 持续传输速率，平均最快查询时间为 200ms，CD-ROMXA 能进行多种对话

续表

技术项目	MPC 标准 1.0	MPC 标准 2.0	MPC 标准 3.0
I/O 接口	MIDI 接口，摇杆接口，串行/并行接口	MIDI 接口，摇杆接口，串行/并行接口	MIDI 接口，摇杆接口，串行/并行接口

1．主机

主机是多媒体计算机的核心，它需要有至少一个功能强大、速度快的中央处理器（CPU）；有可管理、控制各种接口与设备的配置；具有一定容量（尽可能大）的存储空间；有高分辨率显示接口与设备、可处理音响的接口与设备、可处理图像的接口设备；有可存放大量数据的配置等。

2．视频部分

视频部分负责多媒体计算机图像和视频信息的数字化摄取和回放，主要包括显示卡、视频压缩卡（也称视频卡）、电视卡、加速显示卡等。

显示卡是 PC 使用最早的扩展卡之一。在新的图形媒体加速器卡（Graphics Media Accelerator，GMA）及其加速显示卡（Accelerated Graphics Port，AGP）接口标准的支持下，图形芯片层出不穷，3D 图形卡也不断更新，几乎每隔 6 个月就出现一代新卡。在 MPC 中，图形卡已成为更新速度最快的多媒体功能卡。

AGP 主要完成视频的流畅输出。AGP 是 Intel 公司为解决 PCI 总线带宽不足的问题而提出的新一代图形加速端口。通过 AGP 接口，可以将显示卡同主板芯片组直接相连，进行点对点传输，大幅度提高了计算机对 3D 图形的处理能力。

视频卡主要完成视频信号的 A/D 和 D/A 转换及数字视频的压缩和解压缩功能。其信号源可以是摄像头、录像机、影碟机等。视频卡是一种专门用于对视频信号进行实时处理的设备，又叫"视频信号处理器"。视频卡插在主机板的扩展插槽内，通过配套的驱动软件和视频处理应用软件进行工作。视频卡可以对视频信号（激光视盘机、录像机、摄像机等设备的输出信号）进行数字化转换、编辑和处理，以及保存数字化文件。

电视卡（盒）：完成普通电视信号的接收、解调、A/D 转换及与主机之间的通信，从而可在计算机上观看电视节目，同时还可以以 MPEG 压缩格式录制电视节目。

3．音频部分

音频部分主要完成音频信号的 A/D 和 D/A 转换及数字音频的压缩、解压缩及播放等功能，主要包括声卡、外接音箱、话筒、耳麦、MIDI 设备等。

声卡又称音效卡、声音适配卡。声卡在多媒体技术的发展中曾起开路先锋的作用。早在 20 世纪 80 年代，就已经出现了声卡的雏形。第一块被广大用户接受并被大量应用于 PC 上的声卡是由加拿大 Adlib 公司研制生产的"魔奇音效卡"（Magic Sound Card）。在众多厂商生产的声卡中，比较有影响力的是新加坡 Creative 公司的 Sound Blaster 系列产品。Sound Blaster 系列声卡以其优质的声响效果赢得人们的广泛认同，占据了全球多媒体市场的很大份额，也使 Creative 公司的 Sound Blaster 系列以及后来的 Sound Blaster Pro 成为重要的声效标准。

重放声音的工作由声音还原设备承担。所有的声音还原设备，包括耳机、扬声器、音响放大器等，全部使用音频模拟信号，把这些设备与声卡的线路输出端口或扬声器的端口进行正确的连接，即可播放计算机中的音频信号。

4．基本输入/输出设备

多媒体输入/输出设备十分丰富，按功能分为视频/音频输入设备、视频/音频输出设备、人机交互设备、数据存储设备 4 类。

视频/音频输入设备包括摄像机、录像机、影碟机、扫描仪、话筒、录音机、激光唱盘和 MIDI 合成器等；视频/音频输出设备包括显示器、电视机、投影电视、扬声器、立体声耳机等；人机交互设备包括键盘、鼠标、触摸屏和光笔等；数据存储设备包括 CD-ROM、磁盘、打印机、可擦写光盘等。对于大容量的多媒体作品，光盘是目前最理想的存储载体。现在，光盘驱动器已成为 MPC、笔记本电脑乃至普通 PC 的标准装备，一般都采用"内置"的形式，安装在计算机机箱的内部。随着 DVD 光盘的推广使用，近几年生产的 MPC 越来越多地用 DVD 光驱取代 CD-ROM 光驱，且通常采用内置驱动器的形式。

触摸屏作为多媒体输入设备，已被广泛用于各个行业的控制、信息查询及其他方面。用手指在屏幕上指点以获取所需的信息，具有直观、方便的特点，就是从未接触过计算机的人也能立即使用。触摸屏引入后可以改善人机交互方式，同时提高人机交互效率。

5．高级多媒体设备

随着科技的进步，出现了一些新的输入/输出设备，比如用于传输手势信息的数据手套，用于虚拟现实能够产生较好的沉浸感的数字头盔、立体眼镜等设备。

在一个具体的多媒体系统的硬件配置中，不一定都包括上述的全部配置，但一般在常规的计算机上包括音频适配卡和 CD-ROM 或 DVD-ROM 驱动器。

7.2.2　多媒体软件系统

按功能划分，多媒体计算机软件系统可分成 3 个层次，即多媒体核心软件、多媒体工具软件和多媒体应用软件。

1．多媒体核心软件

多媒体核心软件不仅具有综合使用各种媒体，灵活调度多媒体数据进行媒体传输和处理的能力，而且能控制各种媒体硬件设备协调地工作。多媒体核心软件包括多媒体操作系统（Multi Media Operating System，MMOS）和音/视频支持系统（Audio/Video Support System，AVSS），或音/视频核心（Audio/Video Kernel，AVK），或媒体设备驱动程序（Medium Device Driver，MDD）等。

对 MPC 而言，多媒体操作系统（Microsoft Windows）和声卡、CD-ROM 驱动器、视频卡等多媒体工作平台、媒体数据格式的驱动程序等构成了多媒体核心软件。

2．多媒体工具软件

多媒体工具软件包括多媒体数据处理软件、多媒体软件工作平台、多媒体软件开发工具、多媒体数据库系统等。

3．多媒体应用软件

多媒体应用软件是在多媒体创作平台上设计开发的面向应用领域的软件系统，通常由应用领域的专家和多媒体开发人员共同协作、配合完成。例如，多媒体课件、多媒体演示系统、多媒体模拟系统、多媒体导游系统、电子图书等。

4．多媒体制作常用软件工具

（1）文本输入与处理软件

文本是多媒体软件的重要组成部分。可实现文本素材的输入与处理的工具软件有很多，但最为流行的是 Word 和 WPS，两者都能根据设计的需要制作出字形优美、任意字号的文本素材，并且生成的文件格式也能被大部分多媒体软件所支持。

（2）静态图素材采集与制作软件

静态图素材包括图形和图像两大类。多媒体制作中常用的图形处理软件主要有 AutoCAD 及 CorelDraw 等，其中 CorelDraw 较为流行。作为平面图形设计软件，CorelDraw 包含有丰富而强大的图形绘制、文本处理、自动跟踪、分色以及特效处理等功能，同时提供了增强型的用户界面，充分利用了 Windows 的高级功能，不仅使图形处理速度更快，而且制作的图形素材可以在其他 Windows 应用软件中进行复制、剪切和粘贴。常用的图像采集和制作软件有 Photoshop、FireWorks 和 Photostudio 等，常见的 Photoshop 具有简洁的中文界面，可以直接从数字相机、扫描仪等输入设备获得图像，支持 BMP、TIF、PCD、PCX、TCG、JPG 等文件格式，而且操作也很简单。

（3）音频素材采集与制作软件

音频即声音，采集与制作声音文件可在 Windows 系统的"录音机"中进行，也可以使用 Sound Forge，Creative Wave Studio，Sound System 及 Gold Wave 等音频处理软件。

（4）视频素材采集与制作软件

视频是多媒体产品内容的真实场景再现，其常用软件主要有 Premiere 和 Personal AVI Editor。Premiere 制作动态视频效果好，并且功能强大，但操作较复杂；而 Personal AVI、Editor 则适合初学者制作简单的动态视频素材，不仅操作简单，而且有多种图像、文字和声音的特效，将这些特效灵活搭配，即可轻松获得动态视频素材。

（5）动画素材采集与制作软件

制作动画的常用软件主要有 Animator Studio、Cool 3D 等。

Animator 对运行环境要求较低，并且操作直观，容易学习，可以方便地进行二维图形与动画的制作。3ds Max 是三维动画多媒体素材制作软件，为专业绘图人员制作高品质图像或动画提供所需要的功能。利用该软件可以很快地建立球体、圆锥体、圆柱体等基本造型，或构造出物体的立体图形。

Cool 3D 则在速度、操作简易度和视觉效果上都能很好地适合初学者制作动画的要求，它可以直接创建任意的矢量图形或者将 JPG、BMP 等位图图像直接转换为矢量图形，同时还可快速制作基本几何形状的三维物件，将球体、圆柱、圆锥、金字塔和立体几何形状的物件插入到图像中。

（6）多媒体编辑软件

多媒体编辑软件是将多媒体信息素材连接成完整多媒体应用系统的软件，目前常用的有 Authorware、Action、PowerPoint、Visual Basic、Dreamweaver、Flash、FrontPage、ToolBook 等。

Authorware 是以图标为基础，以流程图为编辑模式的多媒体合成软件。其制作过程是：用系统提供的图标先建立应用程序的流程图，然后通过选中图标，打开相应的对话框、提示窗口及系统提供的图形、文字、视频、动画等编辑器，逐个编辑图标，添加内容。

Action 是面向对象的多媒体制作软件，具有较强的时间控制特性，它在组织连接对象时，除了考虑其内容和顺序外，还要考虑它们的同步问题。例如，定义每个媒体素材的起止时间、重叠片段、演播长度等。另外也可以制作简单的动画，操作方法比较简单。

Visual Basic 是一种基于程序语言的集成包，在多媒体产品制作中提供对窗口及其内容的创作方式。

PowerPoint 是专门用于制作演示多媒体投影片、幻灯片模式的多媒体 CAI 编辑软件，它以页为单位制作演示内容，然后将制作好的页集成起来，形成一个完整的多媒体作品。

Dreamweaver、Flash 及 FrontPage 都是制作网络多媒体作品的软件。Dreamweaver 可以非常容易地制作不受平台和浏览器限制的、具有动感的多媒体作品，具有"易用"和"所见即所得"两大优点，它引进了"层"的概念，通过"层"的应用，可以在任何地方添加所需要的多媒体素材。

Flash 最适合制作动态导航控制、动态画面的多媒体作品。由于 Flash 使用了压缩的矢量图像技术，所以其下载和窗口大小调整的速度都很快。当利用 Flash 制作动态多媒体作品时，可以自己绘制，也可以输入动画的内容，然后把它们安排在工作区内，让它们按照时间轴动起来，也可以在让它们动的时候触发一定的事件，仅几步就可以做出动画效果。

7.3　多媒体信息在计算机中的表示与处理

多媒体包括声、文、图、形、数 5 类，其中"文"和"数"在第 1 章中已经介绍了它们在计算机中的表示和处理，这里着重介绍声音媒体和视觉媒体在计算机中的表示和处理。

7.3.1　声音媒体的数字化

1．音频技术常识

声波是由机械振动产生的压力波。当声波进入人耳，鼓膜振动导致内耳里的微细感骨的振动，将神经冲动传向大脑，听者感觉到的这些振动就是声音。所以声音是机械振动，振动越强，声音越大；振动频率越高，音调则越高。人耳能听到的声音在 20Hz～20kHz，而人能发出的声音，其频率范围在 300～3000Hz。当声波传到话筒后，话筒就把机械振动转换成电信号，模拟音频技术通过模拟电压的幅度表示声音的强弱。模拟声音的录制是将代表声音波形的电信号转换到适当的媒体上，如磁带或唱片，播放时将记录在媒体上的信号还原为声音波形。

2．数字音频技术基础

在计算机内，所有的信息均以数字（0 或 1）表示，声音信号也用一组数字表示，称之为数字音频。数字音频与模拟音频的区别在于：模拟音频在时间上是连续的，而数字音频是一个数据序列，在时间上是离散的。

若要用计算机对音频信息处理，就要将模拟信号（如语音、音乐等）转换成数字信号，这一转换过程称为模拟音频的数字化。模拟音频数字化过程涉及到音频的采样、量化和编码，具体过程如图 7.1 所示。

声音的模拟信号 → 采样 → 量化 → 编码 → 声音的数字信号

图 7.1　模拟音频的数字化过程

（1）采样

采样是每隔一定时间间隔对模拟波形上取一个幅度值，把时间上的连续信号变成时间上的离散信号。该时间间隔为采样周期，其倒数为采样频率，如图 7.2 所示。

采样频率即每秒钟的采样次数，采样频率越高，数字化音频的质量越高，但数据量越大。根据 HarryNyquist 采样定律,在对模拟信号采集时,选用该信号所含最高频率两倍的频率采样,才可基本保证原信号的质量。因此,目前普通声卡的最高采样频率通常为 48kHz 或者 44.1kHz,此外还支持 22.05kHz 和 11.025kHz 的采样频率。

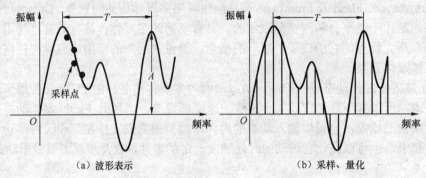

图 7.2　声音的波形表示、采样与量化

（2）量化

量化是将每个采样点得到的表示声音强弱的模拟电压的幅度值以数字存储。量化位数（也即采样精度）表示存放采样点振幅值的二进制位数,它决定了模拟信号数字化以后的动态范围。通常量化位数有 8 位、16 位,其中 8 位量化位数的精度有 256 个等级,即对每个采样点的音频信号的幅度精度为最大振幅的 1/256,16 位量化位数的精度有 65536 个等级,即为音频信号最大振幅的 1/65536。可见,量化位数越大,对音频信号的采样精度就越高,信息量也相应提高。在相同的采样频率下,量化位数越大,则采样精度越高,声音的质量也越好,信息的存储量也相应越大。

虽然采样频率越高,量化位数越多,声音的质量就越好,但同时也会带来一个问题——庞大的数据量,这不仅会造成处理上的困难,也不利于声音在网络中传输。如何在声音的质量和数据量之间找到平衡点呢?人类语言的基频频率范围在 50~800Hz,泛音频率不超过 3kHz,因此,使用 11.025kHz 的采样频率和 10 位的量化位数进行数字化,就可以满足绝大多数人的要求。同样,乐器声的数字化也要根据不同乐器的最高泛音频率来确定选择多高的采样频率。例如,钢琴的第四泛音频率为 12.558kHz,打击乐的频率从基音一直到 20kHz 左右。显然,用 11.025kHz 的采样频率不能满足要求,需要采用 44.1kHz 或更高的采样频率。

（3）编码

编码是将采样和量化后的数字数据以一定的格式记录下来。编码的方式很多,常用的编码方式是脉冲编码调制（Pulse Code Modulation,PCM）,其主要优点是抗干扰能力强,失真小,传输特性稳定。

3．声音合成技术

计算机声音有两种产生途径,一种是通过数字化录制直接获取,另一种是利用声音合成技术实现,后者是计算机音乐的基础。声音合成技术使用微处理器和数字信号处理器代替发声部件,模拟出声音波形数据,然后将这些数据通过数模转换器转换成音频信号并发送到放大器,合成出声音或音乐。乐器生产商利用声音合成技术生产出各种各样的电子乐器。

20 世纪 80 年代,随着个人计算机的兴起,声音合成技术与计算机技术的结合产生了新一代数字合成器标准 MIDI（乐器数字化接口）。这是一个控制电子乐器的标准化串行通信协议，它规定了各种电子合成器和计算机之间连接的数据线和硬件接口标准及设备间数据传输的协议。MIDI 确立了一套标准，该协议允许各种电子合成器互相通信，保证不同品牌的电子乐器之间能保持适当的硬件兼容性。它也为与 MIDI 兼容的设备之间传输和接收数据提供了标准化协议。

7.3.2 视觉媒体的数字化

多媒体创作最常用的视觉元素分静态和动态图像两大类。静态图像根据它们在计算机中生成的原理不同，又分为位图（光栅）图像和矢量图形两种。动态图像又分视频和动画。视频和动画之间的界限并不能完全确定，习惯上将通过摄像机拍摄得到的动态图像称为视频，而由计算机或绘画的方法生成的动态图像称为动画。

1．静态图形图像的数字化

（1）基本概念

在计算机中，图形（Graphics）与图像（Image）是一对既有联系又有区别的概念。它们都是一幅图，但图的产生、处理、存储方式不同。图形一般是指通过绘图软件绘制的由直线、圆、圆弧、任意曲线等图元组成的画面，以矢量图形文件形式存储。矢量图文件中存储的是一组描述各个图元的大小、位置、形状、颜色、维数等属性的指令集合，通过相应的绘图软件读取这些指令，可将其转换为输出设备上显示的图形。因此，矢量图文件的最大优点是对图形中的各个图元进行缩放、移动、旋转而不失真，而且它占用的存储空间小。

图像是由扫描仪、数字照相机、摄像机等输入设备捕捉的真实场景画面产生的映像，数字化后以位图形式存储。位图图像又称为光栅图像或点阵图像，是由一个个像素点（能被独立赋予颜色和亮度的最小单位）排成矩阵组成的，位图文件中所涉及到的图形元素均由像素点来表示，这些点可以进行不同的排列和染色以构成图样。位图文件中存储的是构成图像的每个像素点的亮度、颜色，位图文件的大小与分辨率和色彩的颜色种类有关，放大和缩小要失真，由于每一个像素都是单独染色的，因此位图图像适于表现逼真照片或要求精细细节的图像，占用的空间比矢量文件大。

矢量图形与位图图像可以转换，要将矢量图形转换成位图图像，只要在保存图形时，将其保存格式设置为位图图像格式即可；但反之则较困难，要借助其他软件来实现。

（2）图像的数字化

图像的数字化是指将一幅真实的图像转变成为计算机能够接受的数字形式，这涉及对图像的采样、量化、编码等。

图像采样就是将时间和空间上连续的图像转换成离散点的过程，采样的实质就是用若干个像素（Pixel）点来描述这一幅图像，称为图像的分辨率，用点的"列数×行数"表示，分辨率越高，图像越清晰，存储量也越大。

量化则是在图像离散化后，将表示图像色彩浓淡的连续变化值离散化为整数值（即灰度级）的过程，从而实现图像的数字化。在多媒体计算机系统中，图像的色彩是用若干位二进制数表示的，被称为图像的颜色深度。把量化时可取整数值的个数称为量化级数，表示色彩（或亮度）所需的二进制位数称为量化字长。一般用 8 位、16 位、24 位、32 位等来表示图像的颜色，24 位可以表示 $2^{24}=16\,777\,216$ 种颜色，称为真彩色。

2．动态图像的数字化

（1）基本概念

　　动态图像也称视频，视频是由一系列的静态图像按一定的顺序排列组成，每一幅称为帧（Frame）。电影、电视通过快速播放每帧画面，再加上人眼视觉效应便产生了连续运动的效果。当帧速率达到 12 帧/秒以上时，可以产生连续的视频显示效果。

　　视频有两类：模拟视频和数字视频。早期的电视等视频信号的记录、存储和传输都是采用模拟方式；现在出现的 VCD、SVCD、DVD、数字式便携摄像机都是数字视频。在模拟视频中，常用两种视频标准：NTSC 制式（30 帧/秒，525 行/帧）和 PAL 制式（25 帧/秒，625 行/帧），我国采用 PAL 制式。

　　（2）视频信息的数字化

　　视频数字化过程同音频相似，在一定的时间内以一定的速度对单帧视频信号进行采样、量化、编码等过程，实现模/数转换、彩色空间变换和编码压缩等，这通过视频捕捉卡和相应的软件来实现。在数字化后，如果视频信号不加以压缩，数据量的大小是帧乘以每幅图像的数据量。例如，要在计算机连续显示分辨率为 1280×1024 的 24 位真彩色高质量的电视图像，按每秒 30 帧计算，显示 1min，则需要：

$$1280（列）×1024（行）×3（B）×30（帧/s）×60（s）≈7.6GB$$

　　一张 650MB 的光盘只能存放 6s 左右的电视图像，显然，这样大的数据量不仅超出了计算机的存储和处理能力，更是当前通信信道的传输速率所不及的。因此，为了存储、处理和传输这些数据，必须对数据进行压缩，这就带来了图像数据的压缩问题。

7.3.3　多媒体数据压缩技术

　　随着多媒体技术的发展，特别是音频和视觉媒体数字化后巨大的数据量使数据压缩技术的研究受到人们越来越多的重视。近年来随着计算机网络技术的广泛应用，为了满足信息传输的需要，更促进了数据压缩相关技术和理论的研究和发展。本小节介绍数据压缩的基本概念、基本方法及数据压缩的国际标准。

　　1. 多媒体数据压缩方法

　　（1）数据为何能被压缩

　　首先，数据中间常存在一些多余成分，即冗余度。例如，在一份计算机文件中，某些符号会重复出现；某些符号比其他符号出现得更频繁；某些字符总是在各数据块中可预见的位置上出现等，这些冗余部分便可在数据编码中除去或减少。比如下面的字符串：

KKKKKKAAAAVVVAAAAAA

　　这个字符串可以用更简洁的方式来编码，那就是通过替换每一个重复的字符串为单个的实例字符加上记录重复次数的数字来表示，上面的字符串可以被编码为下面的形式：

6K4A4V6A

　　在这里，6K 意味着 6 个字符 K，4A 意味着 4 个字符 A，依此类推。这种压缩方式是众多压缩技术中的一种，称为"行程长度编码"方式，简称 RLE。冗余度压缩是一个可逆过程，因此叫做无失真压缩（无损压缩），或称保持型编码。

　　其次，数据中间尤其是相邻的数据之间，常存在着相关性。例如，图片中常常有色彩均匀的部分，电视信号的相邻两帧之间可能只有少量变化的影像是不同的，声音信号有时具有一定的规律性和周期性等。因此，有可能利用某些变换来尽可能地去掉这些相关性。

　　（2）无损压缩和有损压缩

　　数据压缩就是在无失真或允许一定失真的情况下，以尽可能少的数据表示信源所发出的信号。通过对数据的压缩减少数据占用的存储空间，从而减少传输数据所需的时间，减少传输数据所需信道的带宽。数据压缩方法种类繁多，可以分为无损压缩和有损压缩两大类。

无损压缩方法利用数据的统计冗余进行压缩，可完全恢复原始数据而不引入任何失真，但压缩率受到数据统计冗余度的理论限制，一般为 2:1～5:1。这类方法广泛用于文本数据、程序和特殊应用场合的图像数据（如指纹图像、医学图像等）的压缩。由于压缩比的限制，仅使用无损压缩方法不可能解决图像和数字视频的存储和传输的所有问题。经常使用的无损压缩方法有 Shannon-Fano 编码、Huffman 编码、游程（Run-length）编码、LZW 编码（Lempel-Ziv-Welch）、算术编码等。

有损压缩方法利用了人类视觉对图像或声波中的某些频率成分不敏感的特性，允许压缩过程中损失一定的信息。虽然不能完全恢复原始数据，但是所损失的部分对理解原始图像的影响较小，却换来了大得多的压缩比。有损压缩广泛应用于语音、图像和视频数据的压缩。

在多媒体应用中，常用的压缩方法有 PCM（脉冲编码调制）、预测编码、变换编码、插值和外推法、统计编码、矢量量化、子带编码等，混合编码是近年来广泛采用的方法。新一代的数据压缩方法，如基于模型的压缩方法、分形压缩和小波变换方法等也已接近实用化水平。

衡量一个压缩编码方法优劣的重要指标为：压缩比要高，有几倍、几十倍，也有几百乃至几千倍；压缩与解压缩要快，算法要简单，硬件实现容易；解压缩后的质量要好。

2．多媒体数据压缩标准

前面介绍了数据压缩的基本概念和基本方法，随着数据压缩技术的发展，一些经典编码方法趋于成熟，为使数据压缩走向实用化和产业化。近年来，一些国际标准组织成立了数据压缩和通信方面的专家组，制定了几种数据压缩编码标准，并且很快得到了产业界的认可。

目前已公布的数据压缩标准有：用于静止图像压缩的 JPEG 标准；用于视频和音频编码的 MPEG 系列标准（包括 MPEG-1、MPEG-2、MPEG-4 等）；用于视频和音频通信的 H.261、H.263 标准等。

（1）JPEG 标准

1986 年，CCITT 和 ISO 两个国际组织组成了一个联合图片专家组（Joint Photographic Expert Group，JPEG），其任务是建立第一个实用于连续色调图像压缩的国际标准，简称 JPEG 标准。

JPEG 以离散余弦变换（DCT）为核心算法，通过调整质量系数控制图像的精度和大小。对于照片等连续变化的灰度或彩色图像，JPEG 在保证图像质量的前提下，一般可以将图像压缩到原大小的 1/10～1/20。如果不考虑图像质量，JPEG 甚至可以将图像压缩到"无限小"。2001 年正式推出了 JPEG2000 国际标准，在文件大小相同的情况下，JPEG2000 压缩的图像比 JPEG 质量更高，精度损失更小。

（2）MPEG 标准

MPEG 即"活动图像专家组"，是国际标准化组织和国际电工委员会组成的一个专家组。现在已成为有关技术标准的代名词。MPEG 是一种在高压缩比的情况下，仍能保证高质量画面的压缩算法。它用于活动图像的编码，是一组视频、音频、数据的压缩标准。它提供的压缩比可以高达 200:1，同时图像和音响的质量也非常高。它采用的是一种减少图像冗余信息的压缩算法，现在通常有 3 个版本：MPEG-1、MPEG-2、MPEG-4 以适用于不同带宽和数字影像质量的要求。它的 3 个最显著优点就是兼容性好、压缩比高（最高可达 200:1）、数据失真小。

（3）MP3 标准

MP3 是 MPEGAudio Layer3 音乐格式的缩写，属于 MPEG-1 标准的一部分。利用该技术可以将声音文件以 1:12 的压缩率压缩成更小的文档，同时还保持高品质的效果。例如，一首容量为 30MB 的 CD 音乐，压缩成 MP3 格式后仅为 2MB 多。平均起来，n min 的歌曲可以转换为 nMB 的 MP3 音乐文档，一张 650MB 的 CD 可以录制多于 600min 的 MP3 音乐。由于 MP3 音乐具有文件容量较小而音质佳的优点，因而近几年来得以在因特网上广为流传。

（4）H.261、H.263 标准

H.216 是 CCITT 所属专家组主要为可视电话和电视会议而制定的标准，是关于视像和声音的双向传输标准。H.261 最初是针对在 ISDN 上实现电信会议应用，特别是面对面的可视电话和视频会议而设计的。实际的编码算法类似于 MPEG 算法，但不能与后者兼容。H.261 在实时编码时比 MPEG 所占用的 CPU 运算量少得多，此算法为了优化带宽占用量，引进了在图像质量与运动幅度之间的平衡折中机制，也就是说，剧烈运动的图像比相对静止的图像质量要差。因此，这种方法是属于恒定码流可变质量编码而非恒定质量的可变码流编码。H.263 的编码算法与 H.261 一样，但做了一些改善和变化，以提高性能和纠错能力。H.263 标准在低码率下能够提供比 H.261 更好的图像效果。

近 50 年来，已经产生了各种不同用途的压缩算法、压缩手段和实现这些算法的大规模集成电路和计算机软件。目前，相关的研究还在进行，人们还在不断地研究更为有效的算法。

7.4　多媒体编辑软件 Authorware 简介

Authorware 是当前较为流行的、交互能力较强的多媒体编辑工具之一。本节以 Authorware 7.0 为例进行介绍。

Authorware 7.0 是一种基于主流线和设计图标结构的多媒体框架编程开发平台，属于第四代编程软件开发工具。Authorware 7.0 采用可视化编程环境，不需要编写大量的程序代码，通常只需两个步骤：第一步，将代表媒体及交互控制功能的图标拖动到设计窗口内的流程线上，组成逻辑框架流程图；第二步，对流程图每个图标进行进一步的属性设计，完成对媒体的控制。整个程序调试完成后，可通过打包命令，将其包装成扩展名为.EXE 的运行文件，在脱离 Authorware 7.0 制作环境下运行。Authorware 7.0 具有丰富的函数和程序控制功能，将编辑系统和编程语言很好地融合在了一起。由于它的易学性、直观性和实用性，深受广大用户的欢迎。

7.4.1　Authorware 7.0 功能概述

当打开 Authorware 7.0 程序后，首先显示如图 7.3 所示的主画面。

从图 7.3 所示的画面来看，Authorware 7.0 包括菜单栏、工具栏、编辑设计区、图标工具栏等几个主要部分。Authorware 7.0 提供了 13 类设计图标，分别完成 13 项基本的程序设计功能；两个调试图标，用于对某段程序的单独调试；一个调色板，用于对流线中图标颜色的设置。创作多媒体应用软件时，系统提供一条流程线（line），供放置不同类型的图标使用。多媒体素材的呈现是以流线为依据的，在流线图上可以对任意一个图标进行编辑。媒体对象和交互事件都用不同的图标（icon）表示，这些图标被组织在一个结构化框架或过程中，把需要的媒体和控制按流程图的方式放在相应的位置即可实现可视化编程，这种工具适宜于复杂的导航结构。流线或图标控制的优点是调试方便，根据需要可将图标放于流线图上的任何位置，并可任意调整图标的位置，对每一图标都可命以不同的名字以便对图标进行管理。

图 7.3　Authorware 7.0 的主画面

1. Authorware 7.0 菜单栏功能介绍

Authorware 7.0 的菜单栏包括文件（File）、编辑（Edit）、视图（View）、插入（Insert）、修改（Modify）、文本（Text）、控制（Control）、外部调用（Xtras）、命令（Commands）、窗口（Windows）和帮助（Help）几项内容，如图 7.4 所示。

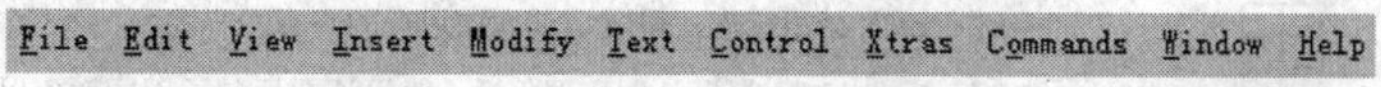

File Edit View Insert Modify Text Control Xtras Commands Window Help

图 7.4　Authorware 7.0 的菜单栏

① 文件菜单（File）：文件菜单中包含对文件的基本操作，如新建文件、打开文件、保存文件、将文件打包、退出等操作功能。

② 编辑菜单（Edit）：编辑菜单提供编辑主流线上图标和画面的功能，如剪切、复制、粘贴、组合等功能。

③ 视图菜单（View）：打开视图菜单，可以查看当前图标，并具有改变文件属性和窗口设置等功能。

④ 插入菜单（Insert）：通过插入菜单，可以引入图像、文字、模板和其他 OLE 对象，还可以改变控制方式。

⑤ 修改菜单（Modify）：通过修改菜单，可以修改图标、图像、文件等的属性，以及改变前景色和背景色的设置。

⑥ 文本菜单（Text）：通过文本菜单，用户可以设定文本的字体、大小、颜色和对齐方式等。

⑦ 控制菜单（Control）：控制菜单项用来调试程序。在调试程序时，具有单步执行、分段执行等功能。

⑧ 外部调用菜单（Xtras）：利用外部调用菜单，可以链接使用库文件，进行声音文件转化等操作。

⑨ 命令菜单（Commands）：命令菜单具有在线资源的使用、调用 Authorware 7.0 的 CSO 编辑器、调用 RTF 物件编辑器等功能。

⑩ 窗口菜单（Windows）：在编辑不同图标时，设计者可能需要打开演示窗口、库文件窗口、按钮窗口、光标窗口、计算窗口、变量窗口、函数窗口等，这些操作均可以通过窗口菜单（Windows）来操作。

⑪ 帮助菜单（Help）：为设计提供帮助信息，包括函数和变量的用法等。

2．Authorware 7.0 工具图标栏功能介绍

在编辑设计窗口左侧有一列图标，这就是图标工具栏，各图标功能如图 7.5 所示。

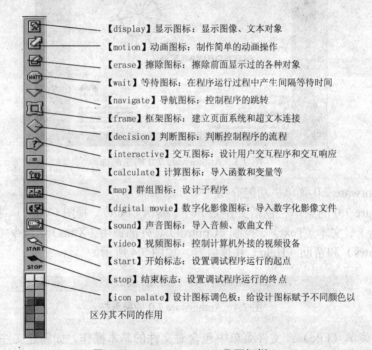

【display】显示图标：显示图像、文本对象

【motion】动画图标：制作简单的动画操作

【erase】擦除图标：擦除前面显示过的各种对象

【wait】等待图标：在程序运行过程中产生间隔等待时间

【navigate】导航图标：控制程序的跳转

【frame】框架图标：建立页面系统和超文本连接

【decision】判断图标：判断控制程序的流程

【interactive】交互图标：设计用户交互程序和交互响应

【calculate】计算图标：导入函数和变量等

【map】群组图标：设计子程序

【digital movie】数字化影像图标：导入数字化影像文件

【sound】声音图标：导入音频、歌曲文件

【video】视频图标：控制计算机外接的视频设备

【start】开始标志：设置调试程序运行的起点

【stop】结束标志：设置调试程序运行的终点

【icon palate】设计图标调色板：给设计图标赋予不同颜色以区分其不同的作用

图 7.5　Authorware 7.0 工具图标栏

3．Authorware 7.0 编辑设计窗口功能介绍

编辑设计窗口是 Authorware 7.0 进行程序设计时的中心内容，Authorware 7.0 的基于流程的多媒体框架编程就是通过编辑设计窗口实现的。Authorware 7.0 的编辑设计组成如图 7.6 所示。

编辑设计窗口中一条纵向的直线称作主流线，其功能类似于编写其他程序所使用的流程图。可以在主流线上放置各种设计图标，执行程序时，沿着主流线依次执行各个设计图标。

编辑设计窗口的大小调整与其他 Windows 窗口调试方法相同。具体方法是：将鼠标指针移到设计窗口边界位置，鼠标指针变为一个双箭头，按下鼠标左键，拖动鼠标将编辑设计窗口的边界拖动到合适的位置，松开鼠标左键，窗口大小改变调整完成。

主流线上的手形标志是程序的指针，在设计窗口程序流线上任意处单击鼠标左键，手形标志指针将会跳至流线上相应的位置。流线始端和末端各有一个小矩形，它们分别是程

序的开始标志和结束标志。

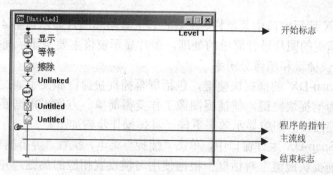

图 7.6 Authorware 7.0 编辑设计窗口

当把所需要的设计图标拖动到主流线上时，系统对主流线上的每一个图标开始都起一个默认名称，如 Untitled 等。单击该图标，可以对图标名称进行改写。单击主流线上的每一个图标，均可按图标类型打开一个编辑区，或者编辑对话设计窗，用户可以通过它们设计演示对象、属性或者场景。右键单击主流线上的每一个图标，则可打开快捷菜单，选择相应的命令进行如显示预览图、剪切、复制、粘贴等操作。

7.4.2 Authorware 7.0 示例

下面来看一个简单的例子，通过这个例子体会 Authorware 多媒体编辑软件的功能。操作步骤如下。

① 双击 Authorware 7.0 图标，启动后进入主界面。

② 单击工具栏中的"新建图标"（New），建立一个新文件。

③ 将鼠标移动到设计图标栏中的显示图标（display）上，按下鼠标左键不放，将它移动到主流线上后松开鼠标，这时主流线上出现一个名字为"Untitled"的显示图标。单击该图标，将名字改为"景色"。

④ 双击"景色"，打开显示编辑区，然后用鼠标左键选择"Insert"菜单下的"Imag---"命令，打开插入图像对话窗。

⑤ 单击"Import---"图标，打开查找对话窗，选择一张图片，然后单击"Import"按钮，一张美丽的图片就被插入进来。

⑥ 单击"File"菜单中的"Save"命令，保存文件，将其命名为"景色.a6p"。这样，一个只含一张图片的 Authorware 7.0 程序设计实例就设计完毕，可以通过单击执行程序图标来观看效果。

Authoware 7.0 功能十分强大，在学习的过程中，需要掌握各个设计图标的属性和使用方法，只有灵活运用各个设计图标，才能设计出好的多媒体作品。

7.5 图像处理工具 HyperSnap-DX

HyperSnap-DX 是 Windows 下专业的图像捕捉软件，它可以轻松、快速地捕捉桌面上的所有图像（甚至包括难以捕捉的 DirectX、Direct3D 游戏屏幕、网页图像），支持 BMP、GIF、TIFF 等 20 多种图片文件格式，并可以用热键或者自动计时器从屏幕上抓图。

从网站下载软件最新版本 HyperSnap 6.91.01,安装后打开 HyperSnap-DX 的运行窗口,如图 7.7 所示。

HyperSnap-DX 运行窗口由菜单栏、工具栏、工具箱和图片显示窗格 4 部分组成。其中工具箱主要是对捕捉的图片进行简单的处理,图片显示窗格主要是显示捕捉到的图片。

1. 设置捕捉快捷键和图像分辨率

设置 HyperSnap-DX 的捕捉快捷键,包括屏幕捕捉快捷键和文字捕捉快捷键的设置。设置习惯按键作为捕捉快捷键,使捕捉图像工作变得简单、方便。根据要求设置相应的图像分辨率,可以使捕捉的图像显示效果更佳。具体操作步骤如下。

① 在 HyperSnap-DX 运行窗口中,单击"捕捉"菜单,执行"屏幕捕捉快捷键"命令,在弹出的"屏幕捕捉快捷键"对话框中根据使用习惯设置相应的热键,并选中"启用快捷键"复选框,如图 7.8 所示。

图 7.7 HyperSnap-DX 运行窗口　　　　　　　图 7.8 设置屏幕捕捉快捷键

② 单击"文字捕捉"菜单,执行"文字捕捉快捷键"命令,在弹出的"文字捕捉快捷键"对话框中设置相应的快捷键,并选中"启用快捷键"复选框,如图 7.9 所示。

③ 单击"选项"菜单,执行"默认图像分辨率"命令,在弹出的"图像分辨率"对话框的"水平分辨率"和"垂直分辨率"文本框中,输入数字"200",并选中"用作未来从屏幕捕捉的图像的默认值"复选框,如图 7.10 所示。

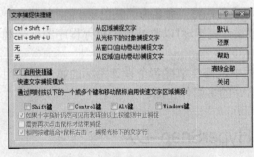
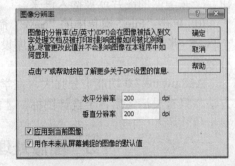

图 7.9 设置文字捕捉快捷键　　　　　　　图 7.10 设置图像分辨率

2. 设置图像保存方式及光标指针

在使用 HyperSnap-DX 捕捉图像时,有时需要在捕获的图像中显示光标指针,这就要在捕捉图像时对光标指针进行相应的设置。设置图像保存方式，能够使捕获的图像有规律地保存到磁盘中。具体设置方法如下。

① 在 HyperSnap-DX 运行窗口中，单击"捕捉"菜单，执行"捕捉设置"命令，在弹出的"捕捉设置"对话框中打开"快速保存"选项卡。然后选中该选项卡中"自动保存每次捕捉的图像到文件"复选框，并单击"更改"按钮，选择图片保存文件夹，填入文件名称，选择要保存的图片类型，单击"保存"按钮，如图 7.11 所示。

② 在"捕捉设置"对话框中，打开"捕捉"选项卡，然后选中该选项卡中的"包括光标图像"复选框，如图 7.12 所示。此时捕捉的图像中将显示光标指针，若要隐藏光标指针，禁用该复选框即可。

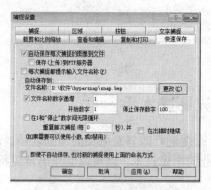
图 7.11 设置图像保存方式

图 7.12 设置光标指针

3．捕捉媒体播放器中的图像

使用 HyperSnap-DX 连续捕捉 RealPlayer 播放器中播放的图像，并保存到指定文件夹中，文件名依次为 snap1、snap2…具体操作步骤如下。

① 在 HyperSnap-DX 运行窗口中，单击"捕捉"菜单，执行"捕捉设置"命令，在弹出的"捕捉设置"对话框中，单击"快速保存"选项卡，选中"自动保存每次捕捉的图像到文件"复选框，单击"更改"按钮，选择图片保存文件夹，填入文件名称，选择要保存的图片类型，单击"保存"按钮，如图 7.13 所示。

② 单击"捕捉"菜单，执行"启用视频或游戏捕捉"命令，在弹出的"启用视频和游戏捕捉"对话框中选中"视频捕捉（媒体播放器、DVD 等）"和"游戏捕捉"两个复选框，单击"确定"按钮，如图 7.14 所示。

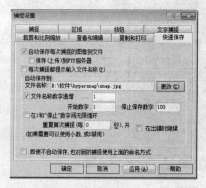
图 7.13 设置保存文件夹

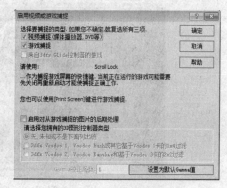
图 7.14 启用视频捕捉

③ 用 RealPlayer 播放要捕捉的文件。在播放过程中，按下键盘上的<Scroll Lock>键捕捉图像，每按一次该键，就捕捉一幅图片并自动保存到指定文件夹中，如图 7.15 所示。

图 7.15　捕捉的图片

7.6　照片美化工具光影魔术手

光影魔术手（Neo Imaging）是一款对数码照片画质进行改善及效果处理的软件。该软件简单、易用，而且完全免费。用户不需要任何专业的图像技术，就可以制作出精美相框、艺术照等专业胶片摄影的色彩效果。

光影魔术手软件可在其官方网站下载，安装方法十分简单，用户只需根据提示步骤操作即可。

1．下载软件

在浏览器地址栏中输入光影魔术手的官方网址（http://www.neoimaging.cn/），进入网站首页，单击"下载软件"右侧的"本地下载"选项，可看到该软件最新版本（NeoImaging3.1.2.104）的超链接，单击下载安装即可。

2．了解光影魔术手界面

光影魔术手的工作界面包括标题栏、菜单栏、工具栏、任务窗格、照片预览区域以及状态栏，如图 7.16 所示。为了方便用户更快速地学习该软件，程序自带了向导中心、诊断中心以及礼物中心，直观地展现了光影的神奇效果。

图 7.16　光影魔术手主界面

3. 光影魔术手的常用功能

由于篇幅所限，下面仅介绍几种常用的照片处理方法。

（1）应用各类边框

光影魔术手包括"轻松边框"、"花样边框"、"撕边边框"
以及"多图边框" 4 种能直接应用到照片上的边框类型。

① 在光影魔术手编辑窗口中打开一张素材照片，如图
7.17 所示。

② 在编辑窗口的右侧切换至"边框图层"选项卡，展开
"边框合成"卷展栏，单击需要的边框，如图 7.18 所示。

图 7.17 打开的素材照片

③ 执行操作后，在弹出的对话框列表中任意选择自己需要的边框，即可在右侧看到边
框预览效果，如图 7.19 所示。

图 7.18 边框图层

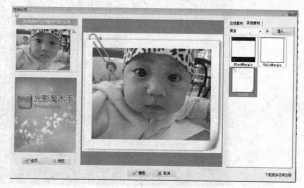

图 7.19 选择边框

④ 用户可以通过选择图像右侧的"在线素材"、"本地素材"、"内置素材"来选择不同
的边框效果，如图 7.20、图 7.21 所示。

图 7.20 边框效果 1

图 7.21 边框效果 2

用户还可在光影魔术手的官方网站下载各种边框素材，也可制作边框上传到光影魔术
手中。

（2）非主流照片的处理

近两年在青少年当中流行的非主流照片，更加追求一种情绪的表达，常常使用调暗画
面的光源、LOMO 效果、正片负冲、柔光、错落不一字体各异的文字以及特殊角度等等来
制造画面效果，力求使图片从构图到色彩再到排版都带有某种心情，在照片主题上也力求
独特，倾向于张扬个性、另类、非大众化，不盲从当今大众潮流的图片。下面简单介绍一

些非主流照片，希望读者可以举一反三，制作出更多更漂亮的照片效果。

① 调整色调。在光影魔术手编辑窗口中打开一张素
材照片，如图 7.22 所示。

在编辑窗口的右侧切换至"数码暗房"选项卡，展
开"胶片效果"、"人像处理"、"个性效果"、"风格化"
等卷展栏，可以查看各种效果的缩略图，单击选择自己
想要的效果。这里以"个性效果"中的"柔光镜"以及
"胶片效果"中的"反转片负冲"两种效果的叠加为例进
行说明。先打开"个性效果"中的"柔光镜"，将"柔化
程度"以及"高光柔化"的数值分别设置为"40"、"80"，如图 7.23 所示。

图 7.22　打开的素材照片

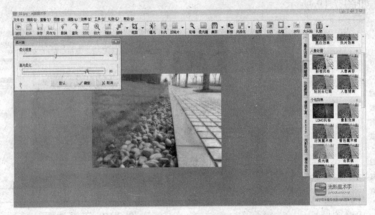

图 7.23　柔光镜

单击"确定"按钮后，打开"胶片效果"中的"反转片负冲"，将"绿色饱和度"、"红
色饱和度"以及"暗部细节"分别调整为 60、50、60，并单击"确定"按钮执行操作。最
终两种叠加效果如图 7.24 所示。

② 添加文字。在处理过的照片基础上继续添加文字效果。切换到"边框图层"选项卡，
选择"图层操作"中的"自由文字与图层"选项，在出现的窗口中单击 汉文字 按钮，弹
出"插入文字"对话框，如图 7.25 所示。

图 7.24　叠加效果

图 7.25　插入文字

输入文字，并调整字体、位置、大小，最终效果如图 7.26 所示。

（3）剪裁照片

由于拍摄照片所用工具的不同，并且存在对照片景物取舍的问题，因此，拍摄出来的照片有很多需要进行剪裁。光影魔术手中提供了各种不同的剪裁功能，以满足用户需要。

① 自动剪裁。在光影魔术手中打开一张素材照片，如图 7.27 所示。

图 7.26　最终效果

图 7.27　素材照片

将图片剪裁为需要的比例，比如剪裁为适合做 QQ/MSN 头像的图片，选择"图像"|"自动剪裁"并执行命令，如图 7.28 所示。选择"按 QQ/MSN 头像比例剪裁"，最终效果如图 7.29 所示。

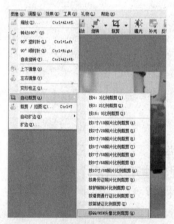

图 7.28　自动剪裁菜单

图 7.29　最终效果

② 自由剪裁。在图 7.28 所示的图像菜单中，选择"图像"|"剪裁/抠图"并执行命令，弹出"剪裁"窗口，如图 7.30 所示。

图 7.30　剪裁窗口

在图像右边的"剪裁模式选项"中，选择"自由剪裁"选项，并在其下面的自由剪裁框选择需要的剪裁工具，如图 7.31 所示。用鼠标拖曳调整大小，最后单击"确定"按钮，即完成照片的剪裁，最终效果如图 7.32 所示。

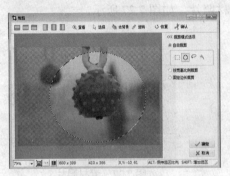

图 7.31　自由剪裁

图 7.32　最终效果

习　题　7

一、简答题

1．什么是多媒体？什么是多媒体技术？

2．多媒体系统包括哪些组成部分？

3．模拟音频如何转换为数字音频？

4．计算机声音的产生有哪些途径？

5．图形和图像有何区别和联系？

6．什么是 MP3 标准？

7．多媒体数据为什么要进行压缩？压缩的方法有哪些？

8．Authorware 7.0 编程有什么特点？属于第几代编程软件开发工具？

9．什么是 Authorware 7.0 的主流程线？它的作用是什么？

10．简述 HyperSnap-DX 的功能。

二、上机题

1．使用 HyperSnap-DX 抓图软件。要求设置自己的捕捉热键，抓取屏幕上的一张图片，要求图片的分辨率为 3 000dpi，图像保存格式为 TIFF。

2．要求使用光影魔术手制作一张图片，添加花样边框，并将色调处理为影楼风格，最后添加上文字。

第 8 章

数据库基础

本章首先对数据库系统做了整体概述，介绍数据库的基本概念，数据库的发展，数据模型的描述，以及常见的数据库管理系统，然后详细介绍 Access 2010 的开发应用，包括数据库创建，数据表创建及应用，查询、窗体和报表的创建及应用。

【知识要点】

1. 数据库、数据库管理系统、数据库系统的概念；
2. 数据模型；
3. 了解 SQL；
4. Access 2010 数据表、查询、窗体、报表等数据库对象的创建及应用。

8.1 数据库系统概述

8.1.1 数据库的基本概念

要了解数据库技术，首先应该理解最基本的几个概念，如信息、数据、数据库、数据库管理系统和数据库应用系统、数据库系统等。

1. 信息

信息（information）是客观事物存在方式或运动状态的反映和表述，它存在于我们的周围。简单地说，信息就是新的、有用的事实和知识。

信息对于人类社会的发展有重要意义：它可以提高人们对事物的认识，减少人们活动的盲目性；信息是社会机体进行活动的纽带，社会的各个组织通过信息网相互了解并协同工作，使整个社会协调发展；社会越发展，信息的作用就越突出；信息又是管理活动的核心，要想把事物管理好就需要掌握更多的信息，并利用信息进行工作。

2. 数据

数据（data）是用来记录信息的可识别的符号，是信息的载体和具体表现形式。尽管信息有多种表现形式，它可以通过手势、眼神、声音或图形等方式表达，但数据是信息的最佳表现形式。由于数据能够书写，因而它能够被记录、存储和处理，从中挖掘出更深层的信息。可用多种不同的数据形式表示同一信息，而信息不随数据形式的不同而改变。

数据的概念在数据处理领域已大大地拓宽了，其表现形式不仅包括数字和文字，还包括图形、图像、声音等。这些数据可以记录在纸上，也可以记录在各种存储器中。

3．数据库

数据库（DataBase，DB）是存储在计算机内、有组织、可共享的数据集合，它将数据按一定的数据模型组织、描述和储存，具有较小的冗余度，较高的数据独立性和易扩展性，可被多个不同的用户共享。形象地说，"数据库"就是为了实现一定的目的按某种规则组织起来的"数据"的"集合"，在现实生活中这样的数据库随处可见。学校图书馆的所有藏书及借阅情况、公司的人事档案、企业的商务信息等都是"数据库"。

数据库的概念实际上包含下面两种含义。

① 数据库是一个实体，它是能够合理保管数据的"仓库"，用户在该"仓库"中存放要管理的事务数据。

② 数据库是数据管理的新方法和技术，它能够更合理地组织数据，更方便地维护数据，更严密地控制数据和更有效地利用数据。

4．数据库管理系统

数据库管理系统（DataBase Management System，DBMS）是专门用于管理数据库的计算机系统软件。数据库管理系统能够为数据库提供数据的定义、建立、维护、查询、统计等操作功能，并具有对数据的完整性、安全性进行控制的功能。

数据库管理系统的目标是让用户能够更方便、更有效、更可靠地建立数据库和使用数据库中的信息资源。数据库管理系统不是应用软件，它不能直接用于诸如工资管理、人事管理或资料管理等事务管理工作，但数据库管理系统能够为事务管理提供技术和方法、应用系统的设计平台和设计工具，使相关的事务管理软件很容易设计。也就是说，数据库管理系统是为设计数据管理应用项目提供的计算机软件，利用数据库管理系统设计事务管理系统可以达到事半功倍的效果。我们周围有关数据库管理系统的计算机软件有很多，其中比较著名的系统有 Oracle 公司开发的 Oracle，Sybase 公司开发的 Sybase，Microsoft 公司开发的 SQL Server，IBM 公司开发的 DB2 等，本章后面将介绍的 Microsoft Access 2010 也是一种常用的数据库管理系统。

数据库管理系统具有以下 4 个方面的主要功能。

① 数据定义功能。数据库管理系统能够提供数据定义语言（Data Description Language，DDL），并提供相应的建库机制。用户利用 DDL 可以方便地建立数据库，当需要时，用户还可以将系统的数据及结构情况用 DDL 描述，数据库管理系统能够根据其描述执行建库操作。

② 数据操纵功能。实现数据的插入、修改、删除、查询、统计等数据存取操作的功能称为数据操纵功能。数据操纵功能是数据库的基本操作功能，数据库管理系统通过提供数据操纵语言（Data Manipulation Language，DML）实现其数据操纵功能。

③ 数据库的建立和维护功能。数据库的建立功能是指数据的载入、转储、重组织功能及数据库的恢复功能。数据库的维护功能是指数据库结构的修改、变更及扩充功能。

④ 数据库的运行管理功能。数据库的运行管理功能是数据库管理系统的核心功能，它包括并发控制、数据的存取控制、数据完整性条件的检查和执行、数据库内部的维护等。所有数据库的操作都要在这些控制程序的统一管理下进行，以保证计算机事务的正确运行，保证数据库的正确、有效。

5．数据库应用系统

凡使用数据库技术管理及其数据（信息）的系统都称为数据库应用系统。一个数据库应用系统应携带有较大的数据量，否则它就不需要数据库管理。数据库应用系统按其实现的功能可以被划分为数据传递系统、数据处理系统和管理信息系统。

① 数据传递系统只具有信息交换功能，系统工作中不改变信息的结构和状态，如电话、程控交换系统都是数据传递系统。

② 数据处理系统通过对输入的数据进行转换、加工、提取等一系列操作，从而得出更有价值的新数据，其输出的数据在结构和内容方面与输入的源数据相比有较大的改变。

③ 管理信息系统是具有数据的保存、维护、检索等功能的系统，其作用主要是数据管理，通常所说的事务管理系统就是典型的管理信息系统。

数据库应用系统的应用非常广泛，它可以用于事务管理、计算机辅助设计、计算机图形分析和处理、人工智能等系统中，即所有数据量大、数据成分复杂的地方都可以使用数据库技术进行数据管理工作。

数据库管理系统是提供数据库管理的计算机系统软件，数据库应用系统是实现某种具体事务管理功能的计算机应用软件。数据库管理系统为数据库应用系统提供了数据库的定义、存储和查询方法，数据库应用系统通过数据库管理系统管理其数据库。

6. 数据库系统

数据库系统是指带有数据库并利用数据库技术进行数据管理的计算机系统。一个数据库系统应由计算机硬件、数据库、数据库管理系统、数据库应用系统和数据库管理员 5 部分构成。数据库系统的体系由支持系统的计算机硬件设备、数据库及相关的计算机软件系统、开发管理数据库系统的人员 3 部分组成。

数据库系统的软件中包括操作系统（Operating System，OS）、数据库管理系统（DBMS）、主语言编译系统、数据库应用开发系统及工具、数据库应用系统和数据库，它们的作用如下所述。

① 操作系统。操作系统是所有计算机软件的基础，在数据库系统中它起着支持数据库管理系统及主语言编译系统工作的作用。如果管理的信息中有汉字，则需要中文操作系统的支持，以提供汉字的输入/输出方法和对汉字信息的处理方法。

② 数据库管理系统和主语言编译系统。数据库管理系统是为定义、建立、维护、使用及控制数据库而提供的有关数据管理的系统软件。主语言编译系统是为应用程序提供的诸如程序控制、数据输入/输出、功能函数、图形处理、计算方法等数据处理功能的系统软件。由于数据库的应用很广泛，它涉及的领域很多，其功能数据库管理系统是不可能全部提供的，因而，应用系统的设计与实现需要数据库管理系统和主语言编译系统配合才能完成。

③ 数据库应用开发系统及工具。数据库应用开发系统及工具是数据库管理系统为应用开发人员和最终用户提供的高效率、多功能的应用生成器、第四代计算机语言等各种软件工具，如报表生成器、表单生成器、查询和视图设计器等。它们为数据库系统的开发和使用提供了良好的环境和帮助。

④ 数据库应用系统和数据库。数据库应用系统包括为特定应用环境建立的数据库、开发的各类应用程序、编写的文档资料等内容，它们是一个有机的整体。数据库应用系统涉及各个方面，如信息管理系统、人工智能、计算机控制和计算机图形处理等。通过运行数据库应用系统，可以实现对数据库中数据的维护、查询、管理和处理操作。

数据库系统的人员由软件开发人员、软件管理人员及软件使用人员 3 部分组成。

① 软件开发人员包括系统分析员、系统设计员及程序设计员，他们主要负责数据库系

统的开发设计工作。

② 软件管理人员称为数据库管理员（DataBase Administrator，DBA），他们负责全面管理和控制数据库系统。

③ 软件使用人员即数据库的最终用户，他们利用功能选项、表格、图形用户界面等实现数据的查询及数据管理工作。

8.1.2 数据库的发展

1．数据库的发展历史

计算机数据管理随着计算机硬件、软件技术和计算机应用范围的发展而不断发展，数据管理技术经历了人工管理、文件系统和数据库技术 3 个发展阶段。

（1）人工管理阶段

20 世纪 50 年代以前，计算机主要用于数值计算。从当时的硬件看，外存只有纸带、卡片、磁带，没有直接存取的储存设备；从软件看（实际上，当时还未形成软件的整体概念），那时还没有操作系统，没有管理数据的软件；从数据看，数据量小，数据无结构，由用户直接管理，且数据间缺乏逻辑组织，数据依赖于特定的应用程序，缺乏独立性。数据处理是由程序员直接与物理的外部设备打交道，数据管理与外部设备高度相关，一旦物理存储发生变化，数据则不可恢复。

人工管理阶段的特点如下。

① 用户完全负责数据管理工作，如数据的组织、存储结构、存取方法、输入输出等。

② 数据完全面向特定的应用程序，每个用户使用自己的数据，数据不保存，用完就撤走。

③ 数据与程序没有独立性，程序中存取数据的子程序随着存储结构的改变而改变。

这一阶段管理的优点是廉价地存放大容量数据；缺点是数据只能顺序访问，耗费时间和空间。

（2）文件系统管理阶段

1951 年出现了第一台商业数据处理电子计算机 Univac（Universal Automatic Computer，通用自动计算机），标志着计算机开始应用于以加工数据为主的事务处理阶段。20 世纪 50 年代后期到 60 年代中期，出现了磁鼓、磁盘等直接存取数据的存储设备。这种基于计算机的数据处理系统也就从此迅速发展起来。

这种数据处理系统是把计算机中的数据组织成相互独立的数据文件，系统可以按照文件的名称对其进行访问，对文件中的记录进行存取，并可以实现对文件的修改、插入和删除，这就是文件系统。文件系统实现了记录内的结构化，即给出了记录内各种数据间的关系，但是，文件从整体来看却是无结构的。其数据面向特定的应用程序，因此数据的共享性、独立性差，且冗余度大，管理和维护的代价也很大。

文件系统阶段的特点如下。

① 系统提供一定的数据管理功能，即支持对文件的基本操作（增添、删除、修改、查询等），用户程序不必考虑物理细节。

② 数据的存取基本上是以记录为单位的，数据仍是面向应用的，一个数据文件对应一个或几个用户程序。

③ 数据与程序有一定的独立性，文件的逻辑结构与存储结构由系统进行转换，数据在存储上的改变不一定反映在程序上。

这一阶段管理的优点是，数据的逻辑结构与物理结构有了区别，文件组织呈现多样化；缺点是，存在数据冗余性，数据不一致性，数据联系弱。

（3）数据库技术管理阶段

20 世纪 60 年代后期，计算机性能得到提高，重要的是出现了大容量磁盘，存储容量大大增加且价格下降。在此基础上，有可能克服文件系统管理数据时的不足，而去满足和解决实际应用中多个用户、多个应用程序共享数据的要求，从而使数据能为尽可能多的应用程序服务，这就出现了数据库这样的数据管理技术。数据库的特点是数据不再只针对某一特定应用，而是面向全组织，具有整体的结构性，共享性高，冗余度小，具有一定的程序与数据间的独立性，并且实现了对数据进行统一的控制。

数据库技术是在文件系统的基础上发展起来的新技术，它克服了文件系统的弱点，为用户提供了一种使用方便、功能强大的数据管理手段。数据库技术不仅可以实现对数据集中统一的管理，而且可以使数据的存储和维护不受任何用户的影响。数据库技术的发明与发展，使其成为计算机科学领域内的一个独立的学科分支。

数据库系统和文件系统相比具有以下主要特点。

① 面向数据模型对象。数据库设计的基础是数据模型。在进行数据库设计时，要站在全局需要的角度抽象和组织数据；要完整、准确地描述数据自身和数据之间联系的情况；要建立适合整体需要的数据模型。数据库系统是以数据库为基础的，各种应用程序应建立在数据库之上。数据库系统的这种特点决定了它的设计方法，即系统设计时应先设计数据库，再设计功能程序，而不能像文件系统那样，先设计程序，再考虑程序需要的数据。

② 数据冗余度小。数据冗余度小是指重复的数据少。减少冗余数据可以带来以下优点：

- 数据量小可以节约存储空间，使数据的存储、管理和查询都容易实现；
- 数据冗余小可以使数据统一，避免产生数据不一致的问题；
- 数据冗余小便于数据维护，避免数据统计错误。

由于数据库系统是从整体角度上看待和描述数据的，数据不再是面向某个应用，而是面向整个系统，因此数据库中同样的数据不会多次重复出现。这就使得数据库中的数据冗余度小，从而避免了由于数据冗余大带来的数据冲突问题，也避免了由此产生的数据维护麻烦和数据统计错误问题。

③ 数据共享度高。数据库系统通过数据模型和数据控制机制提高数据的共享性。数据共享度高会提高数据的利用率，使数据更有价值，更容易、方便地被使用。数据共享度高使得数据库系统具有以下 3 个方面的优点：

- 系统现有用户或程序可以共享数据库中的数据；
- 当系统需要扩充时，再开发的新用户或新程序还可以共享原有的数据资源；
- 多用户或多程序可以在同一时刻共同使用同一数据。

④ 数据和程序具有较高的独立性。由于数据库中的数据定义功能（即描述数据结构和存储方式的功能）和数据管理功能（即实现数据查询、统计和增删改的功能）是由 DBMS 提供的，因此数据对应用程序的依赖程度大大降低，数据和程序之间具有较高的独立性。数据和程序相互之间的依赖性低、独立性高的特性称为数据独立性高。数据独立性高使程序在设计时不需要有关数据结构和存储方式的描述，从而减轻了程序设计的负担。当数据及结构变化时，如果数据独立性高，程序的维护也会比较容易。

⑤ 统一的数据库控制功能。数据库是系统中各用户的共享资源，数据库系统通过

DBMS 对数据进行安全性控制、完整性控制、并发控制、数据恢复等。

数据的安全性控制是指保护数据库，以防止不合法的使用所造成的数据泄漏、破坏和更改。数据的完整性控制是指为保证数据的正确性、有效性和相容性，防止不符合语义的数据输入/输出所采用的控制机制。数据的并发控制是指排除由于数据共享，即用户并行使用数据库中的数据时，所造成的数据不完整或系统运行错误问题。数据恢复是通过记录数据库运行的日志文件和定期做数据备份工作，保证数据在受到破坏时，能够及时使数据库恢复到正确状态。

⑥ 数据的最小存取单位。在文件系统中，由于数据的最小存取单位是记录，这给使用和操作数据带来许多不便。数据库系统改善了其不足之处，它的最小数据存取单位是数据项，即使用时可以按数据项或数据项组进行存取数据，也可以按记录或记录组存取数据。由于数据库中数据的最小存取单位是数据项，使系统在进行查询、统计、修改及数据再组合等操作时，能以数据项为单位进行条件表达和数据存取处理，给系统带来了高效性、灵活性和方便性。

2．数据库的发展趋势

从最早用文件系统存储数据算起，数据库的发展已经有 50 多年了，其间经历了 20 世纪 60 年代的层次数据库（IBM 的 IMS）和网状数据库（GE 的 IDS）的并存，20 世纪 70 年代到 80 年代关系数据库的异军突起，20 世纪 90 年代对象技术的影响。如今，关系数据库依然处于主流地位。未来数据库市场竞争的焦点已不再局限于传统的数据库，新的应用不断赋予数据库新的生命力，随着应用驱动和技术驱动相结合，也呈现出了一些新的趋势。

一些主流企业数据库厂商包括甲骨文、IBM、Microsoft、Sybase 目前认为，关系技术之后，对 XML 的支持、网格技术、开源数据库、整合数据仓库和 BI 应用以及管理自动化已成为下一代数据库在功能上角逐的焦点。

（1）XML 数据库

XML 全称是"可扩展标识语言"（Extensible Markup Language），XML 是一种简单、与平台无关并被广泛采用的标准，是用来定义其他语言的一种元语言，其前身是 SGML（标准通用标记语言）。简单地说，XML 是提供一种描述结构化数据的方法，是为互联网世界提供了定义各行各业的"专业术语"的工具。

XML 数据是 Web 上数据交换和表达的标准形式，和关系数据库相比，XML 数据可以表达具有复杂结构的数据，如树结构的数据。正因如此，在信息集成系统中，XML 数据经常被用作信息转换的标准。

基于 XML 数据的特点，XML 数据的高效管理通常有着以下的应用。

① 复杂数据的管理。XML 可以有效地表达复杂的数据。这些复杂的数据虽然利用关系数据库也可以进行管理，但是这样会带来大量的冗余。比如说文章和作者的信息，如果利用关系数据库，需要分别用关系表达文章和作者的信息，以及这两者之间的关系。这样的表达，在文章和作者关系的关系中分别需要保存文章和作者对应的 ID，如果仅仅为了表达文章和作者之间的关系，这个 ID 是冗余信息。在 XML 数据中对象之间的关系可以直接用嵌套或者 ID-IDREF 的指向来表达。此外 XML 数据上的查询可以表达更加复杂的语义，比如 XPath 可以表达比 SQL 更为复杂的语义。因此，利用 XML 对复杂数据进行管理是一项有前途的应用。

② 互联网中数据的管理。互联网上的数据与传统的事务数据库与数据仓库都不同，其特点可以表现为模式不明显，经常有缺失信息，对象结构比较复杂。因此，在和互联网相

关的应用，特别是对从互联网采集和获取的信息进行管理的时候，如果使用传统的关系数据库，存在着产生过多的关系，关系中存在大量的空值等问题。而 XML 可以用来表达半结构数据，对模式不明显，存在缺失信息和结构复杂的数据可以非常好的表达。特别在许多 Web 系统中，XML 已经是数据交换和表达的标准形式。因此，XML 数据的高效管理在互联网的系统中存在着重要的应用。

③ 信息集成中的数据管理。现代信息集成系统超越了传统的联邦数据库和数据集成系统，需要集成多种多样的数据源，包括关系数据库、对象－关系数据库以及网页和文本形式存在的数据。对于这样的数据进行集成，XML 既可以表达结构数据也可以表达半结构数据的形式成为首选。而在信息集成系统中，为了提高系统的效率，需要建立一个 Cache，把一部分数据放到本地。在基于 XML 的信息集成系统中，这个 Cache 就是一个 XML 数据管理系统。因此，XML 数据的管理在信息集成系统中也有着重要的应用。

（2）网格数据库

商业计算的需求使用户需要高性能的计算方式，而超级计算机的价格却阻挡了高性能计算的普及能力。于是造价低廉而数据处理能力超强的计算模式——网格计算应运而生。网格计算的定义包括 3 部分：一是共享资源，将可用资源汇集起来形成共享池；二是虚拟化堆栈的每一层，可以如同管理一台计算机一样管理资源；三是基于策略实现自动化负载均衡。数据库不仅仅是存储数据，而且是要实现对信息整个生命周期的管理。数据库技术和网格技术相结合，也就产生一个新的研究内容，称之为网格数据库。

"网格就是下一代 Internet"，这句话强调了网格可能对未来社会的巨大影响。在历史上，数据库系统曾经接受了 Internet 带来的挑战。毫无疑问，现在数据库系统也将应对网格带来的挑战。业内专家认为，网格数据库系统具有很好的前景，会给数据库技术带来巨大的冲击，但它面临一些新的问题需要解决。网格数据库当前的主要研究内容包括 3 个方面：网格数据库管理系统、网格数据库集成和支持新的网格应用。网格数据库管理系统应该可以根据需要来组合完成数据库管理系统的部分或者全部功能，这样做的好处除了可以降低资源消耗，更重要的是使得在整个系统规模的基础上优化使用数据库资源成为可能。

（3）整合数据仓库和 BI 应用

数据库应用的成熟，使得企业数据库里承载的数据越来越多。但数据的增多，随之而来的问题就是如何从海量的数据中抽取出具有决策意义的信息（有用的数据），更好地服务于企业当前的业务，这就需要商业智能（Business Intelligence，BI）。从用户对数据管理需求的角度看，可以划分两大类：一是对传统的、日常的事务处理，即经常提到的联机事务处理（OLTP）应用；二是联机分析处理（OLAP）与辅助决策，即商业智能（BI）。数据库不仅支持 OLTP，还应该为业务决策、分析提供支持。目前，主流的数据库厂商都已经把支持 OLAP、商业智能作为关系数据库发展的另一大趋势。

商业智能是指以帮助企业决策为目的，对数据进行收集、存储、分析、访问等处理的一大类技术及其应用，由于需要对大量的数据进行快速地查询和分析，传统的关系型数据库不能很好地满足这种要求。或者说传统上，数据库应用是基于 OLTP 模型的，而不能很好地支持 OLAP，商业智能是以数据仓库为基础，目前同时支持 OLTP 和 OLAP 这两种模式是关系数据库的着眼点所在。

（4）管理自动化

企业级数据库产品目前已经进入同质化竞争时代，在功能、性能、可靠性等方面差别已经不是很大。但是随着商业环境竞争日益加剧，目前企业面临着另外的挑战，即如何以最低的成本同时又高质量地管理其 IT 架构。这也就带来了两方面的挑战：一方面系统功能日益强大而复杂；另一方面，对这些系统管理和维护的成本越来越昂贵。正是意识到这些需求，自我管理功能包括能自动地对数据库自身进行监控、调整、修复等已成为数据库追求的目标。

8.1.3　数据模型

数据（data）是描述事物的符号记录，数据只有通过加工才能成为有用的信息。模型（model）是现实世界的抽象。数据模型（data model）是数据特征的抽象，它不是描述个别的数据，而是描述数据的共性。它一般包括两个方面：一是数据库的静态特性，包括数据的结构和限制；二是数据的动态特性，即在数据上所定义的运算或操作。数据库是根据数据模型建立的，因而数据模型是数据库系统的基础。

数据模型是一组严格定义的概念集合，这些概念精确地描述了系统的数据结构、数据操作和数据完整性约束条件。也就是说，数据模型所描述的内容包括 3 个部分：数据结构、数据操作和数据约束。

① 数据结构：数据模型中的数据结构主要描述数据的类型、内容、性质、数据间的联系等。数据结构是数据模型的基础，是所研究的对象类型的集合，它包括数据的内部组成和对外联系。数据操作和约束都建立在数据结构上，不同的数据结构具有不同的操作和约束。

② 数据操作：数据操作是指对数据库中各种数据对象允许执行的操作集合，数据模型中数据操作主要描述在相应的数据结构上的操作类型和操作方式两部分内容。

③ 数据约束：数据约束条件是一组数据完整性规则的集合，它是数据模型中的数据及其联系所具有的制约和依存规则。数据模型中的数据约束主要描述数据结构内数据间的语法、词义联系，它们之间的制约和依存关系，以及数据动态变化的规则，以保证数据的正确、有效和相容。

数据模型按不同的应用层次分成 3 种类型，分别是概念数据模型、逻辑数据模型和物理数据模型。

① 概念数据模型（Conceptual Data Model）：简称概念模型，是面向数据库用户的实现世界的模型，主要用来描述世界的概念化结构，它使数据库的设计人员在设计的初始阶段，摆脱计算机系统及 DBMS 的具体技术问题，集中精力分析数据以及数据之间的联系等，与具体的数据管理系统（Data Base Management System，DBMS）无关。概念数据模型必须换成逻辑数据模型，才能在 DBMS 中实现。在概念数据模型中最常用的是 E-R 模型、扩充的 E-R 模型、面向对象模型及谓词模型。

② 逻辑数据模型（Logical Data Model）：简称数据模型，这是用户从数据库所看到的模型，是具体的 DBMS 所支持的数据模型，如网状数据模型（Network Data Model）、层次数据模型（Hierarchical Data Model）等。此模型既要面向用户，又要面向系统，主要用于数据库管理系统（DBMS）的实现。在逻辑数据类型中最常用的是层次模型、网状模型和关系模型。

③ 物理数据模型（Physical Data Model）：简称物理模型，是面向计算机物理表示的模型，描述了数据在储存介质上的组织结构，它不但与具体的 DBMS 有关，而且还与操作系统和硬件有关。每一种逻辑数据模型在实现时都有其对应的物理数据模型。DBMS 为了保

证其独立性与可移植性，大部分物理数据模型的实现工作由系统自动完成，而设计者只设计索引、聚集等特殊结构。

数据模型是数据库系统与用户的接口，是用户所看到的数据形式。从这个意义来说，人们希望数据模型尽可能自然地反映现实世界和接近人类对现实世界的观察与理解，也就是数据模型要面向用户。但是数据模型同时又是数据库管理系统实现的基础，它对系统的复杂性性能影响颇大。从这个意义来说，人们又希望数据模型能够接近在计算机中的物理表示，以期便于实现，减小开销，也就是说，数据模型还不得不在一定程度上面向计算机。

与程序设计语言相平行，数据模型也经历着从低向高的发展过程。从面向计算机逐步发展到面向用户；从面向实现逐步发展到面向应用；从语义甚少发展到语义较多；从面向记录逐步发展到面向多样化的、复杂的事物；从单纯直接表示数据发展到兼有推导数据的功能。总之，随着计算机及其应用的发展，数据模型也在不断地发展。

8.1.4 常见的数据库管理系统

目前，流行的数据库管理系统有许多种，大致可分为文件、小型桌面数据库、大型商业数据库、开源数据库等。文件多以文本字符型方式出现，用来保存论文、公文、电子书等。小型桌面数据库主要是运行在 Windows 操作系统下的桌面数据库，如 Microsoft Access、Visual FoxPro 等，适合于初学者学习和管理小规模数据用。以 Oracle 为代表的大型关系数据库，更适合大型中央集中式数据管理场合，这些数据库可存放几十 GB 至上百 GB 的大量数据，并且支持多客户端访问。开源数据库即"开放源代码"的数据库，如 MySQL，其在 WWW 网站建设中应用较广。

1. 小型桌面数据库 Access

Access 是 Microsoft Office 办公软件的组件之一，是当前 Windows 环境下非常流行的桌面型数据库管理系统。使用 Microsoft Access 数据库无须编写任何代码，只需通过直观的可视化操作就可以完成大部分的数据库管理工作。Access 是一个面向对象的、采用事件驱动的关系型数据库管理系统。通过 ODBC（Open DataBase Connectivity，开放数据库互连）可以与其他数据库相连，实现数据交换和数据共享，也可以与 Word、Excel 等办公软件进行数据交换和数据共享，还可以采用对象链接与嵌入（OLE）技术在数据库中嵌入和链接音频、视频、图像等多媒体数据。

Access 数据库的特点如下。

① 利用窗体可以方便地进行数据库操作。

② 利用查询可以实现信息的检索、插入、删除和修改，可以以不同的方式查看、更改和分析数据。

③ 利用报表可以对查询结果和表中数据进行分组、排序、计算、生成图表和输出信息。

④ 利用宏可以将各种对象连接在一起，提高应用程序的工作效率。

⑤ 利用 Visual Basic for Application 语言，可以实现更加复杂的操作。

⑥ 系统可以自动导入其他格式的数据并建立 Access 数据库。

⑦ 具有名称自动纠正功能，可以纠正因为表的字段名变化而引起的错误。

⑧ 通过设置文本、备注和超级链接字段的压缩属性，可以弥补因为引入双字节字符集支持而对存储空间需求的增加。

⑨ 报表可以通过使用报表快照和快照查看相结合的方式，来查看、打印或以电子方式

分发。

⑩ 可以直接打开数据访问页、数据库对象、图表、存储过程和 Access 项目视图。

⑪ 支持记录级锁定和页面级锁定。通过设置数据库选项，可以选择锁定级别。

⑫ 可以从 Microsoft Outlook 或 Microsoft Exchange Server 中导入或链接数据。

后续章节将详细介绍 Access 2010 的相关概念及应用。

2．Microsoft SQL Server

SQL Server 是大型的关系数据库，适合中型企业使用。建立于 Windows NT 的可伸缩性和可管理性之上，提供功能强大的客户/服务器平台，高性能客户/服务器结构的数据库管理系统可以将 Visual Basic、Visual C++作为客户端开发工具，而将 SQL Server 作为存储数据的后台服务器软件。

SQL Server 有多种实用程序允许用户来访问他的服务，用户可以用这些实用程序对 SQL Server 进行本地管理或远程管理。随着 SQL Server 产品性能的不断扩大和改善，已经在数据库系统领域占有非常重要的地位。

SQL（Structured Query Language）的含义是结构化查询语言，是一种介于关系代数与关系演算之间的语言，其功能包括查询、操纵、定义和控制 4 个方面，是一个通用的功能极强的关系数据库标准语言。SQL 在关系型数据库中的地位犹如英语在世界上的地位，它是数据库系统的通用语言，利用它，用户可以用几乎同样的语句在不同的数据库系统上执行同样的操作。

目前，SQL 已经被确定为关系数据库系统的国际标准，被绝大多数商品化的关系数据库系统采用，受到用户的普遍接受。SQL 是 1974 年由 Boyce 和 Chamberlin 提出的，在 IBM 公司研制的关系数据库原型系统 System R 中实现了这种语言。由于它功能丰富、使用方式灵活、语言简洁易学等突出优点，在计算机业界和计算机用户中备受欢迎。1986 年 10 月，美国国家标准局（American National Standard Institute，ANSI）的数据库委员会批准了 SQL 作为关系数据库语言的美国标准。同年公布了标准 SQL 文本，这个标准也称为 SQL86。1987 年 6 月国际标准化组织（International Organization for Standardization，ISO）将其采纳为国际标准。之后 SQL 标准化工作不断地进行着，相继出现了 SQL89、SQL92 和 SQL3。SQL 成为国际标准后，它对数据库以外的领域也产生了很大影响，不少软件产品将 SQL 的数据查询功能与图形功能、软件工程工具、软件开发工具、人工智能程序结合起来。

SQL 是与数据库管理系统（DBMS）进行通信的一种语言和工具。将 DBMS 的组件联系在一起，可以为用户提供强大的功能，使用户可以方便地进行数据库的管理和数据的操作。通过 SQL 命令，程序员或数据库管理员（DBA）可以完成以下功能。

① 建立数据库的表格。

② 改变数据库系统环境设置。

③ 让用户自己定义所存储数据的结构，以及所存储数据各项之间的关系。

④ 让用户或应用程序可以向数据库中增加新的数据、删除旧的数据以及修改已有数据，有效地支持了数据库数据的更新。

⑤ 使用户或应用程序可以从数据库中按照自己的需要查询数据并组织使用它们，其中包括子查询、查询的嵌套、视图等复杂的检索。

能对用户和应用程序访问数据、添加数据等操作的权限进行限制，以防止未经授权的访问，有效地保护数据库的安全。

⑥ 使用户或应用程序可以修改数据库的结构。

⑦ 使用户可以定义约束规则，定义的规则将保存在数据库内部，可以防止因数据库更新过程中的意外或系统错误而导致的数据库崩溃。

SQL 简单易学、风格统一，利用几个简单的英语单词的组合就可以完成所有的功能。它几乎可以不加修改地嵌入到如 Visual Basic、Power Builder 这样的前端开发平台上，利用前端工具的计算能力和 SQL 的数据库操纵能力，可以快速建立数据库应用程序。

下面简要介绍 SQL 的常用语句。

① 创建基本表，即定义基本表的结构。基本表结构的定义可用 CREATE 语句实现，其一般格式如下：

```
CREATE TABLE <表名>
              (<列名 1><数据类型 1>[列级完整性约束条件 1]
              [,<列名 2><数据类型 2>[列级完整性约束条件 2]] …
              [,<表级完整性约束条件>]);
```

定义基本表结构，首先须指定表的名字，表名在一个数据库中应该是唯一的。表可以由一个或多个属性组成，属性的类型可以是基本类型，也可以是用户事先定义的域名。建表的同时可以指定与该表有关的完整性约束条件。

定义表的各个属性时需要指定其数据类型及长度。下面是 SQL 提供的一些主要数据类型。

INTEGER   长整数（也可写成 INT）
SMALLIN   短整数
REAL   取决于机器精度的浮点数
FLOAT(n)   浮点数，精度至少为 n 位数字
NUMERIC(p,d)   点数，由 p 位数字（不包括符号、小数点）组成，小数点后面有 d 位数字（也可写成 DECIMAL(P,d)或 DEC(P,d)）
CHAR(n) n 的定长字符串
VARCHAR(n)   有最大长度为 n 的变长字符串
DATE   包含年、月、日，形式为 YYYY-MM-DD
TIME   含一日的时、分、秒，形式为 HH:MM:SS

② 创建索引，索引是数据库中关系的一种顺序（升序或降序）的表示，利用索引可以提高数据库的查询速度。创建索引使用 CREATE INDEX 语句，其一般格式如下：

```
CREATE [UNIQUE] [CLUSTER] INDEX <索引名> ON <表名>
       (<列名 1>[<次序 1>][,<列名 2>[<次序 2>]]…);
```

其中各部分含义如下。

- 索引名是给建立的索引指定的名字。因为在一个表上可以建立多个索引，所以要用索引名加以区分。
- 表名指定要创建索引的基本表的名字。
- 索引可以创建在该表的一列或多列上，各列名之间用逗号隔开，还可以用次序指定该列在索引中的排列次序。

次序的取值为：ASC（升序）和 DESC（降序），如省略默认为 ASC。

- UNIQUE 表示此索引的每一个索引只对应唯一的数据记录。
- CLUSTER 表示索引是聚簇索引。其含义是：索引项的顺序与表中记录的物理顺序一致。这里涉及数据的物理顺序的重新排列，所以建立时要花费一定的时间。用户可

以在最常查询的列上建立聚簇索引。一个基本表上的聚簇索引最多只能建立一个。当更新聚簇索引用到的字段时，将会导致表中记录的物理顺序发生改变，代价很大。所以聚簇索引要建立在很少（最好不）变化的字段上。

③ 创建查询，数据库查询是数据库中最常用的操作，也是核心操作。SQL 提供了 SELECT 语句进行数据库的查询，该语句具有灵活的使用方式和丰富的功能。其一般格式如下：

```
SELECT [ALL|DISTINCT] <目标列表达式 1>[,<目标列表达式 2>]…
       FROM <表名或视图名 1>[,<表名或视图名 2>]…
       [WHERE <条件表达式>]
       [GROUP BY <列名 3>[HAVING <组条件表达式>]]
       [ORDER BY <列名 4>[ASC|DESC],…];
```

整个 SELECT 语句的含义是，根据 WHERE 子句的条件表达式，从 FROM 子句指定的基本表或视图中找出满足条件的元组，再按 SELECT 子句中的目标列表达式，选出元组中的属性值。如果有 GROUP 子句，则将结果按<列名 4>的值进行分组，该属性列的值相等的元组为一个组。如果 GROUP 子句带 HAVING 短语，则只有满足组条件表达式的组才予输出。如果有 ORDER 子句，则结果要按<列名 3>的值进行升序或降序排序。

④ 插入元组，基本格式如下：

```
INSERT INTO <表名>[ (<属性列 1>[,<属性列 2>]…) ]
       VALUES (<常量 1>[,<常量 2>]…);
```

其功能是将新元组插入指定表中。VALUES 后的元组值中列的顺序表必须同表的属性列一一对应。如表名后不跟属性列，表示在 VALUES 后的元组值中提供插入元组的每个分量的值，分量的顺序和关系模式中列名的顺序一致。如表名后有属性列，则表示在 VALUES 后的元组值中只提供插入元组对应于属性列中的分量的值，元组的输入顺序和属性列的顺序一致，没有包括进来的属性将采用默认值。基本表后如有属性列表，必须包括关系的所有非空的属性，自然应包括关键码属性。

⑤ 删除元组，基本格式如下：

```
DELETE FROM <表名> [WHERE <条件>];
```

其功能是从指定表中删除满足 WHERE 条件的所有元组。如果省略 WHERE 语句，则删除表中全部元组。

⑥ 修改元组，基本格式如下：

```
UPDATE <表名>
       SET <列名>=<表达式>[,<列名>=<表达式>]…
       [WHERE <条件>];
```

其功能是修改指定表中满足 WHERE 子句条件的元组，用 SET 子句的表达式的值替换相应属性列的值。如果 WHERE 子句省略，则修改表中所有元组。

3．Oracle

Oracle 是一种对象关系数据库管理系统（ORDBMS）。它提供了关系数据库系统和面向对象数据库系统这二者的功能。Oracle 是目前最流行的客户/服务器（Client/Server）体系结构的数据库之一，它在数据库领域一直处于领先地位。1984 年，首先将关系数据库转到了桌面计算机上。然后，Oracle 的版本 5，率先推出了分布式数据库、客户/服务器结构等崭新的概念。Oracle 是以高级结构化查询语言（SQL）为基础的大型关系数据库，通俗地说它是用方便逻辑管理的语言操纵大量有规律数据的集合，是目前最流行的客户/服务器体系结构的数据库之一，是目前世界上最流行的大型关系数据库管理系统，具有移植性好、使用方便、性能强大等特点，适合于各类大、中、小、微机和专用服务器环境。

Oracle 的主要特点如下。

① Oracle 8.X 以来引入了共享 SQL 和多线索服务器体系结构。这减少了 Oracle 的资源占用，并增强了 Oracle 的能力，使之在低档软硬件平台上用较少的资源就可以支持更多的用户，而在高档平台上可以支持成百上千个用户。

② 提供了基于角色（Role）分工的安全保密管理。在数据库管理功能、完整性检查、安全性、一致性方面都有良好的表现。

③ 支持大量多媒体数据，如二进制图形、声音、动画、多维数据结构等。

④ 提供了与第三代高级语言的接口软件 PRO*系列，能在 C、C++等主语言中嵌入 SQL 语句及过程化（PL/SQL）语句，对数据库中的数据进行操纵。加上它有许多优秀的前台开发工具如 Power Builder、SQL*FORMS、Visual Basic 等，可以快速开发生成基于客户端 PC 平台的应用程序，并具有良好的移植性。

⑤ 提供了新的分布式数据库能力。可通过网络较方便地读写远端数据库里的数据，并有对称复制的技术。

4．IBM DB2

DB2 是 IBM 公司的产品，起源于 System R 和 System R*。它支持从 PC 到 UNIX，从中小型机到大型机，从 IBM 到非 IBM（HP 及 SUN UNIX 系统等）各种操作平台。既可以在主机上以主/从方式独立运行，也可以在客户/服务器环境中运行。其中服务器平台可以是 OS/400、AIX、OS/2、HP-UNIX、SUN-Solaris 等操作系统，客户机平台可以是 OS/2 或 Windows、Dos、AIX、HP-UX、SUN Solaris 等操作系统。

DB2 数据库核心又称作 DB2 公共服务器，采用多进程多线索体系结构，可以运行于多种操作系统之上，并分别根据相应平台环境作了调整和优化，以便能够达到较好的性能。

DB2 核心数据库的特色有以下几点。

① 支持面向对象的编程：DB2 支持复杂的数据结构，如无结构文本对象，可以对无结构文本对象进行布尔匹配、最接近匹配和任意匹配等搜索。

② 可以建立用户数据类型和用户自定义函数。

③ 支持多媒体应用程序：DB2 支持大型二进制对象（Binary Large Objects，BLOB），允许在数据库中存取 BLOB 和文本大对象。其中，BLOB 可以用来存储多媒体对象。

④ 备份和恢复能力。

⑤ 支持存储过程和触发器，用户可以在建表时显示定义复杂的完整性规则。

⑥ 支持 SQL 查询。

⑦ 支持异构分布式数据库访问。

⑧ 支持数据复制。

5．Sybase

它是美国 Sybase 公司研制的一种关系型数据库系统，是一种典型的 UNIX 或 Windows NT 平台上客户机/服务器环境下的大型数据库系统。

一般关于网络工程方面都会用到，而且目前在其他方面应用也较广阔。

8.2 Access 2010 入门与实例

Access 作为 Microsoft Office 办公软件的组件之一，它不但能存储和管理数据，还能编写数据库管理软件，用户可以通过 Access 提供的开发环境及工具方便地构建数据库应用程序。也就是说 Access 既是后台数据库，同时也可以是前台开发工具。作为前台开发工具，它还支持多种后台数据库，可以连接 Excel 文件、FoxPro、Dbase、SQL Server 数据库，甚至还可以连接 MySQL、文本文件、XML、Oracle 等其他数据库。

Access 2010 是目前最新的版本，其实现了智能化的办公流程，极大地提高了生产效率；其提供的协作功能使沟通更加方便，从而有效地提高了协作效率，全面提升了团队的竞争力；其提供了更方便高效的模板，可以快速开始工作，也可以修改或改变这些模板以适应不断变化的业务需要，从而轻松构建适合各种业务需求的应用程序。

8.2.1 Access 2010 的基本功能

Access 2010 的基本功能包括组织数据、创建查询、生成窗体、打印报表、共享数据、支持超级链接和创建应用系统。

1. 组织数据

组织数据是 Access 最主要的作用，一个数据库就是一个容器，Access 用它来容纳自己的数据并提供对对象的支持。

Access 中的表对象是用于组织数据的基本模块，用户可以将每一种类型的数据放在一个表中，可以定义各个表之间的关系，从而将各个表相关的数据有机地联系在一起。表是 Access 数据库最主要的组成部分，一个数据库文件可以包含多个表对象。一个表实际上就是由行、列数据组成的一张二维表格，字段就是表中的列，字段存放不同的数据类型，具有一些相关的属性。

2. 创建查询

查询是按照预先设定的规则有选择地显示一个表或多个表中的数据信息。查询是关系数据库中的一个重要概念，是用户操纵数据库的一种主要方法，也是建立数据库的目的之一。需要注意的是，查询对象不是数据的集合，而是操作的集合。可以这样理解，查询是针对数据表中数据源的操作命令。

在 Access 数据库中，查询是一种统计和分析数据的工作，利用查询可以按照不同的方式查看、更改和分析数据，也可以利用查询作为窗体、报表和数据访问页的记录源。查询的目的就是根据指定的条件对数据表或其他查询进行检索，筛选出符合条件的记录，构成一个新的数据集合，从而方便用户对数据库进行查看和分析。

3. 生成窗体

窗体是用户和数据库应用程序之间的主要接口，Access 2010 提供了丰富的控件，可以设计出丰富美观的用户操作界面。利用窗体可以直接查看、输入和更改表中的数据，而不在数据表中直接操作，极大地提高了数据操作的安全性。Access 2010 提供了一些新工具，可帮助用户快速创建窗体，并提供了新的窗体类型和功能，以提高数据库的可用性。

4. 打印报表

报表是以特定的格式打印显示数据最有效的方法。报表可以将数据库中的数据以特定

的格式进行显示和打印，同时可以对有关数据实现汇总、求平均值等计算。利用 Access 2010
的报表设计器可以设计出各种各样的报表。

8.2.2 Access 2010 的基本对象

在一个 Access 2010 数据库文件中，有 7 个基本对象，它们处理所有数据的保存、检索、
显示及更新。这 7 个基本对象类型是表、查询、窗体、报表、页、宏及模块。一个 Access 2010
数据库文件的规格如表 8.1 所示。

表 8.1   Access 2010 数据库文件规格

属 性	最 大 值
Access 数据库文件（.accdb）大小	2GB，减去系统对象所需的空间
数据库中的对象个数	32768
模块（包括 HasModule 属性设置为 True 的窗体和报表）数	1000
对象名称中的字符数	64
密码的字符个数	20
用户名或组名的字符个数	20
并发用户的个数	255

表是数据库的源头，Access 2010 的数据表提供一个矩阵，矩阵中的每一行称为一条记
录，每一行唯一地定义了一个数据集合，矩阵中的若干列称为字段，字段存放不同的数据
类型，具有一些相关的属性。表 8.2 列出了 Access 2010 数据表的规格。

表 8.2   Access 2010 数据表规格

属 性	最 大 值
表名的字符个数	64
字段名的字符个数	64
表中字段的个数	255
打开表的个数	2048，实际可能会少一些，因为 Access 会打开一些内部表
表的大小	2GB，减去系统对象所需的空间
文本字段的字符个数	255
备注字段的字符个数	通过用户界面输入数据为 65535；以编程方式输入数据为 2GB
OLE 对象字段的大小	1GB
表中的索引个数	32
索引中的字段个数	10
有效性消息的字符个数	255
有效性规则的字符个数	2048
表或字段说明的字符个数	255

续表

属　　性	最　大　值
记录中的字符个数（当字段的 Unicode Compression 属性设置为"是"时）（除"备注"和"OLE 对象"字段外）	4000
字段属性设置的字符个数	255

　　Access 中的查询包括选择查询、计算查询、参数查询、交叉表查询、操作查询和 SQL 查询。选择查询是通过特定的查询条件，从一个或多个表中获取数据并显示结果；计算查询是通过查询操作完成基表内部或各基表之间数据的计算；参数查询是在运行实际查询之前弹出对话框，用户可随意输入查询准则的查询方式。在一个操作中更改许多记录的查询称为操作查询，操作查询可分为删除、追加、更改与生成表 4 种类型；在 SQL 视图中，通过特定的 SQL 命令执行的查询称为 SQL 查询。表 8.3 所示列出了 Access 2010 中查询的规格。

表 8.3　　　　　　　　　　Access 2010 中查询的规格

属　　性	最　大　值
强制关系的个数	每个表为 32 个，减去表中不包含在关系中的字段或字段组合的索引个数
查询中表的个数	32
查询中链接的个数	16
记录集中字段的个数	255
记录集大小	1GB
排序限制	255 个字符（一个或多个字段）
嵌套查询的层次数	50
查询设计网格一个单元格中的字符个数	1024
参数查询的参数字符个数	255
WHERE 或 HAVING 子句中 AND 运算符的个数	99
SQL 语句中的字符个数	约为 64000

　　报表和窗体都是通过界面设计进行数据定制输出的载体，其在 Access 2010 中的规格如表 8.4 所示。

表 8.4　　　　　　　　　　Access 2010 中报表和窗体的规格

属　　性	最　大　值
标签中的字符个数	2048
文本框中的字符个数	65535
窗体或报表宽度	22 英寸（55.87 cm）
节高度	22 英寸（55.87 cm）
所有节加上页眉的高度	200 英寸（508 cm）
窗体或报表的最大嵌套层数	7

续表

属　　性	最　大　值
报表中可作为排序或分组依据的字段或表达式的个数	10
报表的显示页数	65536
在报表或窗体的生命周期中可添加的控件和节的个数	754
SQL 语句中作为窗体、报表或控件的 Recordsource 或 Rowsource 属性的字符个数	32750

8.2.3　Access 2010 的操作界面

在前面章节中已介绍了 Microsoft Office 2010 的安装，安装成功后，即可启动"Microsoft Office"程序组中的"Microsoft Office Access 2010"程序项，进入 Access 2010 的开始使用界面，如图 8.1 所示。

Access 2010 提供了功能强大的模板，可以使用系统自带的数据库模板，也可以使用 Microsoft Office Online 下载最新或修改后的模板。使用模板可以快速创建数据库，每个模板都是一个完整的跟踪应用程序，具有预定义的表、窗体、报表、查询、宏和关系，如果模板设计满足用户需要，便可以直接开始工作，否则可以使用模板作为起点来创建符合个人特定需要的数据库。

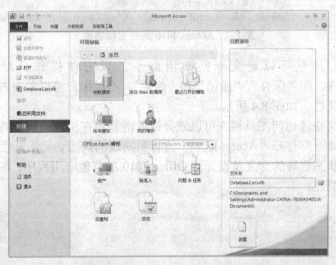

图 8.1　Access 2010 的开始使用界面

选择一个模板或选择"空白数据库"，可进入 Access 2010 的主窗口界面，有使用 Access 经验的用户可以看出 2010 版本在操作界面上有较大的变化。如图 8.2 所示，整个主界面由快速访问工具栏、命令选项卡、功能区、导航窗格、工作区和状态栏几部分组成。

命令选项卡是把 Access 2010 的功能操作进行分类，以"开始"、"创建"、"外部数据"、"数据库工具"、"字段"、"表"等选项卡形式组织，选项卡的内容随着当前处于活动状态的对象不同而改变。

功能区列出了当前选中的命令选项卡所包含的功能命令，各功能以分组形式组织，如图 8.3 所示的"开始"功能区中就包含"视图"、"剪贴板"、"排序和筛选"、"记录"、"查找"、"文本格式"和"中文简繁转换" 7 个命令分组。每组中显示了常用命令，若还有其他详细设置，则单击每组右下角的 ⬚ 按钮，可进行详细命令设置。

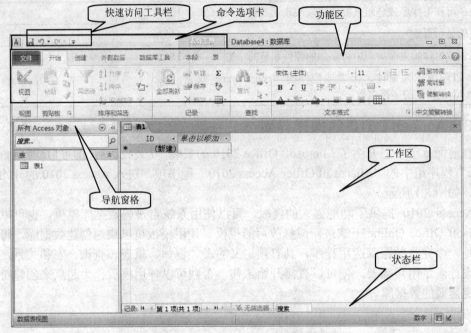

图 8.2   Access 2010 的主窗口界面

快速访问工具栏可以定义一些常用命令，以方便操作。默认命令集包括 ⬚ 🔁 🔁 🔻，即"保存"、"撤销"和"恢复"。不过用户可以单击右边的下拉按钮自定义快速访问工具栏，如图 8.4 所示。

通过"自定义快速访问工具栏"可以选择或取消显示在快速访问工具栏中的命令，也可以选择"其他命令"打开"Access 选项"进行更高级的快速访问工具栏设置。

导航窗格和状态栏等的含义及设置同 Office 2010 的其他应用程序，在前面章节中已有说明，这里不再赘述。

图 8.3   功能区   图 8.4   自定义快速访问工具栏

8.2.4 创建数据库

创建数据库及其操作是 Access 中最基本最普遍的操作,本小节将首先介绍使用模板和向导构建数据库的方法,然后再介绍数据库对象的各种必要操作。

1. 使用模板创建数据库

启动 Access 2010,在"新建"菜单项中可使用"可用模板"和"Office.com 模板"两种模板来创建数据库,如图 8.5 所示。"可用模板"是利用本机上的模板来创建,"Office.com 模板"是登录 Microsoft 网站下载模板创建新数据库。

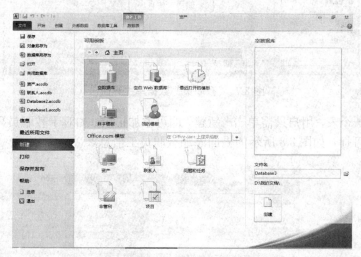

图 8.5 新建数据库

选择"可用模板"中的"样本模板"打开本机 Office 样本模板,如图 8.6 所示,再选择"教职员"类型,然后在右边的"文件名"文本框中输入自定义的数据库文件名,并单击后面文件夹按钮设置存储位置,然后单击"创建",系统则按选中的模板自动创建新数据库,数据库文件扩展名为.accdb。

图 8.6 根据"样本模板"创建数据库

创建完成后,系统进入按模板新创建的"教职员"数据库主界面,如图 8.7 所示。从图中可以看出，系统模板已做好了"教职员列表"、"教职员详细信息"等相关的数据表以及按类型排列的教职员、按系排列的教职员、教职员电话列表、教职员通讯簿等报表的设计。

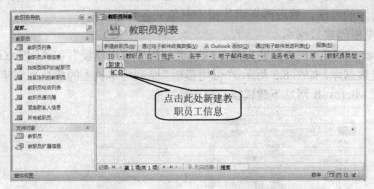

图 8.7 "教职员"数据库主界面

对于任何一个表，用户只需单击"新建"即可添加记录，如对于教职员列表，单击"新建"按钮，即可打开如图 8.8 所示的界面添加教职员工信息。

图 8.8 添加教职员工信息界面

2．创建空白数据库

在开始使用 Access 2010 界面时，选择"可用"模板中的"空数据库"，设置好要创建数据库存储的路径和文件名后，即创建了新的数据库。如图 8.9 所示，用户可根据自己的需要任意添加和设置数据库对象。

系统中默认创建一个空白数据表"表 1"，可在左边导航窗格中，在"表 1"上单击鼠标右键，弹出快捷菜单，然后选择"设计视图"，系统首先提示用户对表 1 进行重命名，这里命名为"学生信息表"，然后打开设计视图进行数据表结构设计，如图 8.10 所示。设置"学号"、"姓名"、"性别"、"出生日期"、"籍贯"、"是否党员" 6 个字段，对每个字段可设置文本、日期时间、数字等不同的数据类型，并可在下面部分进行详细字段设置，如字段大小、格式、是否必填、默认值、有效性规则等。

 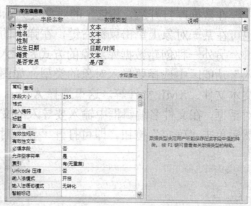

图 8.9 新建空白数据库　　　　　　　图 8.10 数据表设计视图

设计完成后，保存设置，返回数据表打开视图，如图 8.11 所示，即可按设计好的字段添加记录。

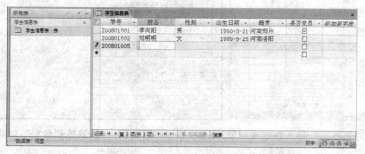

图 8.11 数据表添加记录

3．打开与关闭数据库

Access 2010 提供了 3 种方法来打开数据库，一是在数据库存放的路径下找到所需要打开的数据库文件，直接用鼠标双击即可打开；二是在 Access 2010 的"文件"选项卡中单击"打开"命令；三是可以在最近使用过的文档中快速打开。

完成数据库操作后，便可把数据库关闭，可使用"文件"选项卡中的"关闭数据库"命令，或使用要关闭数据库窗口的"关闭"控制按钮关闭当前数据库。

4．创建数据库对象

前面介绍了数据库有表、查询、窗体、报表等 7 个对象。在数据库中可以通过"命令选项卡"选择"创建"，如图 8.12 所示，然后在"功能区"中选择"表格"、"窗体"、"报表"、"查询"、"宏"等创建相应的数据库对象。

图 8.12 创建数据库对象

在数据库打开后，其包含的对象会列示在导航窗格中，可选择某一对象双击即可打开，也可在某一对象上单击鼠标右键，在弹出的快捷菜单中选择"打开"命令。

另外一种创建数据库对象的方式是导入外部数据。单击"外部数据"选项卡，在"导入"功能区中选择要导入对象的类型，如图 8.13 所示，可以是 Access 文件、Excel 文件、文本文件、XML 文件等。这里选择 Access 文件，打开如图 8.14 所示的"获取外部数据"对话框，在文件名编辑框中输入要导入的文件路径，或通过右边的"浏览"按钮获取路径，然后单击"确定"按钮，即可打开"导入对象"对话框，如图 8.15 所示。

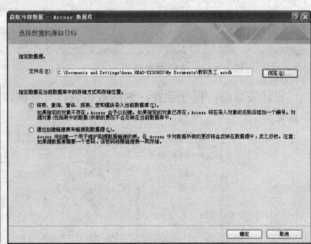

图 8.13　通过"外部数据"导入数据库对象　　　图 8.14　"获取外部数据"对话框

选择具体要导入的表、报表、查询、窗体等对象后，所选的数据库对象即被添加到了当前数据库中。图 8.16 所示为导入了"教职员"表、"教职员列表"窗体和"教职员详细信息"窗体后的当前数据库。

图 8.15　"导入对象"对话框　　　　　图 8.16　导入数据库对象

数据库中的对象可以类似 Windows 系统中的文件操作一样，可以进行复制、移动、删除、重命名等操作。其操作方法也和文件操作类似，首先选中对象，然后可以通过菜单选项、工具栏或快捷菜单进行操作。

8.2.5　创建数据表

表是 Access 中管理数据的基本对象，是数据库中所有数据的载体，一个数据库通常包含若干个数据表对象。本小节首先介绍几种创建表的方法，再逐步深入介绍表及其之间相互关系的操作。

1. 创建数据表的方法

在前面章节中介绍数据库及数据库创建的时候，已经介绍了 3 种创建数据表的方法：一是在使用模板创建数据库时，系统会根据数据库模板创建出相关的数据表；二是创建空白数据库时，因为表是数据库的基本对象，系统会默认提示创建"表 1"；三是在使用外部数据导入数据库对象时，可通过导入其他数据库的数据表、Excel 电子表格、SharePoint 列表数据、文本文件、XML 文件或其他格式的数据文件的方式创建数据表。

除此之外，可以在一个打开的数据库中通过"创建"选项卡的"表"功能区的选项进行创建，如图 8.17 所示。从图中可以看出，又有 3 种创建表的方法：一是选择"表"选项，这种方法直接打开表，通过直接输入内容的方式创建表；二是选择"表设计"，即通过设计视图创建表；三是选择"SharePoint 列表"，在 SharePoint 网站上创建一个列表，然后在当前数据库创建一个表，并将其链接到新建的表。

以上多种创建数据表的方式各有特点，用户可根据具体情况选用。如果所设计的数据表近似于系统提供的模板，比如符合联系人或资产的相关结构属性，则选用模板创建较简便；如果是现有数据源，则选用导入外部数据或创建"SharePoint 列表"的方式；如果表结构需要个性化定义，则选用表设计视图自己创建，或通过创建表，先输入数据，再修改表结构。

图 8.17　创建表

2. 设计表

设计数据表首先要注意信息的正确性和完整性，在正确的前提下尽可能包含完整的信息。其次特别要注意减少数据冗余，数据冗余即重复信息，重复信息会浪费空间，并会增加出错和数据不一致的可能性。所以设计时应将信息划分到基于主题的表中，不同的主题设计不同的表来存储数据，需要时通过关系创建数据直接的联系。

数据表中，每一列叫做一个"字段"，即关系模型中的属性。每个字段包含某一专题的

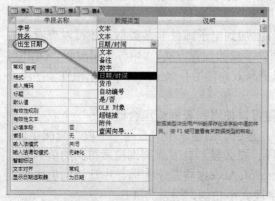

图 8.18　表设计视图

信息，如在一个"学生信息"数据表中，"学号"、"姓名"这些都是表中所有行数据共有的属性，所以把这些列称为"学号"字段和"姓名"字段。表中每一行叫做一个"记录"，即关系模型中的元组，如在"学生信息"数据表中，某一个学生的全部信息叫一个记录。

设计表主要包括字段设计和主键设计。字段设计包含字段类型、字段属性、字段编辑规则等的设计。在创建表时选择"表设计"，或在现有表的快捷菜单中选"设计"

即可打开如图 8.18 所示的数据表设计视图，进行设计表结构。

Access 2010 中的字段类型共有下面 11 种。

① 文本。文本或文本和数字的组合，以及不需要计算的数字，如电话号码。最多为 255 个字符或长度小于 FieldSize 属性的设置值。Microsoft Access 不会为文本字段中未使用的部分保留空间。

② 备注。长文本或具有 RTF 格式的文本。用于长度超过 255 个字符的文本，或使用 RTF 格式的文本。例如，注释、较长的说明和包含粗体或斜体等格式的段落等经常使用"备注"字段。最多为 63999 个字符（如果备注字段是通过 DAO 来操作，并且只有文本和数字（非二进制数据）保存在其中，则备注字段的大小受数据库大小的限制）。

③ 数字。用于数学计算的数值数据。长度大小为 1、2、4 或 8 B（如果将 FieldSize 属性设置为 Replication ID，则为 16B）。

④ 日期/时间。从 100 到 9999 年的日期与时间值。可参与计算，存储空间占 8 B。

⑤ 货币。货币值或用于数学计算的数值数据。这里的数学计算的对象是带有 1～4 位小数的数据，精确到小数点左边 15 位和小数点右边 4 位，大小占 8 B。

⑥ 自动编号。每当向表中添加一条新记录时，由 Microsoft Access 指定的一个唯一的顺序号（每次递增 1）或随机数。自动编号字段不能更新，大小占 4 B（如果将 FieldSize 属性设置为 Replication ID 则为 16 B）。

⑦ 是/否。"是"和"否"值也叫布尔值，用于包含两个可能的值（如 Yes/No、True/False 或 On/Off），大小占 1 B。

⑧ OLE 对象。Microsoft Access 表中链接或嵌入的对象（如 Microsoft Excel 电子表格、Microsoft Word 文档、图形、声音或其他二进制数据）。链接：OLE 对象及其 OLE 服务器之间，或动态数据交换（DDE）的源文档与目标文档之间的一种连接。嵌入：用于插入来自其他应用程序的 OLE 对象的副本。源对象称为 OLE 服务器端，可以是任意支持链接和嵌入对象的应用程序，最多为 1GB（受可用磁盘空间限制）。

⑨ 超链接。存储文本或文本和文本型数字的组合用作超链接地址。超链接地址：指向诸如对象、文档或网页等目标的路径。超链接地址可以是 URL（Internet 或 Intranet 网站的地址），也可以是 UNC 网络路径（局域网上的文件的地址）。超链接地址最多包含 3 部分：显示的文本（displaytext）、地址（address）和子地址（subaddress），用以下语法格式编写：displaytext#address#subaddress#。3 个部分中的每一部分最多只能包含 2048 个字符。

⑩ 附件。任何支持的文件类型，可以将图像、电子表格文件、文档、图表和其他类型的支持文件附加到数据库的记录，这与将文件附加到电子邮件非常类似。还可以查看和编辑附加的文件，具体取决于数据库设计者对附件字段的设置方式。"附件"字段和"OLE 对象"字段相比，有着更大的灵活性，而且可以更高效地使用存储空间，因为"附件"字段不用创建原始文件的位图图像。

⑪ 查阅向导。创建一个字段，通过该字段可以使用列表框或组合框从另一个表或值列表中选择值。单击该选项将启动"查阅向导"，它用于创建一个"查阅"字段。查阅字段：Access 数据库中用在窗体或报表上的一种字段。要么显示自表或查询检索得到的值列表，要么存储一组静态值。在向导完成之后，Microsoft Access 将基于在向导中选择的值来设置数据类型。查阅向导与用于执行查阅的主键字段大小相同，通常为 4 B。

比如在"学生信息表"中设置一个"班级"字段，选择其类型为"查阅向导..."，进入"查阅向导"对话框，如图 8.19 所示，选中"自行键入所选的值"单选钮，然后单击"下一步"按钮,进入"查阅向导"字段设置,如图 8.20 所示。

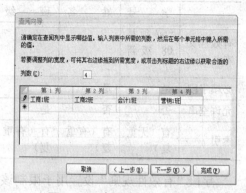

图 8.19　"查阅向导"对话框　　　　　　　图 8.20　"查阅向导"字段设置

假如学生可选的班级选项有"工商 1 班"、"工商 2 班"、"会计 1 班"和"营销 1 班"4 个,则设置查询列数为"4",然后在系统产生的"第 1 列"、"第 2 列"……列表下分别输入 4 个班级选项,单击"下一步"按钮。在下一步设置中需为该查阅指定标签,然后即完成查阅向导类型设置。

查阅向导类型设置完成后,返回打开"学生信息"表视图,录入学生信息,在录入班级时,字段中的下拉列表提供了班级的可选项,如图 8.21 所示,只需选择某一选项即可。可以看出,利用查阅向导既提高录入速度,又降低录入错误几率。

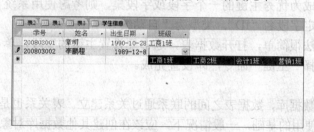

图 8.21　查询向导字段录入

设置完字段的数据类型,需要设置字段的属性。字段的属性包括字段的大小、字段格式、字段编辑规则、主键等的设置。主要在设计视图(见图 8.18)中各字段类型下部的"常规"选项卡中设置。不同类型的字段,其包含的属性略有不同,表 8.5 列出了"学生信息"表示例中所设置的几个字段属性,供读者参考。

表 8.5　　　　　　　　　　　　　　"学生信息"表字段属性

	学　号	姓　名	班　级	出生日期	入学成绩	籍　贯	照　片
类型	文本	文本	查询向导	日期/时间	数字	文本	OLE 对象
大小	9	10			整型	50	
格式				短日期	常规数字		
有效性规则	>"200801000"				>=520		

续表

	学　号	姓　名	班　级	出生日期	入学成绩	籍　贯	照　片
有效性文本	"必须是08级新生"				"成绩不过线"		
必填字段	是	是	否	否	否	否	否
允许空串	否	否	是			是	
索引	有（无重复）	有（有重复）	有（有重复）	无	无	无	无

字段"有效性规则"设置用于限制该字段输入值的表达式，"有效性文本"和"有效性规则"结合使用，用于在输入"有效性规则"所不允许的值时弹出出错提示。比如上例中约定学号的前 4 位表示入学年份，且只输入 08 级新生，则"有效性规则"设置">"200801000""，当输入错误时，会提示"有效性文本"设置的信息而无法保存。

在 Access 中，每个表通常都应有一个主键，"主键"即关系模型中的"码"或"关键字"，是可以唯一标识一条记录的。主键可以是表中的一个字段或字段集，设置主键有助于快速查找和排序记录，使用主键可以将多个表中的数据快速关联起来。

一个好的主键应具有如下几个特征：首先，它唯一标识每一行；其次，它从不为空或为 Null，即它始终包含一个值；最后，它几乎不改变（理想情况下永不改变）。如果在表设计时，想不到可能成为优秀主键的一个字段或字段集，则考虑使用系统自动为用户创建的主键，系统为它指定字段名"ID"，类型为"自动编号"。

设置主键的方法很简单，打开数据表，选中要设置主键的字段，单击鼠标右键，在弹出的快捷菜单中选择"主键"命令，即设置完成。

3．创建关系

Access 是关系数据库，数据表之间的联系通过关系建立。表关系也是查询、窗体、报表等其他数据库对象使用的基础，一般情况下，应该在创建其他数据库对象之前创建表关系。

打开数据库，选择"数据库工具"选项卡上的"显示/隐藏"功能区，单击"关系"按钮，如图 8.22 所示。

图 8.22　选择"关系"按钮

单击"关系"按钮后，出现"设计"选项卡，单击"关系"功能区的"显示表"按钮，弹出"显示表"对话框，如图 8.23 所示。

　　选择要建立关系的表，然后单击"添加"按钮，如图中选择"学生信息"，然后单击"添加"，再选择"成绩表"，再单击"添加"。添加完需要建立关系的数据表后，单击"关闭"按钮，则打开了关系视图，如图 8.24 所示。

　　在这里，要创建"学生信息"表中"学号"字段和"成绩表"中"学号"字段的关系。选定 "学生信息"表中"学号"字段，按住鼠标左键，将其拖动到"成绩表"中的"学号"字段上，弹出"编辑关系"对话框，如图 8.25 所示。

图 8.23 "显示表"对话框

图 8.24 关系视图

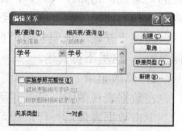

图 8.25 "编辑关系"对话框

　　系统已按照所选字段的属性自动设置了关系类型，因为"学生信息"表中"学号"字段是主键，"成绩表"中"学号"字段不是主键，所以创建的关系类型为"一对多"。如果需要设置多字段关系，只需在选择字段时，按住<Ctrl>键的同时选择多个字段拖动即可。此时选择"创建"按钮，关系即创建完毕，如图 8.26 所示。

　　此时，两个表之间多了一条由两个字段连接起来的关系线。关系建立后，如需更改，则用鼠标右键单击关系线，在快捷菜单中单击"编辑关系"命令，回到"编辑关系"对话框，对连接类型、实施参照性完整等属性进行重新设置。

　　如设置好的关系不再需要，可用鼠标右键单击关系线，在快捷菜单中单击"删除"命令，然后在弹出的对话框中，再次确认即可删除该关系。

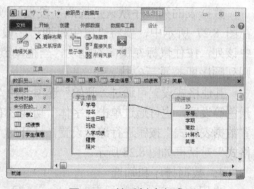

图 8.26 关系创建完成

8.2.6 使用数据表

　　本小节将介绍数据表的基本使用，比如对数据的查看、更新、插入、删除以及排序、筛选等操作。

1. 查看和替换数据表数据

数据表打开后，数据表视图下方的记录编号框可以帮助快速定位查看记录，如图 8.27 所示。

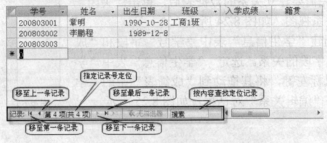

图 8.27　记录编号框

可以通过记录编号框中的按钮进行记录移动，也可以在中间的数字输入框中输入要定位的记录数，比如输入"4"，即可定位到第 4 条记录；另外，也可以在搜索框中输入记录内容，则当前记录会直接定位到与所设定的内容匹配的记录。

通过"开始"选项卡的"查找"功能区可以查找和有选择地替换少量数据，操作方法同 Word，这里不再赘述。

2. 修改记录

在数据表视图中，可以在所需修改处直接修改记录内容，所作改动将直接保存。

单击数据表最后一行，即可直接添加记录。

要删除记录时，可在要删除的记录左侧单击，选中该条记录，然后单击鼠标右键，在快捷菜单中选择"删除记录"即可。可以使用<Shift>键配合选中相邻的多条记录一次删除。

3. 修改格式

在数据表视图中，可以像 Excel 中一样直接拖动行、列分界线直接改变行高和列宽。也可以通过选中该行或该列，然后单击鼠标右键，弹出快捷菜单，对行、列的一些属性进行设置。

数据表的列顺序默认是按照字段设计顺序排列的，使用中也可以根据需要调整列顺序。在图 8.27 所示中，要将"出生日期"字段调整到"籍贯"之后，则单击"出生日期"，选中该列，按住鼠标左键向右拖动，当拖动到"籍贯"右部出现一条黑线时，释放鼠标左键，则列顺序即被重新安排。

其他格式设置可通过"开始"选项卡的"字体"功能区进行字体格式、网格线、填充及背景色等设置，也可通过单击"字体"功能区右下脚的"设置数据表格式"按钮进行综合设置，打开的"设置数据表格式"对话框如图 8.28 所示。

4. 数据排序和筛选

当用户打开一个数据表时，Access 显示的记录数据是按照用户定义的主键进行排序的，对于未定义主键的表，则按照输入顺序排序。而用户根据需要，经常需要用排序功能进行其他方式的排序显示。

数据排序可先选中要依据排序的列，然后使用"开

图 8.28　"设置数据表格式"对话框

始"选项卡的"排序和筛选"功能区按钮来完成，如图 8.29 所示。也可以通过鼠标右键单击该列，在快捷菜单中选择"升序"或"降序"命令来完成。

数据筛选，就是按照选定内容筛选一些数据，能够使它们保留在数据表中并被显示出来。Access 2010 提供了强大的筛选功能。

图 8.30 所示的"员工福利表"中，若要筛选出职称为"技师"的员工，则在某一内容为"技师"的字段上单击右键，在弹出的快捷菜单中可选择"等于'技师'"，或选中"职称"列，然后单击"开始"选项卡的"排序和筛选"功能区的"筛选器"按钮，均可筛选出职称为"技师"的员工福利表，如图 8.31 所示。

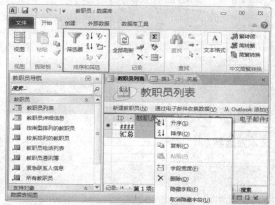

图 8.29　数据排序　　　　　　　　　　图 8.30　数据筛选

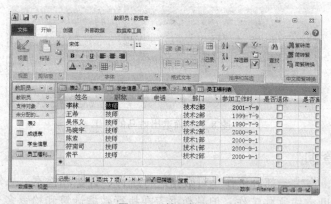

图 8.31　筛选结果

另外，还可以使用"文本筛选器"对文字包含信息进行筛选。例如，在图 8.32 所示的数据表视图中，在任一"姓名"列字段上单击鼠标右键，在快捷菜单中选择"文本筛选器"|"开头是..."，弹出"自定义筛选器"对话框，在编辑栏中输入自定义的筛选条件，如输入"马"，然后单击"确定"按钮，则筛选设置完成。

自定义筛选完成后，数据表视图则只显示出符合条件的数据记录，如图 8.33 所示，只列示出姓马的员工。

对于复杂条件的筛选，可使用"排序和筛选"功能区的"高级筛选"选项完成。

筛选只是有选择地显示记录，并不是真正清除那些不符合筛选条件的记录，因此在筛选完成后，往往还要取消筛选，还原所有记录显示。取消筛选可以通过"排序和筛选"功能区的"取消筛选"按钮完成，或在进行筛选的字段上单击鼠标右键，弹出快捷菜单，选择"清除筛选器"即可。

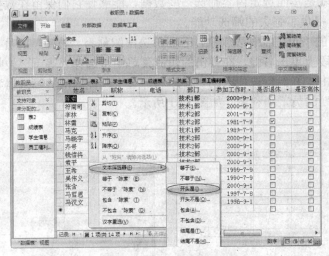

图 8.32 文本筛选器

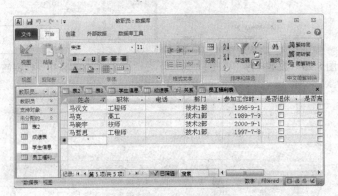

图 8.33 筛选出姓马的员工

8.2.7 使用查询

在数据库中，很大一部分工作是对数据进行统计、计算和检索。虽然筛选、排序、浏览等操作可以帮助完成这些工作，但是数据表在执行数据计算和检索多个表时，就显得无能为力了。此时，通过查询就可以轻而易举地完成以上操作。可以使用查询回答简单问题、执行计算、合并不同表中的数据，甚至可以添加、更改或删除表数据。

新建查询通过"创建"选项卡的"其他"功能区的"查询向导"命令按钮，单击后弹出如图 8.34 所示的"新建查询"对话框。

在"新建查询"对话框选项列表中，可以有图示的 4 项选择。简单查询向导引导用户创建简单选择查询，选择查询用于创建可用来回答特定问题的数据子集，它还可用于向其他数据库对象提供数据。创建交叉表查询，可以将数据组成表，并利用累计工具将

图 8.34 "新建查询"对话框

数值显示为电子报表的格式。交叉表查询可以将数据分为两组显示，一组显示在左边，一组显示在上边，这两组数据在表中的交叉点可以进行求和、求平均值、计数或其他计算。

简单查询的创建比较简单，这里选择"交叉表查询向导"，单击"确定"按钮后，要选择指定哪个表或查询中含有交叉表查询所需的字段，这里选择前面例子众多的"员工福利表"。下一步中需要指定用哪些字段的值作为行标题，如图 8.35 所示。

行标题指定为"职称"，下一步用同样的方法指定用哪些字段的值作为列标题，假设指定"部门"作为交叉查询的列标题。接下来弹出的对话框要求指定为每个列和行的交叉点计算出什么数字，如图 8.36 所示，这里选择"补助金额"字段，计算函数为"平均"，然后单击"下一步"按钮。

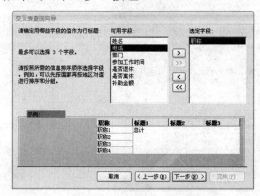
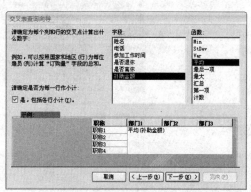

图 8.35　指定交叉查询行标题　　　　　　图 8.36　指定交叉点计算值

下一步在对话框中指定创建查询的名称，这里指定名称为"员工福利表－补助金额平均值"，即完成了查询创建。前面的设置以职称为行，以部门为列，对各类职称分部门计算其补助金额的平均值，查询结果如图 8.37 所示。

前面介绍了单一表的查询，在实际应用中还将用到在多表之间建立查询，以及更复杂的查询条件设置，用查询修改数据，以及创建 SQL 查询等高级操作，请读者查阅其他资料，自行练习。

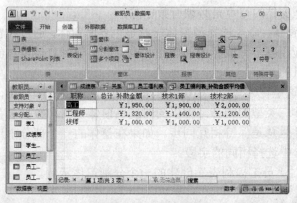

图 8.37　交叉查询结果

8.2.8　使用窗体

窗体是一个数据库对象。窗体为数据的输入、修改和查看提供了一种灵活简便的方法，可以使用窗体来控制对数据的访问，如显示哪些字段或数据行。Access 窗体不使用任何代码就可以绑定到数据，而且该数据可以是来自于表、查询或 SQL 语句的，在一个数据库系统开发完成以后，对数据库的所有操作都是在窗体这个界面中完成的。

　　窗体作为 Access 数据库的重要组成部分，起着联系数据库与用户的桥梁作用。以窗体作为输入界面时，它可以接受用户的输入，判定其有效性、合理性，并具有一定的响应消息执行的功能。以窗体作为输出界面时，它可以输出一些记录集中的文字、图形图像，还可以播放声音、视频动画，实现数据库中的多媒体数据处理。

　　新建窗体通过"创建"选项卡的"窗体"功能区来完成，如图 8.38 所示。

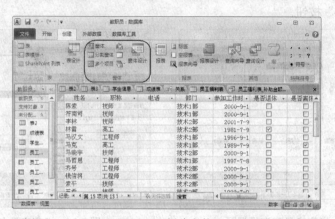

图 8.38　创建窗体

　　Access 的窗体有 3 种视图：设计视图、窗体视图和数据表视图。设计视图是用来创建和修改设计对象（窗体）的窗口；窗体视图是能够同时输入、修改和查看完整数据的窗口，可显示图片、命令按钮、OLE 对象等；数据表视图以行列方式显示表、窗体、查询中的数据，可用于编辑字段、添加和删除数据以及查找数据。

　　Access 中的窗体可分为以下 3 种。

　　① 数据交互型窗体。主要用于显示和编辑数据，接收数据的输入、删除、编辑、修改等操作。数据交互型窗体的特点是必须有数据源。

　　② 命令选择型窗体。命令选择型窗体一般是主界面窗体，通过在窗体上添加命令按钮并编程，可以控制应用程序完成相应的操作，也可以实现对其他窗体的调用，从而达到控制应用程序流程的目的。

　　③ 分割窗体。这是在 Access 2010 窗体形式中又新增的一个种类，它是传统"单一窗体"和"数据表窗体"类型的结合，可以同时提供窗体视图和数据表视图。这两种视图连接到同一数据源，并且总是保持相互同步。如果在窗体的一个部分中选择了一个字段，则会在窗体的另一部分中选择相同的字段。

　　图 8.39 所示为对"员工福利表"创建的一个分割窗体示例。

8.2.9　使用报表

　　报表是以打印的格式表现用户数据的一种有效方式。设计报表时，应首先考虑如何在页面上排列数据以及如何在数据库中存储数据。

　　创建报表使用"创建"选项卡的"报表"功能区按钮来完成，如图 8.40 所示。

图 8.39　分割窗体示例　　　　　　　　　图 8.40　创建报表

在"报表"功能区共有 5 个功能按钮，单击"报表"按钮，它会立即生成报表而不向用户提示任何信息。报表将显示基础表或查询中的所有字段，图 8.41 所示为在当前打开的"员工福利表"下直接单击"报表"按钮，系统所创建的报表。用户可以迅速查看基础数据，可以保存该报表，也可以直接打印报表。如果系统所创建的报表不是用户最终需要的完美报表，用户可以通过布局视图或设计视图进行修改。

使用"报表向导"可以先选择在报表上显示哪些字段，还可以指定数据的分组和排序方式，如果用户事先指定了表与查询之间的关系，还可以使用来自多个表或字段的字段。

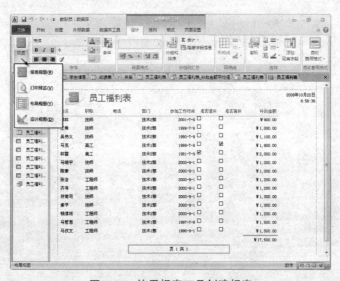

图 8.41　使用报表工具创建报表

使用"空白报表"工具可以从头生成报表，这是计划只在报表上放置很少几个字段时使用的一种非常快捷的报表生成方式。

使用"报表设计"是先设计报表布局和格式，再引入数据源，在对版面设计有较高要求中使用。

使用"标签"适用于创建页面尺寸较小、只需容纳所需标签的报表。

报表创建完成后，可以使用"格式"和"排列"选项卡进行字体、格式、数据分类和汇总、网格线、控件布局等的详细设计。最终通过"页面设置"选项卡进行页面布局和打印设置，然后可以打印输出。

习 题 8

1．解释数据库、数据库管理系统、数据库系统的概念。

2．关系模型中关系、元组、属性、码的概念。

3．数据模型所描述的内容包括_____、_____和_____3 个部分。

4．Access 2010 的基本功能有_____、_____、_____、_____、_____、_____和_____。

5．练习创建表 8.5 所示结构的数据表，并创建查询，显示所有出生日期大于"1990-1-1"的学生信息，对该查询设计报表，打印输出。

第 9 章

程序设计基础

　　本章将从程序设计的基本概念开始，由浅入深地介绍程序、程序设计、算法、程序设计的基本控制结构、常用程序设计语言等知识，最后通过程序设计的实例介绍，让读者了解程序设计的基本方法和步骤。通过对本章的学习，可以使读者了解程序设计的基本控制结构，对程序设计的基本方法和步骤有一个初步的认识。

【知识要点】
1. 程序设计的概念；
2. 结构化程序设计的基本原则；
3. 算法的概念和描述方法；
4. 程序设计的基本控制结构；
5. 常用程序设计语言；
6. 程序设计的基本方法。

9.1 程序和程序设计

　　程序设计是计算机基础知识的一个重要部分，学会程序设计，可以使读者更进一步的懂得计算机的工作过程，可以更容易理解计算机的强大功能。

9.1.1 程序

　　1. 指令和指令系统

　　计算机指令是一组符号，它表示人对计算机下达的命令。人通过指令来告诉计算机"做什么"和"怎么做"。

　　每一条指令都对应计算机的一种操作。指令由两部分组成，一部分叫操作码，它表示计算机该做什么操作；另一部分叫操作数，它表示计算机该对哪些数据做怎样的操作。

　　计算机所能执行的全部操作指令被称为它的指令系统，不同类型的计算机系统有不同的指令系统。

　　2. 程序和文档

　　（1）程序

　　程序就是完成或解决某一问题的方法和步骤。它是为完成某个任务而设计的，由有限步骤所组成的一个有机的序列。它应该包括两方面的内容：做什么和怎么做。本章所讨论的"程序"就是指计算机程序，它是为了使计算机完成一个预定的任务而设计的一系列的语句或指令的集合。因此，可以说"程序"是为了解决某一特定问题而用某种计算机程序设计语言编写出的代码序列。

一个计算机程序要描述问题的每个对象和对象之间的关系，要描述对这些对象作处理的处理规则。其中关于对象及对象之间的关系是数据结构的内容，而处理规则是求解的算法。针对问题所涉及的对象和要完成的处理，设计合理的数据结构可以有效地简化算法，数据结构和算法是程序最主要的两个方面。

下面是一个简单的程序段：

```
……
Let F = Val(txtF.Text)
Let C = 5 * (F - 32)/9
Print "C="; C
……
```

这段程序的作用是：

- 将从文本框"txtF"中得到的数据转换成数值存放到变量"F"中；
- 计算表达式"5 * (F – 32)/9"（其中的"*"代表乘法运算）的值，将结果存放到变量"C"中；
- 将"C="和"C"中存放的结果显示到窗体上。

由于程序为计算机规定了计算步骤，因此为了更好地使用计算机，就必须了解程序的几个性质。

① 目的性。程序必须有一个明确的目的，即为了解决什么问题。

② 分步性。程序是分为许多步骤的，稍大一些的程序不可能一步就解决问题。

③ 有限性。解决问题的步骤不可能是无穷的，它必须在有限步骤内解决问题。如果有无穷多个步骤，那么在计算机上就实现不了。

④ 操作性。程序总是实施各种操作于某些对象的，它必须是可操作的。

⑤ 有序性。这是最重要的一点。解题步骤不是杂乱无章地堆积在一起，而是要按一定的顺序排列的。

（2）文档

文档是软件开发、使用和维护过程中必不可少的资料。通过文档人们可以清楚地了解程序的功能、结构、运行环境和使用方法。尤其在软件的后期维护中，文档更是不可或缺的重要资料。

9.1.2 程序设计

1. 为什么要学习程序设计

计算机系统由可以看见的硬件系统和看不见的软件系统组成。要使计算机能够正常的工作，仅仅有硬件系统是不行的，没有软件系统（即没有程序）的计算机可以说只是一堆废铁，什么事情都干不了。例如，撰写一篇文章的时候，需要在"操作系统"的平台上用"文字编辑"软件来实现文字的输入和文章的编辑排版等。这些软件其实就是通常所说的计算机程序。但是，如果没有这些软件的话，如何向计算机中输入文字？又如何让计算机来对你的文章进行编辑排版呢？

对于使用计算机的大多数人来讲，当希望计算机来完成某一项工作时，将面临两种情况：一是可以借助现成的应用软件完成，如设计一个网页可以使用 Dreamweaver，写一份报告可以使用 Word，做一个产品介绍可以使用 PowerPoint，处理一幅图片可以使用 Photoshop 等；二是没有完全适合你的应用软件，这时就必须将要解决问题的步骤编写成一条条指令，而且这些指令还必须被计算机间接或直接地接收并能够执行。换句话说，为了使计算机达到预期目的，就要先得到解决问题的步骤，并依据对该步骤的数学描述编写计算机能够接收和执行的指令序列——程序，然后运行程序得到所要的结果，这就是程序设计。

学习程序设计，主要是进一步了解计算机的工作原理和工作过程。例如，知道数据是怎样存储和输入/输出的，知道如何解决含有逻辑判断和循环的复杂问题，知道图形是用什么方法画出来以及怎样画出来的等。这样在使用计算机时，不但知其然而且还知其所以然，能够更好地理解计算机的工作流程和程序的运行状况，为以后维护或修改应用程序以适应新的需要打下了良好的基础。

学习程序设计，还要养成一种严谨的软件开发习惯，熟悉软件工程的基本原则。

再有，程序设计是计算机应用人员的基本功。一个有一定经验和水平的计算机应用人员不应当和一般的计算机用户一样，只满足于能使用某些现成的软件，而且还应当具有自己开发应用程序的能力。现成的软件不可能满足一切领域的多方面的需求，即使是现在有满足需要的软件产品，但是随着时间的推移和条件的变化它也会变得不适应。因此，计算机应用人员应当具备能够根据本领域的需要进行必要的程序开发工作的能力。

2．程序设计的步骤

目前的冯·诺依曼型计算机，还不能直接接受任务，而只能按照人们事先确定的方案，执行人们规定好的操作步骤。那么要让计算机处理一个问题（程序设计），需要经过哪些步骤呢？

① 分析问题，确定解决方案。当一个实际问题提出后，应首先对以下问题作详细的分析：需要输入哪些原始数据，需要对其进行什么处理，在处理时需要有什么样的硬件和软件环境，需要以什么样的格式输出哪些结果等。在以上分析的基础上，确定相应的处理方案。一般情况下，处理问题的方法会有很多，这时就需要根据实际问题选择其中较为优化的处理方法。

② 建立数学模型。在对问题全面理解后，需要建立数学模型，这是把问题向计算机处理方式转化的第一步骤。建立数学模型是把要处理的问题数学化、公式化，有些问题比较直观，可不去讨论数学模型问题；有些问题符合某些公式或有现成的数学模型可以直接利用；但是多数问题都没有对应的数学模型可以直接利用，这就需要创建新的数学模型，如果有可能还应对数学模型做进一步的优化处理。

③ 确定算法（算法设计）。建立数学模型以后，许多情况下还不能直接进行程序设计，需要确定符合计算机运算的算法。计算机的算法比较灵活，一般要优选逻辑简单、运算速度快、精度高的算法用于程序设计；此外，还要考虑占用内存空间小、编程容易等特点。算法可以使用自然语言、伪码或流程图等按规定的方法进行描述。

④ 编写源程序。要让计算机完成某项工作，必须将已设计好的操作步骤以由若干条指令组成的程序的形式书写出来，让计算机按程序的要求一步一步地执行。

⑤ 程序调试。程序调试就是为了纠正程序中可能出现的错误，它是程序设计中非常重要的一步。没有经过调试的程序，很难保证没有错误，就是非常熟练的程序员也不能保证这一点，因此，程序调试是不可缺少的重要步骤。

在程序的编写过程中，尤其是在一些大型复杂的计算和处理过程中，由于对语言语法的忽视或书写上的问题，难免会出现一些错误，致使程序不能运行。这类错误被称为语法错误。有时程序虽然可以运行，但得不到正确的结果，这是由于程序描述上的错误或是对算法的理解错误造成的。有时对特定的算法对象是正确的，而对大量运算对象进行运算时就会产生错误，造成这类错误的主要原因是数学模型上的问题，这类错误被称为逻辑错误。为了使程序正确地解决实际问题，在程序正式投入使用前，必须反复多次地进行调试，仔细分析和修改程序中的每一个错误。对于语法错误，一般可以根据编译程序提供的语法错误提示信息逐个修改。逻辑错误的情况比较复杂，必须针对测试数据对程序运行的结果认真分析，排查错误，然后进行修改。在查找逻辑错误时，还可以采用分段调试、逐层分析等有效的调试手段对程序进行分析和排查。

⑥ 整理资料。程序编写、调试结束以后，为了使用户能够了解程序的具体功能，掌握程序的运行操作，有利于程序的修改、阅读和交流，必须将程序设计的各个阶段形成的资料和有关说明加以整理，写成程序说明书。其内容应该包括：程序名称、完成任务的具体要求、给定的原始数据、使用的算法、程序的流程图、源程序清单、程序的调试及运行结果、程序的操作说明、程序的运行环境要求等。程序说明书是整个程序设计的技术报告，用户应该按照程序说明书的要求将程序投入运行，并依据程序说明书对程序的技术性能和质量作出评价。

在程序开发过程中，上述步骤可能有反复，如果发现程序有错，就要逐步向前排查错误，修改程序。情况严重时可能会要求重新认识问题和重新设计算法。

以上介绍的是对一个简单问题的程序设计步骤，若处理的是一个很复杂的问题，则需要采用"软件工程"的方法来处理，其步骤要复杂得多。在此就不详细介绍了。

9.1.3 结构化程序设计的基本原则

早期的非结构化语言中都有 Go To 语句，它允许程序从一个地方直接跳转到另一个地方。执行这个语句的好处是程序设计十分方便灵活，减少了人工复杂度，但其缺点也是十分突出的，大量的跳转语句会使程序的流程十分复杂紊乱，难以看懂也难以验证程序的正确性，如果有错，排起错来更是十分困难。这种流程图所表达的混乱与复杂，正是软件危机中程序人员处境的一个生动写照。

人们从多年来的软件开发经验中发现，任何复杂的算法，都可以由顺序结构、选择（分支）结构和循环结构 3 种基本结构组成，因此，构造一个解决问题的具体方法和步骤的时候，也仅以这 3 种基本结构作为"建筑单元"，遵守 3 种基本结构的规范，基本结构之间可以相互包含，但不允许交叉，不允许从一个结构直接转到另一个结构的内部。正因为整个算法都是由 3 种基本结构组成的，就像用模块构建的一样，所以结构清晰，易于正确性验证，易于纠错。这种方法，就是结构化方法。遵循这种方法的程序设计，就是结构化程序设计。

1. 模块化程序设计概念

采用模块化设计方法是实现结构化程序设计的一种基本思路或设计策略。事实上，模块本身也是结构化程序设计的必然产物。当今，模块化方法也为其他软件开发的工程化方法所采用，并不为结构化程序设计所独家占有。

① 模块。当把要开发的一个较大规模的软件，依照功能需要，采用一定的方法（例如，结构化方法）划分成一些较小的部分时，这些较小的部分就称为模块，也叫做功能模块。

②　模块化设计。通常把以功能模块为设计对象，用适当的方法和工具对模块的外部（各有关模块之间）与模块内部（各成分之间）的逻辑关系进行确切的描述称为模块化设计。

2．程序设计的风格

程序设计是一门技术，需要相应的理论、技能、方法和工具来支持。程序设计的最终产品是程序，但仅设计和编制出一个运行结果正确的程序是不够的，还应养成良好的程序设计风格。因为程序设计风格会深刻地影响软件的质量和可维护性，良好的程序设计风格可以使程序结构清晰合理，使程序代码便于维护。

良好的程序设计风格，是在程序设计的全过程中逐步养成的，它主要表现在：程序设计的风格、程序设计语言运用的风格、程序文本的风格以及输入/输出的风格 4 个方面。

（1）程序设计的风格

程序设计的风格主要体现在以下 3 个方面。

①　结构要清晰。为了达到这个目标，要求程序是模块化结构的，并且是按层次组织各模块的，每个模块内部都是由顺序、选择、循环 3 种基本结构组成的。

②　思路要清晰。为了达到这个目标，要求在设计的过程中遵循"自顶向下、逐步细化"的原则。

③　在设计程序时应遵循"简短朴实"的原则，切忌卖弄所谓的"技巧"。

例如，为了实现两个变量 "x" 与 "y" 的内容互换，可以使用以下 3 条语句：

```
Let  T = x
Let  x= y
Let  y = T
```

其中 T 为工作单元。不要为了省略一个工作单元采用下列 3 条语句：

```
Let  x = x - y
Let  y = y + x
Let  x = y - x
```

两个程序段都可以实现两个变量 x 与 y 的内容互换，但是前者简单、清晰，而后者虽然也只有 3 个语句，并且还少用了一个工作单元，但是易读性差，难以理解。

（2）程序设计语言运用的风格

程序设计语言运用的风格主要体现在以下两个方面。

①　选择合适的程序设计语言。

选择程序设计语言的原则有 3 点：符合软件工程的要求，符合结构化程序设计的思想，使用要方便。

②　不要滥用程序设计语言中的某些特色。

特别要注意，程序设计时，尽量不要用灵活性大、不容易理解的语句成分。

（3）程序文本的风格

程序文本的风格主要体现在 4 个方面。

①　注意程序文本的易读性。

②　符号要规范化。

③　在程序中加必要的注释。

④　在程序中要合理地使用分隔符。

（4）输入/输出的风格

输入/输出的风格主要体现在 3 个方面。

①　对输出的数据应该加上必要的说明。

② 在需要输入数据时，应该给出必要的提示。提示的内容主要有数据的范围和意义、输入的结束标志等。

③ 以适当的方式对输入数据进行检查，以确保其有效性。

3. 结构化程序设计的原则

结构化程序设计是荷兰学者狄克斯特拉（Dijkstra）提出的，它规定了一套方法，使程序具有合理的结构，以保证和验证程序的正确性。这种方法要求程序设计者不能随心所欲地编写程序，而要按照一定的结构形式来设计和编写程序。它的一个重要目的是使程序具有良好的结构，使程序易于设计、易于理解、易于调试、易于修改，以提高设计和维护程序工作的效率。

结构化程序设计方法的主要原则可以概括为"自顶向下，逐步求精，模块化和限制使用 Go To 语句"。

① 自顶向下。程序设计时，应先考虑总体，后考虑细节；先考虑全局目标，后考虑局部目标。即首先把一个复杂的大问题分解为若干相对独立的小问题。如果小问题仍较复杂，则可以把这些小问题又继续分解成若干子问题，这样不断地分解，使得小问题或子问题简单到能够直接用程序的 3 种基本结构表达为止。

② 逐步求精。对复杂问题，应设计一些子目标作过渡，逐步细化。

③ 模块化。一个复杂问题，肯定是由若干个简单的问题构成的。模块化就是把程序要解决的总目标分解为子目标，再进一步分解为具体的小目标。把每一个小目标叫做一个模块。对应每一个小问题或子问题编写出一个功能上相对独立的程序块来，最后再统一组装，这样，对一个复杂问题的解决就变成了对若干个简单问题的求解。

④ 限制使用 Go To 语句。Go To 语句是有害的，程序的质量与 Go To 语句的数量成反比，应该在所有的高级程序设计语言中限制 Go To 语句的使用。

9.1.4　面向对象的程序设计

面向对象的程序设计（Object Oriented Programming，OOP）是 20 世纪 80 年代提出的，它汲取了结构化程序设计中好的思想，引入了新的概念和思维方式，从而给程序设计工作提供了一种全新的方法。通常，在面向对象的程序设计风格中，会将一个问题分解为一些相互关联的子集，每个子集内部都包含了相关的数据和函数。同时，会以某种方式将这些子集分为不同等级，而一个对象就是已定义的某个类型的变量。

1. 面向对象技术的基本概念

面向对象实现的主要任务是实现软件功能，实现各个对象所应完成的任务，包括实现每个对象的内部功能、系统的界面设计、输出格式等。在面向对象技术中，主要用到以下一些基本概念。

（1）对象

对象是指具有某些特性的具体事物的抽象。在一个面向对象的系统中，对象是运行期的基本实体。它可以用来表示一个人、一个银行账户、一张数据表格，或者其他什么需要被程序处理的东西。它也可以用来表示用户定义的数据，如一个向量、时间或者列表等。在面向对象程序设计中，问题的分析一般以对象及对象间的自然联系为依据。客观世界由实体及其实体之间的联系所组成。其中客观世界中的实体称为问题域的对象。例如，一本书、一辆汽车等都是一个对象。

对象具有以下一些基本特征。

- 模块性：一个对象是一个可以独立存在的实体。各个对象之间相对独立，相互依赖性小。
- 继承性和类比性：可以把具有相同属性的一些不同对象归类，称为对象类。还可以划分类的子类，构成层次系统，下一层次的对象继承上一层次对象的某些属性。
- 动态连接性：对象与对象之间可以相互连接构成各种不同的系统。对象与对象之间所具有的统一、方便、动态的连接和传送消息的能力与机制称为动态连接性。
- 易维护性：任何一个对象是一个独立的模块，无论是改善其功能还是改变其细节均局限于该对象内部，不会影响到其他的对象。

（2）类

类是指具有相似性质的一组对象。例如，芒果、苹果和桔子都是水果类的对象。类是用户定义的数据类型。一个具体对象称为类的"实例"。

（3）方法

方法是指允许作用于某个对象上的各种操作。面向对象的程序设计语言，为程序设计人员提供了一种特殊的过程和函数，然后将一些通用的过程和函数封装起来，作为方法供用户直接调用，这给用户的编程带来了很大的方便。

（4）消息

消息是指用来请求对象执行某一操作或回答某些问题的要求。对象之间通过收发消息相互沟通，这一点类似于人与人之间的信息传递。消息的接收对象会调用一个函数（过程），以产生预期的结果。传递消息的内容包括接收消息的对象名字，需要调用的函数名字，以及必要的信息。对象有一个生命周期。它们可以被创建和销毁。只要对象正处于其生存期，就可以与其进行通信。

（5）继承

继承是指可以让某个类型的对象获得另一个类型的对象的属性的方法。它支持按级分类的概念。如果类 X 继承类 Y，则 X 为 Y 的子类，Y 为 X 的父类（超类）。例如，"车"是一类对象，"小轿车"、"卡车"等都继承了"车"类的性质，因而是"车"的子类。

（6）封装

封装是指将数据和代码捆绑到一起，避免了外界的干扰和不确定性。目的在于将对象的使用者和对象的设计者分开。用户只能见到对象封装界面上的信息，不必知道实现的细节。封装一方面通过数据抽象，把相关的信息结合在一起，另一方面也简化了接口。

在一个对象内部，某些代码和某些数据可以是私有的，不能被外界访问。通过这种方式，对象对内部数据提供了不同级别的保护，以防止程序中无关的部分意外地改变或错误地使用了对象的私有部分。

2．面向对象技术的特点

与传统的结构化分析与设计技术相比，面向对象技术具有许多明显的优点，主要体现在以下 3 个方面。

① 可重用性。继承是面向对象技术的一个重要机制。用面向对象方法设计的系统的基本对象类可以被其他新系统重用。这通常是通过一个包含类和子类层次结构的类库来实现的。因此，面向对象方法可以从一个项目向另一个项目提供一些重用类，从而能显著提高工作效率。

② 可维护性。由于面向对象方法所构造的系统是建立在系统对象基础上的，结构比较稳定，因此，当系统的功能要求扩充或改善时，可以在保持系统结构不变的情况下进行维护。

③ 表示方法的一致性。面向对象方法要求在从面向对象分析、面向对象设计到面向对象实现的系统整个开发过程中，采用一致的表示方法，从而加强了分析、设计和实现之间的内在一致性，并且改善了用户、分析员以及程序员之间的信息交流。此外，这种一致的表示方法，使得分析、设计的结果很容易向编程转换，从而有利于计算机辅助软件工程的发展。

9.2 算 法

9.2.1 算法的概念

人们使用计算机，就是要利用计算机处理各种不同的问题，而要做到这一点，人们就必须事先对各类问题进行分析，确定解决问题的具体方法和步骤，再编制好一组让计算机执行的指令，即程序，交给计算机，让计算机按人们指定的步骤有效地工作。这些让计算机工作的具体方法和步骤，其实就是解决一个问题的算法。

算法是程序设计的精髓，可以把它定义成在有限步骤内求解某一问题所使用的一组定义明确的规则。在计算机科学中，算法要用计算机算法语言描述，算法代表用计算机解一类问题的精确、有效的方法。通俗地说，就是计算机解题的过程。在这个过程中，无论是形成解题思路还是编写程序，都是在实施某种算法。前者是推理实现的算法，后者是操作实现的算法。计算机科学家、PASCAL 语言的发明者尼克劳斯·沃思（Niklaus Wirth）曾提出一个著名的公式：算法＋数据结构=程序。

算法是一组有穷的规则，它规定了解决某一特定类型问题的一系列运算，是对解题方案的准确与完整的描述。制定一个算法，一般要经过设计、确认、分析、编码、测试、调试、计时等阶段。

对算法的学习包括 5 个方面的内容。

1．设计算法

算法设计工作是不可能完全自动化的，应学习了解已经被实践证明有用的一些基本的算法设计方法，这些基本的设计方法不仅适用于计算机科学，而且适用于电气工程、运筹学等领域。

2．表示算法

描述算法的方法有多种形式，如自然语言和算法语言，各自有适用的环境和特点。

3．确认算法

算法确认的目的是使人们确信这一算法能够正确无误地工作，即该算法具有可计算性。正确的算法用计算机算法语言描述，构成计算机程序，计算机程序在计算机上运行，得到算法运算的结果。

4．分析算法

算法分析是对一个算法需要多少计算时间和存储空间作定量的分析。分析算法可以预测这一算法适合在什么样的环境中有效地运行，对解决同一问题的不同算法的有效性做出比较。

5．验证算法

用计算机语言描述的算法是否可计算、有效合理，须对程序进行测试，测试程序的工作由调试和作时空分布图组成。

9.2.2　算法的特征

算法应该具有以下 5 个重要的特征。

1．确定性

算法的每一种运算必须有确定的意义，它规定运算所执行的动作应该是无歧义性，并且目的是明确的。

2．可行性

要求算法中有待实现的运算都是基本的，每种运算至少在原理上能由人用纸和笔在有限的时间内完成。

3．输入

一个算法可能有多个输入，在算法运算开始之前给出算法所需数据的初值，这些输入取自特定的对象集合。

4．输出

作为算法运算的结果，一个算法会产生一个或多个输出，输出是同输入有某种特定关系的量。

5．有穷性

一个算法总是在执行了有限步的运算后终止，也就是说该算法是可达的。

9.2.3　算法的描述

算法是解题方法的精确描述。描述算法的工具对算法的质量有很大的影响。

1．自然语言

自然语言就是日常使用的语言，可以使用中文，也可以使用英文。用自然语言描述的算法，通俗易懂，但是文字冗长，准确性不好，易于产生歧义性。因此，一般情况下不提倡用自然语言来描述算法。

2．伪码

伪码不是一种现实存在的编程语言。使用伪码的目的是为了使被描述的算法可以容易地以任何一种编程语言实现。它可能综合使用多种编程语言中语法、保留字，甚至会用到自然语言。因此，伪代码必须结构清晰，代码简单，可读性好，并且类似自然语言。

3．流程图

流程图是一种传统的算法表示法，它利用几何图形的框来代表各种不同性质的操作，用流程线来指示算法的执行方向。由于流程图由各种各样的框组成，因此它也被叫做框图。流程图简单直观，应用广泛，特别是在早期语言阶段，只有通过流程图才能简明地表述算法，流程图成为程序员们交流的重要手段，直到结构化的程序设计语言出现，对流程图的依赖才有所降低。流程图的常用符号如表 9-1 所示。

表 9.1　　　　　流程图的常用符号

符　　号	符 号 名 称	含　　义
▱	起止框	表示算法的开始或结束
▱	输入/输出框	表示输入/输出操作
▭	处理框	表示对框内的内容进行处理

续表

符　号	符号名称	含　义
◇	判断框	表示对框内的条件进行判断
↓　　→	流向线	表示算法的流动方向
◯	连接点	表示两个具有相同标记的"连接点"相连

【例 9.1】描述"对两个数按照从大到小的顺序输出"的算法。

"对两个数按照从大到小的顺序输出"的流程图如图 9.1 所示。

用流程图表示的算法直观、形象，算法逻辑流程一目了然，便于理解。但是流程图画起来比较麻烦，并且算法的整个流程由流向线控制，用户可以随心所欲地使算法流程任意流动，从而可能会造成对算法阅读和理解上的困难。

4．N-S 结构图

N-S 结构图是美国的两位学者 Ike Nassi 和 Ben Schneiderman 提出的。他们认为，既然任何算法都是由顺序结构、选择（分支）结构和循环结构 3 种基本程序结构组成，所以各基本结构之间的流程线就是多余的，因此，N-S 图用一个大矩形框来表示算法，它是算法的一种结构化描述方法，是一种适合于结构化程序设计的流程图。

图 9.2 所示为例 9.1 的 N-S 结构图。

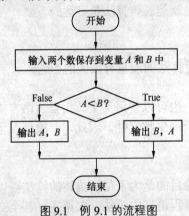

图 9.1　例 9.1 的流程图

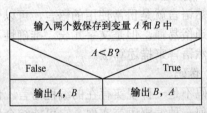

图 9.2　例 9.1 的 N-S 结构图

9.3　程序的基本控制结构

结构化程序设计提出了顺序结构、选择（分支）结构和循环结构 3 种基本程序结构。一个程序无论大小都可以由 3 种基本结构搭建而成。

9.3.1　顺序结构

顺序结构要求程序中的各个操作按照它们出现的先后顺序执行。这种结构的特点是：程序从入口点开始，按顺序执行所有操作，直到出口点处。顺序结构是一种简单的程序设计结构，它是最基本、最常用的结构，是任何从简单到复杂的程序的主体基本结构，其流程图如图 9.3 所示。

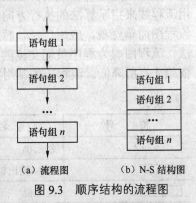

（a）流程图　　（b）N-S 结构图

图 9.3　顺序结构的流程图

9.3.2 选择（分支）结构

选择结构（也叫分支结构）是指程序的处理步骤出现了分支，它需要根据某一特定的条件选择其中的一个分支执行。它包括两路分支选择结构和多路分支选择结构。其特点是：根据所给定的选择条件的真（分支条件成立，常用 Y 或 True 表示）与假（分支条件不成立，常用 N 或 False 表示），来决定从不同的分支中执行某一分支的相应操作，并且任何情况下都有"无论分支多寡，必择其一；纵然分支众多，仅选其一"的特性。

1. 两路分支选择结构

两路分支选择结构是指根据判断结构入口点处的条件来决定下一步的程序流向。如果条件为真则执行语句组 1，否则执行语句组 2。值得注意的是，在这两个分支中只能选择一条且必须选择一条执行，但不论选择了哪一条分支执行，最后流程都一定到达结构的出口点处，其流程图如图 9.4 所示（实际使用过程中可能会遇到只有一条有执行的两分支，此时最好将这些语句放在条件为真的执行语句中，如图 9.4 右侧图所示）。

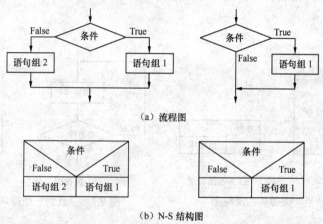

图 9.4 分支结构的流程图

2. 多路分支选择结构

多路分支选择结构是指程序流程中遇到了多个分支，程序执行方向将根据条件确定。如果条件 1 为真，则执行语句组 1；如果条件 n 为真，则执行语句组 n。如果所有分支的条件都不满足（该分支可以缺省），则执行语句组 $n+1$。总之要根据判断条件选择多个分支的其中之一执行。不论选择了哪一条分支，最后流程要到达同一个出口处。多路分支选择结构的流程图如图 9.5 所示。

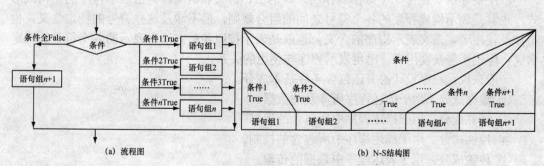

图 9.5 多路分支结构的流程图

9.3.3 循环结构

所谓循环，是指一个客观事物在其发展过程中，从某一环节开始有规律地反复经历相似的若干环节的现象。循环的主子环节具有"同处同构"的性质，即它们"出现位置相同，构造本质相同"。

程序设计中的循环，是指在程序设计中，从某处开始有规律地反复执行某一操作块（或程序块）的现象，并称重复执行的该操作块（或程序块）为它的循环体。

在此介绍两种循环结构："当"型循环和"直到"型循环。

"当"型循环结构是指先判断条件，当满足给定的条件时执行循环体，并且在循环终端处流程自动返回到循环入口；如果条件不满足，则退出循环体直接到达流程出口处，如图9.6所示。

"直到"型循环是指从结构入口处直接执行循环体，在循环终端处判断条件，如果条件不满足，则返回入口处继续执行循环体，直到条件为真时才退出循环到达流程出口处，如图9.7所示。

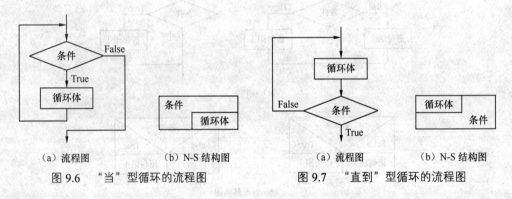

（a）流程图　　（b）N-S结构图　　　　（a）流程图　　（b）N-S结构图

图 9.6　"当"型循环的流程图　　　　图 9.7　"直到"型循环的流程图

9.4 常用程序设计语言介绍

9.4.1 程序设计语言

要让计算机完成某项任务，就必须通过某种工具（方式）告诉计算机工作的每一步内容和方法，这就是前面说过的"代码序列"，或者说，它就是"程序"。所使用的这种"工具"就是程序设计语言。

程序设计语言包含3个方面的作用，即语法、语义和语用。语法表示程序的结构或形式，也就是表示构成程序的各个符号之间的组合规则，但不涉及这些符号的特定含义，也不涉及使用者。语义表示程序的含义，也就是表示按照各种方法所表示的各个符号的特定含义，但也不涉及使用者。语用表示程序与使用的关系。

一般来说，程序设计语言还包含4种基本成分。

① 数据成分。用于描述程序所涉及的数据。

② 运算成分。用于描述程序中所包含的运算。

③ 控制成分。用于描述程序中所包含的控制。

④ 传输成分。用于表达程序中数据的传输。

目前计算机程序设计语言种类繁多，而且是层出不穷，如 C、C++、Visual C、Visual Basic、Delphi、Java、ASP 和 SQL Server 等。这些程序设计语言随着硬件、软件的发展而发展，版本也由低到高，特别是图形界面操作系统的出现和发展，为应用程序的设计提供了一个崭新的空间，相应的程序设计语言也出现了前所未有的拓展和提高。

1．机器语言

微型计算机的大脑是一块被称为中央处理单元（CPU）的集成电路。而被称为"中央处理单元"的这个集成电路，只能够识别由 0 和 1 两个数字组成的二进制数码。因此，早期人们使用计算机时，就使用这种以二进制代码形式表示机器指令的基本集合，也就是说要写出一串串由"0"和"1"组成的指令序列交由计算机执行。由二进制代码形式组成的规定计算机动作的符号叫做计算机指令，这样一些指令的集合就是机器语言。

机器语言与计算机硬件关系密切。由于机器语言是计算机硬件唯一可以直接识别和执行的语言，因而机器语言执行速度最快。同时使用机器语言又是十分痛苦的。因为组成机器语言的符号全部都是"0"和"1"，所以在使用时特别烦琐、费时，特别是在程序有错需要修改时，更是如此。而且，由于每台计算机的指令系统往往各不相同，所以，在一台计算机上执行的程序，要想在另一台计算机上执行，必须另编程序，造成了工作的重复。

2．汇编语言

为了减轻使用机器语言编程的痛苦，20 世纪 50 年代初，人们发明了汇编语言：用一些简洁的英文字母、符号串来替代一个特定含义的二进制串，如用"ADD"代表"加"操作，"MOV"代表数据"移动"等。这样一来，人们就很容易读懂并理解程序在干什么，纠错及维护都变得方便了。由于在汇编语言中，用"助记符"代替操作码，用"地址符号"或"标号"代替地址码，也就是用"符号"代替了机器语言的二进制码，所以汇编语言也被称为符号语言。汇编语言在形式上用了人们熟悉的英文符号和十进制数代替二进制码，因而方便了人们的记忆和使用。

但是，由于计算机只能识别"0"和"1"，而汇编语言中使用的是助记符号，因此用汇编语言编制的程序输入计算机后，计算机不能像用机器语言编写的程序一样直接被识别和执行，必须通过预先放入计算机中的"汇编程序"的加工和翻译，才能变成能够被计算机识别和处理的二进制代码程序。这种起翻译作用的程序叫汇编程序。

汇编语言由于采用了助记符号来编写程序，比用机器语言的二进制代码编程要方便些，在一定程度上简化了编程过程。汇编语言的特点是用符号代替机器指令代码，而且助记符与指令代码一一对应，基本保留了机器语言的灵活性。使用汇编语言能面向机器并较好地发挥机器的特性，得到质量较高的程序。

汇编语言像机器指令一样，是硬件操作的控制信息，因而仍然是面向机器的语言，在编写复杂程序时还是比较烦琐、费时，具有明显的局限性。同时，汇编语言仍然依赖于具体的机型，不能通用，也不能在不同机型之间移植。但是汇编语言的优点还是很明显的，如它比机器语言易于读写、易于调试和修改，执行速度快，占内存空间少，能准确发挥计算机硬件的功能和特长，程序精炼而质量高等，因此它至今仍是一种常用而强有力的软件开发工具。

3．高级语言

从最初与计算机交流的痛苦经历中，人们意识到，应该设计一种接近数学语言或自然语言，同时又不依赖于计算机硬件，编出的程序能在所有机器上通用的语言。经过努力，1954 年，第一个完全脱离机器硬件的高级语言——FORTRAN 问世了，50 多年来，共有几百种高级语言出现，有重要意义的有几十种，影响较大、使用较普遍的有 FORTRAN、ALGOL、COBOL、BASIC、LISP、SNOBOL、PL/1、PASCAL、C、PROLOG、Ada、C++、VC、VB、Delphi、Java 等。

高级语言的发展也经历了从早期语言到结构化程序设计语言，从面向过程到非过程化程序语言的过程。相应地，软件的开发也由最初的个体手工作坊式的封闭式生产，发展为产业化、流水线式的工业化生产。

20 世纪 60 年代中后期，软件的需求越来越多，规模越来越大，而软件的生产基本上是各自为战，缺乏科学规范的系统规划与测试、评估标准，其恶果是大批耗费巨资建立起来的软件系统，由于含有错误而无法使用，甚至带来巨大损失，软件给人的感觉是越来越不可靠，以致几乎没有不出大错的软件。这一切，极大地震动了计算机界，计算机发展史上将其称为"软件危机"。人们认识到：大型程序的编制不同于写小程序，它应该是一项新的技术，应该像处理工程一样处理软件研制的全过程。程序的设计应易于保证正确性，也便于验证正确性。1969 年，人们提出了结构化程序设计方法，1970 年，第一个结构化程序设计语言——PASCAL 语言出现，它标志着结构化程序设计时期的开始。

20 世纪 80 年代初，人们在软件设计思想上，又产生了一次革命，其成果就是面向对象的程序设计。在此之前的高级语言，几乎都是面向过程的，程序的执行是流水线似的，在一个模块被执行完成前，人们不能干别的事，也无法动态地改变程序的执行方向。这和人们日常处理事物的方式是不一致的，对人而言是希望发生一件事就处理一件事，也就是说，不能面向过程，而应是面向具体的应用功能，也就是对象。其方法就是软件的集成化，如同硬件的集成电路一样，生产一些通用的、封装紧密的功能模块，称之为软件集成块，它与具体应用无关，但能相互组合，完成具体的应用功能，同时又能重复使用。对使用者来说，只关心它的接口（输入量、输出量）及能实现的功能，至于如何实现的，那是它内部的事，使用者完全不用关心，C++、VB、Delphi 等就是典型代表。

高级语言最主要特点是不依赖于机器的指令系统，与具体计算机无关，是一种能方便描述算法过程的计算机程序设计语言。因此使用者可以不必过问计算机硬件的逻辑结构，而直接使用便于人们理解的英文、运算符号和实际数字来编写程序。用高级语言设计的程序比低级语言设计的程序简短、易修改、编写程序的效率高。这主要是因为高级语言的一条语句对应多条机器指令。这些优点使得很多非计算机专业的人员都乐于使用高级语言设计程序，解决具体问题。

类似汇编语言，用程序语言输入的程序指令如果不经过转换，也就是不被翻译为计算机可执行的机器语言指令，那么它就不能被计算机识别并执行。这时就要用由另一个程序来完成高级语言到机器语言的翻译，这种翻译程序也叫汇编程序或编译程序。

用高级语言编写程序的过程称为编码，编写出来的这些程序叫源代码（或源程序）。再次强调，编码必须遵守所使用编程语言的规则，否则很难翻译。例如，有 3 个人，一个是中国人，一个是法国人，而另一个是能将标准的普通话中文翻译成法文的翻译，假设那个中国人说的普通话不太标准，那么这个翻译将会花很多时间去努力纠正直至最终能听懂并翻译给那个法国人，但假设那个中国人说的是翻译根本无法听懂的地方话，那么翻译也就束手无策了。

通常将高级语言翻译为机器语言的方式有两种：解释方式和编译方式。

- 解释方式：即让计算机运行解释程序，解释程序逐句取出源程序中的语句，对它作解释执行，输入数据，产生结果。

解释方式的主要优点是计算机与人的交互性好，调试程序时，能一边执行一边直接改错，能较快得到一个正确的程序。缺点是逐句解释执行，整体运行速度慢。

- 编译方式：即先运行编译程序，将源程序全部翻译为计算机可直接执行的二进制程序（称为目标程序），然后让计算机执行目标程序，输入数据，产生结果。

编译方式的主要优点是计算机运行目标程序快，缺点是修改源程序后必须重新编译以产生新的目标程序。

现在也有将上述两种方式结合起来的，即先编译源程序，产生计算机还是不能直接执行的中间代码，然后让解释程序解释执行中间代码。这样做的好处首先是比直接解释执行快；更大的好处是中间代码独立于计算机，只要有相应的解释程序，就可在任何计算机上运行。

一旦程序翻译为机器语言，计算机就能执行该指令了。购买的或在网上下载的软件都是由编程语言编写的，这些程序一般都已经翻译为了机器语言，以文件形式存在，这些程序的扩展名一般为.exe，这样的文件称为可执行文件。计算机可以脱离编程环境运行可执行文件。

当前计算机语言上百种，最常用的也有十几种，到底选择哪一门语言作为自己的程序设计语言呢？因每种语言都有其自己的特点和应用领域，因此不能孤立地说哪种语言绝对地好，哪种语言绝对地不好。只能说哪种语言适用于哪个领域。正如商店里各种款式、质地、用途、价格迥异的衣服一样，不同年龄、气质、消费水平的人群分别会购买适合自己的那一款服装。计算机语言只是一种工具，使用它的目的是为了解决实际问题。不论学习哪种语言，只要能学得快、用得好、能解决问题就行。

事实上，几乎所有语言都在发展，如果一种语言长期停滞不前，它就会落伍，就会被淘汰。Visual Basic 从最早的面向 DOS 的 BASIC 到现在的 Visual Basic 6.0 直至 VB.NET，正是在不断的发展中保持了自己的优势，始终吸引着千百万计算机爱好者和计算机应用人员。

其实各种高级程序设计语言都有一些共同的规律，只是语法规则会有所不同。因此，无论学习哪一种语言，重要的是掌握基本的程序设计方法和技巧，并且能够做到举一反三，同时也为后续学习和掌握其他语言打下良好的基础。

9.4.2 C 语言

C 语言是在 20 世纪 70 年代初问世的。它是一种结构化语言。它层次清晰，便于按模块化方式组织程序，易于调试和维护。C 语言的表现能力和处理能力极强。它不仅具有丰富的运算符和数据类型，便于实现各类复杂的数据结构，而且还可以直接访问内存的物理地址，进行位（bit）一级的操作。由于 C 语言实现了对硬件的编程操作，因此 C 语言集高级语言和低级语言的功能于一体，既可用于系统软件的开发，也适合于应用软件的开发。此外，C 语言还具有效率高，可移植性强等特点，因此被广泛地移植到了各种类型的计算机上，从而形成了多种版本的 C 语言。

C 语言的发展颇为有趣，它的原型为 ALGOL 60 语言（也称为 A 语言）。1963 年，剑桥大学将 ALGOL 60 语言发展成为 CPL（Combined Programming Language）语言。1967 年，剑桥大学的 Matin Richards 对 CPL 语言进行了简化，于是产生了 BCPL 语言。1970 年，美国贝尔实验室的 Ken Thompson 将 BCPL 进行了修改，并为它起了一个有趣的名字 "B 语言"，意思是将 CPL 语言煮干，提炼出它的精华。并且他用 B 语言写了第一个 UNIX 操作系统。而在 1973 年，B 语言也给人 "煮" 了一下，美国贝尔实验室的 Dennis M Ritchie 在 B 语言的基础上最终设计出了一种新的语言，他取了 BCPL 的第二个字母作为这种语言的名字，这就是 C 语言。

为了使 UNIX 操作系统推广，1977 年 Dennis M Ritchie 发表了不依赖于具体机器系统的 C 语言编译文本《可移植的 C 语言编译程序》。1978 年 Brian W Kernighian 和 Dennis M Ritchie 出版了名著《The C Programming Language》，该书的发行，使 C 语言成为当时世界上最流行、使用最广泛的高级程序设计语言之一。1988 年，随着微型计算机的日益普及，出现了许多 C 语言版本。由于没有统一的标准，使得这些 C 语言之间出现了一些不一致的地方。为了改变这种情况，美国国家标准学会（ANSI）为 C 语言制定了一套 ANSI 标准，成为现行的 C 语言标准。

C 语言发展迅速，而且成为最受欢迎的语言之一，主要因为它具有强大的功能。许多著名的系统软件，如 dBase Ⅲ Plus、dBase Ⅳ 都是由 C 语言编写的。

9.4.3　C++

美国 AT&T 贝尔实验室的 Bjarne Stroustrup 博士在 20 世纪 80 年代初期发明并实现了 C++（最初这种语言被称作 "C with Classes"）。一开始 C++ 是作为 C 语言的增强版出现的，从给 C 语言增加类开始，不断地增加新特性。

C++ 是当今最流行的高级程序设计语言之一，应用十分广泛。它也是一门复杂的语言，与 C 语言兼容，既支持结构化的程序设计方法，也支持面向对象的程序设计方法。

9.4.4　Visual Basic

Visual Basic（VB）是 Microsoft 公司推出的 Windows 环境下的软件开发工具。"BASIC" 是 Beginners All-purpose Symbolic Instruction Code 的缩写，这是一种在计算技术发展史上应用最为广泛的语言。Visual Basic 在原有 BASIC 语言的基础上进一步发展，至今包含了数百条语句、函数及关键词，其中很多和 Windows GUI 有直接关系。Visual Basic 具有 BASIC 语言简单而不贫乏的优点，同时增加了结构化和可视化程序设计语言的功能，使用更加方便。

Visual Basic 是一种可视化的、面向对象和采用事件驱动方式的结构化高级程序设计语言，可用于开发 Windows 环境下的各类应用程序。它简单易学、效率高，且功能强大，可以与 Windows 的专业开发工具 SDK（Software Development Kit）相媲美。在 Visual Basic 环境下，利用事件驱动的编程机制、新颖易用的可视化设计工具，使用 Windows 内部的应用程序接口函数（API），以及动态链接库（DLL）、动态数据交换（DDE）、对象的链接与嵌入（OLE）、开放式数据库连接（ODBC）等技术，可以高效、快速地开发出 Windows 环境下功能强大、图形界面丰富的应用软件系统。

Visual Basic 中的 "Visual" 是指开发图形用户界面（Graphical User Interface，GUI）的方法，意思是 "可视的"，也就是直观的编程方法。在 Visual Basic 中引入了控件的概念，还有各种各样的按钮、文本框、选择框等。Visual Basic 把这些控件模式化，并且每个控件都由若干属性来控制其外观、工作方法。这样，采用 Visual 方法无须编写大量代码去描述界面元素的外观和位置，而只要把预先建立的控件加到屏幕上即可。就像使用画图之类的绘图程序，通过选择画图工具来画图一样。

9.4.5　Java

当 1995 年 SUN 推出 Java 语言之后，全世界的目光都被这个神奇的语言所吸引。那么 Java 到底有何神奇之处呢？

Java 语言其实最早诞生于 1991 年，起初被称为 OAK 语言，是 SUN 公司为一些消费性电子产品而设计的一个通用环境。他们最初的目的只是为了开发一种独立于平台的软件技术，而且在网络出现之前，OAK 可以说是默默无闻，甚至差点夭折。但是，网络的出现改变了 OAK 的命运。

在 Java 出现以前，Internet 上的信息内容都是一些乏味死板的 HTML 文档。这对于那些迷恋于 Web 浏览的人们来说简直不可容忍。他们迫切希望能在 Web 中看到一些交互式的内容，开发人员也极希望能够在 Web 上创建一类无需考虑软硬件平台就可以执行的应用程序，当然这些程序还要有极大的安全保障。对于用户的这种要求，传统的编程语言显得无能为力，而 SUN 工程师敏锐地察觉到了这一点，从 1994 年起，他们开始将 OAK 技术应用于 Web 上，并且开发出了 Hot Java 的第一个版本。

Java 是一种简单的、面向对象的、分布式的、解释的、键壮的、安全的、结构的、中立的、可移植的、性能很优异的、多线程的、动态的语言。

9.5　Visual Basic 6.0 初步

在本节中将以 Visual Basic 6.0 为平台，通过几个实例介绍一下程序设计的具体方法和步骤。

在传统的面向过程的应用程序中，指令代码的执行次序完全由程序本身控制。换句话说，对于传统的面向过程的应用程序，在设计时要考虑程序的整个流程，并通过指令代码的控制实现这个流程。

Visual Basic 采用的是事件驱动的编程机制，即对各个对象需要响应的事件分别编写出程序代码。这些事件可以是用户鼠标和键盘的操作，也可以是系统内部通过时钟计时产生，甚至由程序运行或窗口操作触发产生，因此，它们产生的次序是无法事先预测的。所以在编写 Visual Basic 事件过程时，没有先后关系，不必像传统的面向过程的应用程序那样，要考虑对整个程序运行过程的控制。完成应用程序的设计后，在其中增加或减少一些对象不会对整个程序的结构造成影响。例如，在一个窗体中增加或删除一个控件对象，对整个窗体的运行不会带来影响。

由于 Visual Basic 应用程序的运行是事件驱动模式，是通过执行响应不同事件的程序代码进行运行的，因此，就每个事件过程的程序代码来说，一般比较短小简单，调试维护也比较容易。

9.5.1　Visual Basic 6.0 的界面

启动 Visual Basic 6.0 后，在"新建工程"对话框（见图 9.8）中选择一个项目，如"标准 EXE"，然后进入 Visual Basic 6.0 的界面（见图 9.9）。

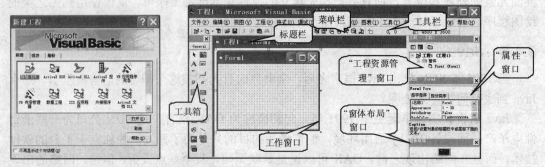

图 9.8　Visual Basic 6.0 的"新建工程"对话框　　　图 9.9　Visual Basic 6.0 的界面

编制 Visual Basic 应用程序的第一步就是设计应用程序的界面，也就是窗体界面设计，该步骤是整个应用程序设计的一个关键部分。

如图 9.9 所示的界面中，左侧部分是"工具箱"，它是 Visual Basic 为开发者提供的控件面板，通过它开发者可以为设计中的窗体设置各种控件。例如，如下的多种控件。

- **A** 是"标签"控件。标签是 Visual Basic 中常用于显示静态不可修改的文本信息。
- abl 是"文本框"控件。文本框是 Visual Basic 中用于实现输入/输出的重要控件。常用于建立文本输入或编辑，以实现数据的输入、输出、编辑、修改等。
- ▆ 是"命令按钮"控件。命令按钮是 Windows 应用程序最常用的一种控件，它主要起命令控制作用，当用鼠标单击时，触发该控件的单击事件，从而执行其事件过程，完成特定的操作目的。

在如图 9.9 所示的界面中，右侧部分从上到下分别是"工程资源管理"窗口（利用该窗口来管理一个工程）、"属性"窗口（利用该窗口设置或修改对象的属性值）、"窗体布局"窗口（利用该窗口设置本程序的窗体在屏幕中的位置）。

在如图 9.9 所示的界面中，中间部分为"工作窗口"。标题为"Form1"的界面叫做窗体。窗体就是我们说的窗口，是 Visual Basic 中最常用的对象，是程序设计的基础，程序中的各种控件必须建立在窗体之上，它是图形、图像、文本等各种数据的载体，是创建应用程序的平台。

"工作窗口"可以通过"工程资源管理"窗口上方的"查看代码"、"查看对象"按钮显示不同的窗口内容。"代码窗口"，主要显示应用程序界面中每一个控件、模块等的代码（通常也在这个窗口中输入程序的源代码）。"对象窗口"，主要用来在窗体上设置应用程序界面上的各种控件。

9.5.2　Visual Basic 语言基础

1．变量

变量是用来存放程序运行过程中用到的各种原始数据、中间数据和最终结果。它是内存中存储单元的符号地址，是内存中一个命名的存储单元。在整个程序的执行过程中，变量的值是可以变化的，也就是说存储单元中存放的信息是可以改变的。但在程序执行的每个瞬间，变量的值都是明确的、固定的、已知的。

变量遵循以下的命名规则。

① 变量名必须由英文字母或汉字开头，后可以跟英文字母、数字、汉字或小数点。

② 变量名的长度不能超过 255 个字符。

③ 变量名不能用 Visual Basic 的保留字（命令关键字、运算符、内部函数等）。

使用变量需要注意以下几点。

① 程序中使用的变量应该先定义，在程序中使用未经定义的变量是一个不好的习惯。

② 变量名要使用有明确意义的字符串，要简单明了。

③ 尽量添加变量类型前缀。

④ Visual Basic 中将未定义的变量默认为变体类型的变量。

2．常量

常量是指在程序运行过程中保持不变的量。

① 直接常量。直接常量是指在程序设计的代码中直接给出数据，如对某个变量直接赋初值所使用的数据等。

② 符号常量。Visual Basic 中为了提高计算机的运行效率，允许用一个符号来代表一个具体的值。定义符号常量的语句格式为

Const　常量名 = 表达式 [,常量名 = 表达式]

例如，Const　Pi = 3.14159

该语句定义了一个值为 3.14159 的符号常量 Pi。

3．运算符

Visual Basic 的运算符包括算术运算符、比较运算符、逻辑运算符等。

（1）算术运算符

Visual Basic 提供有完备的算术运算符，可以进行复杂的数学运算。表 9.2 所示为 Visual Basic 常用的算术运算符。

表 9.2　　　　　　　　　　　Visual Basic 常用的算术运算符

运　算　符	意　　　义	示　　　例
+	加法运算符	2 + 3
−	减法运算符	5 − 3
*	乘法运算符	3 * 2
/	除法运算符	5/2
\	整除运算符	5 \ 2
MOD	求余运算符	5 MOD 2
^	指数运算符	2^3

（2）比较运算符

比较运算符用于表示两个或多个值或表达式之间的关系，如两个量是否相等。表 9.3 所示为 Visual Basic 常用的比较运算符。

表 9.3　　　　　　　　　　　Visual Basic 常用的比较运算符

比较运算符	意　　　义	示　　　例
=	比较两表达式的值是否相等，相等为真，否则为假	"ab"="ac"，返回 False

续表

比较运算符	意　　义	示　　例
<>	比较两表达式的值是否不等，不等为真，否则为假	2<>3，返回 True
<	左端表达式值小于右端表达式为真，否则为假	"ab"<"ac"，返回 True
<= =<	左端表达式值小于或等于右端表达式为真，否则为假	"ab"<="ab"，返回 True
>	左端表达式值大于右端表达式为真，否则为假	2>3，返回 False
>= =>	左端表达式值大于或等于右端表达式为真，否则为假	5>=5，返回 True

（3）逻辑运算符

逻辑运算符是用来对表达式进行逻辑运算的，处理的对象是布尔型数据，运算的结果也是布尔型数据（结果为 True 和 False）。常用的逻辑运算符有 And（与）、Or（或）、Not（非），如表 9.4 所示。

表 9.4　　　　　　　　　　　Visual Basic 常用的逻辑运算符

运　算　符	意　　义	示　　例
And	逻辑与，两个表达式值均为真时，结果为真，否则为假	2>1 And 2<5，返回 True
Or	逻辑或，两个表达式值有一为真时，结果为真，否则为假	2>1 Or 2>5，返回 True
Not	逻辑非，表达式值为假时，结果为真，否则为假	Not（3>4），返回 True

（4）各种运算的优先级

在 Visual Basic 的表达式中有很多运算符，处理顺序是：首先处理算术运算，其次处理比较运算，最后处理逻辑运算。但在同一类运算符中，优先级与数学中的处理顺序相同，当要强行改变处理顺序时可以使用括号。同类运算符按由高到低的处理顺序如下。

算术运算：^、*、/、\、Mod、+、−

比较运算：无优先级

逻辑运算：Not、And、Or

（5）表达式

Visual Basic 的表达式就是用这些运算符和配对的圆括号将各种类型的量或函数按照某种规则组成的式子。

例如，表达式：

```
Not 3 < -1 + 2 And 2 < 3 Or 1 < 0 And Not 1 > 0
```

的值为 True。

表达式：

```
(-B + Sqr(B * B - 4 * A *C))/(2 * A)
```

表示计算一元二次方程 $AX^2 + BX + C = 0$ 的一个根。

9.5.3　Visual Basic 的几个简单语句

1．赋值语句

在计算机中变量是存储空间的符号地址，因此让一个没被赋予具体值的变量参加运算是没有意义的。Visual Basic 会将一个没被赋值的数值型变量当 0 处理，将一个没被赋值的字符型变量当空串处理，将一个没被赋值的逻辑型变量当逻辑假处理。由此可以看出给变量提供数据是程序得以运行的不可缺少的步骤之一。

赋值语句是任何程序设计中都必不可少的语句，它可以把指定表达式的值赋给某个变量或对控件设定属性。而给变量赋值和设定控件的某个属性是 Visual Basic 编程中最常见的两项基本操作。

（1）格式

```
[Let] <变量名> = <表达式>
```

或 [Let] <对象名.属性>=<表达式>

（2）功能

将<表达式>的值保存在一个变量中，或者用表达式的值修改对象的属性。

例如：

```
intMax = 0
```

该语句将数值型数据 0 保存在变量 intMax 中。

```
Text1.Text = " Visual Basic 6.0初步"
```

该语句将名称为 Text1 的 TextBox 控件的 Text 属性值修改为"Visual Basic 6.0 初步"。

（3）说明

① 语句中的"="称为赋值号，它不同于数学中的等号，如 $A = A + 1$ 在数学中是不成立的，但在程序设计中则经常用到（该语句被叫做累加器语句），它表示取变量 A 单元中的值，将其加 1 后，仍然放回到 A 变量的存储单元中保存。

② 赋值符号"="右边的表达式可以是变量、常量、函数等。

③ 赋值符号"="左边只能是变量名或对象的属性引用，不能是常量、符号常量、表达式。

④ 赋值语句以关键字 Let 开头，因此也称 Let 语句，其中的关键字 Let 可以缺省。

⑤ 赋值符号"="两边的数据类型一般要求一致。如果两边的类型不同，则以左边变量或对象属性的数据类型为基准，如果右边表达式结果的数据类型能够转换成左边变量或对象属性的数据类型，则先强制转换后，再赋值给左边的变量或对象的属性；如果不能转换，则系统将提示出错信息。

2．Print 方法

（1）格式

```
[<对象>.]Print [<输出项表>]
```

其中的"输出项表"由常量、变量、函数、表达式和格式字符（逗号、分号）组成。"输出项表"是可选的。

（2）功能

"Print 方法"的功能可以简单地用一句话来概括：在指定的对象中显示"输出项表"的值（缺省对象时指当前对象）。即显示数值型表达式的具体值，"原样照印"字符型常量。

例如：

```
Debug.Print "Visual Basic"
```

该语句会在"立即"窗口中显示"Visual Basic"；

```
Print 3+5
```

该语句会在当前窗口中显示计算后的结果 8。

3．If 语句

（1）格式

块方式：
```
If  <条件>  Then
    <语句组 1>
[ Else
    <语句组 2> ]
End If
```
行方式：
```
If  <条件>  Then  <语句组 1>  [ Else  <语句组 2> ]
```
其中的"Else <语句组 2>"是可以缺省的。

（2）功能

当<条件>为真时，执行<语句组 1>；当<条件>为假时，执行<语句组 2>。

选择结构可以嵌套：
```
If  <条件>  Then
    If  <条件>  Then
        <语句组 11>
    [ Else
        <语句组 12> ]
    End If
[ Else
    <语句组 2> ]
End If
```
当然嵌套的语句组同样可以出现在语句组 2 的位置上。其中的"Else <语句组 12>"、"Else <语句组 2>"是可以缺省的。

4．Select Case 语句

（1）语句格式
```
Select Case    <比较表达式>
    Case    <表达式 1>
            <语句组 1>
    Case    <表达式 2>
            <语句组 2>
    ……
    [Case    Else
            <语句组 n+1>]
End Select
```
其中的"Case Else"是可以缺省的。

（2）功能

在给出的多个备选分支中，用比较表达式顺序与<表达式 1>、<表达式 2>比较，当某个条件为真时，则执行下面相应的<语句组>，<语句组>执行完成以后，转到 End Select 语句后执行；如果比较表达式顺序与 N 个表达式比较都为假时，则执行<语句组 $n+1$>（如果 Case Else 语句缺省，那么程序直接转到 End Select 语句后执行）。

（3）说明

① Case 语句中的表达式有 3 种不同的形式。

a．<表达式 1> [，<表达式 2>]…

例如：

```
Case  2, 4, 6, 9
```

表示当比较表达式的值为 2、4、6 或者 9 时条件为真。

　　b．<表达式 1> To <表达式 2>

例如：

```
Case  "A" To  "E"
```

表示当比较表达式的值为字符 "A" 或者字符 "B" 或者字符 "C" 或者字符 "D" 或者字符 "E" 时条件为真。

　　c. Is <关系表达式>

例如：

```
Case  Is<=12
```

表示当比较表达式的值小于等于 12 时条件为真。

　　② Case 语句中的条件可以是以上形式的组合（多个条件是 "或" 的关系）。

例如：

```
Case  2, 4, 9 To 12
```

表示当比较表达式的值为 2、4、9、10、11 或者 12 时条件为真。

　　③ "比较表达式" 的类型应同 Case 表达式的类型一致。

　　5．If 的嵌套语句

　　（1）语句格式

```
If  <条件 1> Then
      <语句组 1>
ElseIf  <条件 2> Then
      <语句组 2>
ElseIf  <条件 3> Then
      <语句组 3>
……
[ Else
      <语句组 n> ]
End If
```

其中的 "Else <语句组 n>" 是可以缺省的。

　　（2）功能

　　"If−Then−ElseIf−End If" 的功能类似于选择结构的嵌套。

　　6．"当" 型循环语句

　　（1）格式。

```
While <条件>
      <循环体>
Wend
```

其中的 "条件" 类似于选择结构中的条件，是一个逻辑量。While 和 Wend 之间的语句构成循环体，是要重复执行的内容。

　　（2）功能

　　当 "条件" 为真时，顺序执行循环体。当 "条件" 为假时，脱离循环，程序转到 Wend 以后继续执行。

　　（3）说明

① While 和 Wend 必须配对使用。

② 为使程序正确执行，循环体中必须有改变条件的语句。

③ 要想执行循环体，必须先执行 While。

7．"直到"型循环语句

（1）格式

```
Do
    <循环体>
    [Exit Do]
Loop [While|Until <条件>]
```

其中的"Exit　Do"是可以缺省的。

（2）功能

格式中如果选择了"While <条件>"，则表示"当"条件为真时执行循环（当型循环），是后比较条件的 While-Wend 循环；格式中如果选择了"Until <条件>"，则表示"直到"条件为真才不执行循环（直到型循环）（条件为假时执行循环）。

（3）说明

该循环的常用格式为

```
Do
    <循环体>
    If <条件> Then Exit Do
Loop
```

注意：这种格式中必须要有一个条件语句控制，当条件为真时可以退出 Do 循环，否则它就是一个"死循环"。

8．"步长"型循环语句

（1）格式

```
For <循环变量>=<初值>  To  <终值>  Step <步长值>
    <循环体>
    [Exit For]
Next <循环体变量>
```

其中<初值>、<终值>、<步长值>可以是数值型常量、变量或表达式。其中的"Exit For"是可以缺省的。

（2）功能

当循环变量不"超过"终值时，将一次增加一个步长值地重复执行循环体。其具体执行过程是：执行到 For 语句时，循环变量先得到"初值"，然后与"终值"比较。如果循环变量未"超过"终值，那就执行循环体。执行到 Next 语句时，循环变量累加一个步长值，之后再与终值进行比较，若没有"超过"终值，则重复上述过程，直到循环变量"超过"终值才退出循环而转到 Next 语句后继续执行。

Exit For 语句的功能是无条件退出循环，将程序的流向转到 Next 语句后继续执行。

（3）说明

① For 和 Next 必须配对使用。

② 当步长值为 1 时，"Step 1"可省略。

③ 当步长值> 0 时，"超过"就是">"；当步长值< 0 时，"超过"就是"<"。

④ 循环变量应尽量使用整型变量，以免出现误差。

⑤ 循环结束后，循环变量的值不变，即保持当前值。

循环结构也可以嵌套。

9.5.4 程序实例——聪明的宰相

【例 9.2】相传古代印度国王舍罕要褒奖他聪明能干的宰相（国际象棋发明者）达依尔。国王问达依尔需要什么，达依尔说：国王只要在国际象棋棋盘上的第一格放一粒小麦，第二格放两粒小麦，第三格放四粒小麦，以后按此比例每一格都是前一格的两倍，一直放满 64 格，我将感激不尽！国王一听马上便答应下来。但是结果却让国王大吃一惊。这到底是怎么回事呢？下面编写程序，让计算机来算一算这笔账，看看到底是什么结果让国王大吃一惊（假定 1.42×10^8 粒小麦/m³，计算一下这么多小麦有多大的体积）。

1. 分析问题，确定算法

从题目中可以看出：第 1 格有 1 粒小麦，第 2 格有 2 粒小麦，第 3 格有 4 粒小麦，也就是从第 2 格开始以后的每一格都是前一格的两倍，直到第 64 格为止，即需要计算的是：

$1 + 2 + 4 + 8 + \cdots$

$= 1 + 1 \times 2 + 2 \times 2 + 2 \times 2 \times 2 + \cdots$

$= 2^0 + 2^1 + 2^2 + 2^3 + \cdots + 2^{63}$

也就是说，可以用下面的式子计算麦子的总颗粒数：

$$S = \sum_{i=0}^{63} 2^i$$

这样一来，这个问题就可以通过一个固定次数的循环来解决了。

为了简单直观起见，假设程序中用 S 表示待求的和，用 I 表示累加的数据。

2. 绘制流程图

程序流程图如图 9.10 所示。

3. 设定控件的属性和作用

在窗体中：

"标题"设定为"聪明的宰相"；

用两个"标签"显示计算的结果；

一个命令按钮"计算"表示开始计算并将结果显示出来，另一个命令按钮"关闭"表示结束本程序的运行。

控件的属性和作用如表 9.5 所示，程序运行的界面如图 9.11 所示。

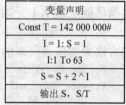

变量声明
Const T = 142 000 000#
I = 1: S = 1
I:1 To 63
S = S + 2 ^ I
输出 S，S/T

图 9.10 例 9.2 的流程图

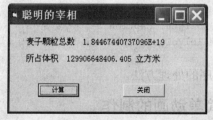

图 9.11 程序"聪明的宰相"的运行界面

表 9.5   程序"聪明的宰相"的控件属性设置

对　象	属　性	属　性　值	功　能
Form1	Caption	聪明的宰相	显示程序的名称
Label	（名称）	lblTotal	显示计算的麦子的颗粒数
	Caption	麦子颗粒总数	
Label	（名称）	lblVolume1	显示计算的体积
	Caption	所占体积	
CommandButton	（名称）	cmdStart	开始计算
	Caption	计算	
CommandButton	（名称）	cmdClose	关闭窗口
	Caption	关闭	

4. 编写源代码

```
Option Explicit                          '要求变量必须声明
Private Sub cmdStart_Click()
    Dim I%, S#
    Const T = 142 000 000#                '定义一个符号常量
    I = 1: S = 1
    For I = 1 To 63
        S = S + 2 ^ I
    Next I
    lblTotal.Caption = lblTotal.Caption & "  " & S
    lblVolume.Caption = lblVolume.Caption & "  " & S/T & " 立方米"
End Sub
```

程序中，由于求和的第一项（$I = 0$）已经在循环开始前进行了处理（$I = 1: S = 1$），因此循环就应该从 1 开始到 63 结束。

另外，上面程序中是用 $S = S + 2 ^ I$ 来累加计算麦子的颗粒数的，实际上往往用连乘的方法来实现高次幂的乘方，这样可以大大提高计算机运行速度。

```
Option Explicit
Private Sub cmdStart_Click()
    Dim I%, S#, K#
    Const T = 142 000 000#
    I = 1: S = 1: K = 1
    For I = 1 To 63
        K = 2 * K
        S = S + K
    Next I
    lblTotal.Caption = lblTotal.Caption & "  " & S
    lblVolume.Caption = lblVolume.Caption & "  " & S/T & " 立方米"
End Sub
```

请读者比较以上两段程序的处理方法。

9.5.5　程序实例——简单动画的制作

【例 9.3】编写程序，使窗体上的文字"动画演示"可以"自动"或"手动"左右移动。同时文字的字体可以通过窗体中的选项随时改变，如图 9.12 所示。

1. 分析问题，确定算法

窗体上的文字使用"标签"控件显示，它的左右移动，可以通过改变其左边界的值来实现。向右移动时累加 100，向左移动时累加–100。移动的方向可以通过一个变量（step1）实现。step1 为 1 时向右移动，step1 为–1 时向左移动。

"自动"或"手动"的方式可以通过"计时器"控件实现。

图 9.12 程序"动画演示"的运行界面

"计时器"控件 Timer 的功能是每经过特定的时间间隔触发 Timer 事件，它的大小是固定的，运行时不可见。Timer 控件最常用的两个属性是 Interval 属性和 Enabled 属性。

Enabled 属性控制 Timer 控件是否可用，取值为 True 表示可用，取值为 False 表示不可用。Interval 属性设置计时器事件之间的间隔，取值范围为 0～65 535，1000 表示的时间间隔大约为 1s 钟。若设置为 0，表示记时器控件不可用。

该题目中"自动"时"计时器"控件的"Interval"属性值设为 150；"手动"时"计时器"控件的"Interval"属性值设为 0。

文字字体的改变可以通过"单选按钮"控件数组实现。

控件数组由一组相同类型的控件组成，它们具有以下特点。

① 具有相同的控件名（即控件数组名），并以下标索引号（Index，相当于一般数组的下标）来识别各个控件。每一个控件称为该控件数组的一个元素，表示为控件数组名（索引号），控件数组至少应有一个元素，最多可达 32 767 个元素。第一个控件的索引号默认为 0，也可以是一个非 0 的整数。Visual Basic 允许控件数组中控件的索引号不连续。

例如，Label1(0)，Label1(1)，…，Label(10)，就是一个标签控件数组。但要注意，Label1，Label2，Label3，…不是控件数组。

② 控件数组中的控件具有相同的属性。

③ 所有控件共用相同的事件过程。在控件数组的事件过程中会返回一个索引号（Index），以确定当前发生该事件的是哪个控件元素。

在该题目中将这个"单选按钮"控件数组中的"Caption"属性值设为相应字体的名称。

2. 设定控件的属性和作用

在窗体中：

"标题"设定为"动画演示"；

用"标签"显示有动画效果的文字；

两个命令按钮分别表示"手动"或"自动"显示动画效果；

第三个命令按钮"关闭"表示结束本程序的运行；

用框架显示可以用于改变"标签"中的文字字体的名称；

用单选按钮控件数组显示字体名称（宋体、黑体、隶书、华文行楷）。

控件的属性和作用如表 9.6 所示，程序运行的界面见图 9.12。

表 9.6   程序"动画演示"的控件属性设置

对　　象	属　　性	属　性　值	功　　能
Form1	Caption	动画演示	显示程序的名称

续表

对　　象	属　　性	属　性　值	功　　能
Label	（名称）	Label1	显示有动画效果的文字
	Caption	动画演示	
CommandButton	（名称）	Command1	手动显示动画效果
	Caption	手动	
	（名称）	Command2	自动显示动画效果
	Caption	自动	
	（名称）	Command3	关闭窗口
	Caption	关闭	
Frame	（名称）	Frame1	显示可以用于改变"标签"中文字字体的名称
	Caption	字体	
Option	（名称）	Option(0)	将"标签"中的文字字体改变为"宋体"
	Caption	宋体	
	（名称）	Option(1)	将"标签"中的文字字体改变为"黑体"
	Caption	黑体	
	（名称）	Option(2)	将"标签"中的文字字体改变为"隶书"
	Caption	隶书	
	（名称）	Option(3)	将"标签"中的文字字体改变为"华文行楷"
	Caption	华文行楷	

3．编写源代码

```
Option Explicit                              '要求变量必须声明
Dim step1 As Integer                         '定义一个全局变量

Private Sub Command1_Click()
    Timer1.Interval = 0                      '手动时该值应该为0
    Call MyMove                              '调用子过程，用于移动文字
End Sub

Private Sub Command2_Click()
    Timer1.Interval = 150                    '自动时该值应该为150
End Sub

Private Sub Command3_Click()
    End
End Sub

Private Sub Form_Load()
    step1 = 1                                '该值为1时表示文字向右移动
    Timer1.Interval = 0
End Sub
```

```
Private Sub Option1_Click(Index As Integer)
    Label1.FontName = Option1(Index).Caption      '通过 Caption 的值来改变文字的字体
End Sub

Private Sub Timer1_Timer()
    Call MyMove                                    '在设定的时间间隔内调用子过程
End Sub

Private Sub MyMove()                               '定义一个子过程, 用于移动文字、判定文字是否到达边界
    Label1.Move Label1.Left + 100 * step1          '文字每次移动 100
    If Label1.Left + 1 950 > Form1.Width Then       '右边界为 1 950
        step1 = -1                                 '达到右边界后文字应该向左移动
    ElseIf Label1.Left < 10 Then                   '左边界为 10
        step1 = 1                                  '达到左边界后文字应该向右移动
    End If
End Sub
```

习　题　9

一、选择题

1. 对计算机进行程序控制的最小单位是（　　）。

    A. 语句　　　　　B. 字节　　　　　　　　C. 指令　　　　　　　　D. 程序

2. 为解决某一特定问题而设计的指令序列称为（　　）。

    A. 文档　　　　　B. 语言　　　　　　　　C. 程序　　　　　　　　D. 系统

3. 结构化程序设计中的 3 种基本控制结构是（　　）。

    A. 选择结构、循环结构和嵌套结构　　　B. 顺序结构、选择结构和循环结构

    C. 选择结构、循环结构和模块结构　　　D. 顺序结构、递归结构和循环结构

4. 编制一个好的程序首先要确保它的正确性和可靠性，除此以外，通常更注重源程序的
（　　）。

    A. 易使用性、易维护性和效率　　　　　B. 易使用性、易维护性和易移植性

    C. 易理解性、易测试性和易修改性　　　D. 易理解性、安全性和效率

5. 编制好的程序时，应强调良好的编程风格，如选择标识符的名字时应考虑（　　）。

    A. 名字长度越短越好，以减少源程序的输入量

    B. 多个变量共用一个名字，以减少变量名的数目

    C. 选择含义明确的名字，以正确提示所代表的实体

    D. 尽量用关键字作名字，以使名字标准化

6. 与高级语言相比，用低级语言（如机器语言等）开发的程序，其结果是（　　）。

    A. 运行效率低，开发效率低　　　　　　B. 运行效率低，开发效率高

    C. 运行效率高，开发效率低　　　　　　D. 运行效率高，开发效率高

7. 程序设计语言的语言处理程序是一种（　　）。

    A. 系统软件　　　B. 应用软件　　　　　C. 办公软件　　　　　　D. 工具软件

8. 计算机只能直接运行（　　）。

    A. 高级语言源程序　　　　　　　　　　B. 汇编语言源程序

C．机器语言程序　　　　　　　　　　D．任何源程序

9．将高级语言的源程序转换成可在机器上独立运行的程序的过程称为（　　）。

A．解释　　　　　B．编译　　　　　C．连接　　　　　D．汇编

10．下列各种高级语言中，（　　）是面向对象的程序设计语言。

A．BASIC　　　　B．PASCAL　　　　C．C++　　　　　D．C

二、简答题

1．什么是程序？什么是程序设计？程序设计包含哪几个方面？

2．在程序设计中应该注意哪些基本原则？

3．什么是面向对象程序设计中的"对象"、"类"？

4．什么是算法？它在程序设计中的地位怎样？

5．程序的基本控制结构有几个？分别是什么？

6．机器语言、汇编语言、高级语言有什么不同？

7．Visual Basic 程序设计语言的特点有哪些？

三、上机题

1．一个长长的阶梯，如果一次上 2 阶，最后剩 1 阶；如果一次上 3 阶，最后剩 2 阶；如果一次上 5 阶，最后剩 4 阶；如果一次上 6 阶，最后剩 5 阶；如果一次上 7 阶，刚好上完。请编写程序，计算这个阶梯至少有多少阶。

2．有一张面积足够大的纸（假定纸的厚度为 4mm），如果可能，你将它不断地对折。请编写程序，计算对折多少次以后可以超过珠穆朗玛峰的高度？（珠穆朗玛峰的高度为 8 844 430mm）

3．编写程序，使窗体上的文字"演示程序"的字体、字号可以通过窗体中的选项随时改变，如图 9.13 所示。

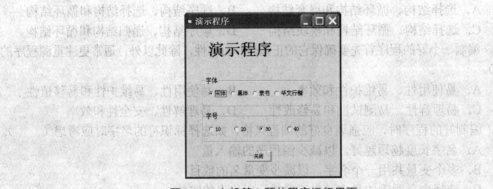

图 9.13　上机第 3 题的程序运行界面

第 10 章

信息安全与职业道德

本章主要阐述信息安全的概念，介绍信息安全核心技术——加密技术、认证技术、访问控制和防火墙技术；介绍计算机病毒的概念、分类、特点、危害以及防治方法；最后简要地介绍软件知识产权的概念、特点，软件著作权人享有的权利和信息安全道德观念及相关法规。

【知识要点】

1. 信息安全；
2. 计算机病毒及网络黑客的概念、特点及防治方法；
3. 软件知识产权及信息安全道德观。

10.1 信息安全概述

信息社会的到来，给全球带来了信息技术飞速发展的契机；信息技术的应用，引起了人们生产方式、生活方式和思想观念的巨大变化，极大地推动了人类社会的发展和人类文明的进步，把人类带入了崭新的时代；信息系统的建立已逐渐成为社会各个领域不可或缺的基础设施；信息已成为社会发展的重要战略资源、决策资源和控制战场的灵魂；信息化水平已成为衡量一个国家现代化程度和综合国力的重要标志。抢占信息资源已经成为国际竞争的重要内容。

然而，人们在享受网络信息所带来的巨大利益的同时，也面临着信息安全的严峻考验。信息安全已成为世界性的现实问题，信息安全与国家安全、民族兴衰和战争胜负息息相关。没有信息安全，就没有完全意义上的国家安全，也没有真正的政治安全、军事安全和经济安全。面对日益明显的经济、信息全球化趋势，我们既要看到它带来的发展机遇，同时也要正视它引发的严峻挑战。因此，加速信息安全的研究和发展，加强信息安全保障能力已成为我国信息化发展的当务之急，成为国民经济各领域电子化成败的关键，成为提高中华民族生存能力的头等大事。为了构筑 21 世纪的国家信息安全保障体系，有效地保障国家安全、社会稳定和经济发展，就需要尽快并长期致力于增强广大公众的信息安全意识，提升信息系统研究、开发、生产、使用、维护和提高管理人员的素质与能力。

10.1.1　信息安全

信息安全是指保护信息和信息系统不被未经授权的访问、使用、泄露、中断、修改和破坏，为信息和信息系统提供保密性、完整性、可用性、可控性和不可否认性。

也有人将信息安全的论述分成两类，一类是指具体信息技术系统的安全，另一类则是指某一特定信息体系（例如，一个国家的银行信息系统、军事指挥系统等）的安全。但更有人认为这两种定义均失之于过窄，而应把信息安全定义为：一个国家的社会信息化状态不受外来的威胁与侵害，一个国家的信息技术体系不受外来的威胁与侵害。原因是：信息安全，首先应该是一个国家宏观的社会信息化状态是否处于自主控制之下，是否稳定的问题，其次才是信息技术安全的问题。

10.1.2　OSI 信息安全体系结构

ISO7498 标准是目前国际上普遍遵循的计算机信息系统互连标准，1989 年 12 月 ISO 颁布了该标准的第二部分，即 ISO7498-2 标准，并首次确定了开放系统互连（OSI）参考模型的信息安全体系结构。我国将其作为 GB／T 9387-2 标准。它包括了 5 大类安全服务以及提供这些服务所需要的 8 大类安全机制。

ISO7498-2 确定的安全服务是由参与通信的开放系统的某一层所提供的服务，它确保了该系统或数据传输具有足够的安全性。ISO7498-2 确定的 5 大类安全服务分别是：鉴别、访问控制、数据保密性、数据完整性和不可否认性。

ISO7498-2 确定的 8 大类安全机制分别是：加密、数据签名机制、访问控制机制、数据完整性机制、鉴别交换机制、业务填充机制、路由控制机制和公证机制。

10.1.3　信息安全技术

由于计算机网络具有联结形式多样性、终端分布不均匀性和网络的开放性、互连性等特征，致使网络易受黑客、恶意软件和其他不轨行为的攻击，所以网络信息的安全和保密是一个至关重要的问题。无论是在单机系统、局域网还是在广域网系统中，都存在着自然和人为等诸多因素的脆弱性和潜在威胁。因此，计算机网络系统的安全措施应是能全方位地针对各种不同的威胁和脆弱性，这样才能确保网络信息的保密性、完整性和可用性。总之，一切影响计算机网络安全的因素和保障计算机网络安全的措施都是计算机网络安全技术的研究内容。这里主要介绍几种关键的信息安全技术：加密技术、认证技术、访问控制和防火墙技术。

1. 加密技术

密码学是一门古老而深奥的学科，有着悠久、灿烂的历史。密码在军事、政治、外交等领域是信息保密的一种不可缺少的技术手段，采用密码技术对信息加密是最常用、最有效的安全保护手段。密码技术与网络协议相结合可发展为认证、访问控制、电子证书技术等，因此，密码技术被认为是信息安全的核心技术。

密码技术是研究数据加密、解密及变换的科学，涉及数学、计算机科学、电子与通信等诸多学科。虽然其理论相当高深，但概念却十分简单。密码技术包含两方面密切相关的内容，即加密和解密。加密就是研究、编写密码系统，把数据和信息转换为不可识别的密文的过程。而解密就是研究密码系统的加密途径，恢复数据和信息本来面目的过程。加密和解密过程共同组成了加密系统。

在加密系统中，要加密的信息称为明文，明文经过变换加密后的形式称为密文。由明文变为密文的过程称为加密，通常由加密算法来实现。由密文还原成明文的过程称为解密，通常由解密算法来实现。

对于较为成熟的密码体系，其算法是公开的，而密钥是保密的。这样使用者简单地修改密钥，就可以达到改变加密过程和加密结果的目的。密钥越长，加密系统被破译的几率就越低。根据加密和解密过程是否使用相同的密钥，加密算法可以分为对称密钥加密算法（简称对称算法）和非对称密钥加密算法（简称非对称算法）两种。

通过对传输的数据进行加密来保障其安全性，已经成为了一项计算机系统安全的基本技术，它可以用很小的代价为数据信息提供相当大的安全保护，是一种主动的安全防御策略。

一个密码系统采用的基本工作方式称为密码体制。密码体制从原理上分为两大类：对称密钥密码体制和非对称密钥密码体制，或称单钥密码体制和双钥密码体制。

（1）对称密钥密码体制

对称密钥密码体制又称为常规密钥密码体制，在这种密码体制中，对于大多数算法，解密算法是加密算法的逆运算，加密密钥和解密密钥相同，同属一类的加密体制。加密密钥能从解密密钥中推算出来，拥有加密能力就意味着拥有解密能力，反之亦然。对称密码体制的保密强度高，加密速度快，但开放性差，它要求发送者和接收者在安全通信之前，商定一个密钥，需要有可靠的密钥传递信道，而双方用户通信所用的密钥也必须妥善保管。

（2）非对称密钥密码体制

非对称密钥密码体制又称为公开密钥密码体制，是与对称密钥密码体制相对应的。1976年，人们提出了一种新的密钥交换协议，允许在不安全的媒体上通过通信双方交换信息，安全地传送密钥。在此新思想的基础上，很快出现了公开密钥密码体制。

公开密钥密码体制，是现代密码学最重要的发明和进展。一般理解密码学就是保护信息传递的机密性，但这仅仅是当今密码学的一个方面。对信息发送与接收人的真实身份的验证，对所发出/接收信息在事后的不可抵赖以及保障数据的完整性也是现代密码学研究的另一个重要方面。公开密钥密码体制对这两方面的问题都给出了出色的解答，并正在继续产生许多新的思想和方案。

2．认证技术

认证就是对于证据的辨认、核实、鉴别，以建立某种信任关系。在通信中，要涉及两个方面：一方面提供证据或标识，另一方面对这些证据或标识的有效性加以辨认、核实、鉴别。

（1）数字签名

在现实世界中，文件的真实性依靠签名或盖章进行证实。数字签名是数字世界中的一种信息认证技术，是公开密钥加密技术的一种应用，根据某种协议来产生一个反映被签署文件的特征和签署人特征，以保证文件的真实性和有效性的数字技术，同时也可用来核实接收者是否有伪造、篡改行为。

（2）身份验证

身份识别或身份标识是指用户向系统提供的身份证据，也指该过程。身份认证是系统核实用户提供的身份标识是否有效的过程。在信息系统中，身份认证实际上是决定用户对请求的资源的存储权和使用权的过程。一般情况下，人们也把身份识别和身份认证统称为身份验证。

3．访问控制技术

访问控制是对信息系统资源的访问范围以及方式进行限制的策略。简单地说，就是防止合法用户的非法操作，它是保证网络安全最重要的核心策略之一。它是建立在身份认证之上的操作权限控制。身份认证解决了访问者是否合法，但并非身份合法就什么都可以做，还要根据不同的访问者，规定他们分别可以访问哪些资源，以及对这些可以访问的资源可以用什么方式（读、写、执行、删除等）访问。访问控制涉及的技术也比较广，包括入网访问控制、网络权限控制、目录级控制以及属性控制等多种手段。

（1）入网访问控制

入网访问控制为网络访问提供了第一层访问控制。它控制哪些用户能够登录到服务器并获取网络资源，控制准许用户入网的时间和准许他们在哪台工作站入网。用户的入网访问控制可分为 3 个步骤：用户名的识别与验证、用户口令的识别与验证、用户账号的缺省限制检查。三道关卡中只要任何一关未过，该用户便不能进入该网络。对网络用户的用户名和口令进行验证是防止非法访问的第一道防线。为保证口令的安全性，用户口令不能显示在显示屏上，口令长度应不少于 6 个字符，口令字符最好是数字、字母和其他字符的混合，用户口令必须经过加密。用户还可采用一次性用户口令，也可用便携式验证器（例如，智能卡）来验证用户的身份。网络管理员可以控制和限制普通用户的账号使用、访问网络的时间和方式。用户账号应只有系统管理员才能建立。用户口令应是每次用户访问网络所必须提交的"证件"。用户可以修改自己的口令，但系统管理员应该可以控制口令的以下几个方面的限制：最小口令长度、强制修改口令的时间间隔、口令的唯一性、口令过期失效后允许入网的宽限次数。用户名和口令验证有效之后，再进一步履行用户账号的缺省限制检查。网络应能控制用户登录入网的站点，限制用户入网的时间，限制用户入网的工作站数量。当用户对交费网络的访问"资费"用尽时，网络还应能对用户的账号加以限制，用户此时已无法进入网络访问网络资源。网络应对所有用户的访问进行审计。如果多次输入口令不正确，则认为是非法用户的入侵，应给出报警信息。

（2）权限控制

网络的权限控制是针对网络非法操作所提出的一种安全保护措施。用户和用户组被赋予一定的权限。网络控制用户和用户组可以访问哪些目录、子目录、文件和其他资源。可以指定用户对这些文件、目录、设备能够执行哪些操作。受托者指派和继承权限屏蔽可作为两种实现方式。受托者指派控制用户和用户组如何使用网络服务器的目录、文件和设备。继承权限屏蔽相当于一个过滤器，可以限制子目录从父目录那里继承哪些权限。可以根据访问权限将用户分为以下几类：特殊用户，即系统管理员；一般用户，系统管理员根据他们的实际需要为他们分配操作权限；审计用户，负责网络的安全控制与资源使用情况的审计。用户对网络资源的访问权限可以用访问控制表来描述。

（3）目录级安全控制

网络应允许控制用户对目录、文件、设备的访问。用户在目录一级指定的权限对所有文件和子目录有效，用户还可进一步指定对目录下的子目录和文件的权限。对目录和文件的访问权限一般有 8 种：系统管理员权限、读权限、写权限、创建权限、删除权限、修改权限、文件查找权限和访问控制权限。一个网络管理员应当为用户指定适当的访问权限，这些访问权限控制着用户对服务器的访问。8 种访问权限的有效组合可以让用户有效地完成工作，同时又能有效地控制用户对服务器资源的访问，从而加强了网络和服务器的安全性。

（4）属性安全控制

当用文件、目录和网络设备时，网络系统管理员应给文件、目录等指定访问属性。属性安全在权限安全的基础上提供更进一步的安全性。网络上的资源都应预先标出一组安全属性。用户对网络资源的访问权限对应一张访问控制表，用以表明用户对网络资源的访问能力。属性设置可以覆盖已经指定的任何受托者指派和有效权限。属性往往能控制以下几个方面的权限：向某个文件写数据、复制一个文件、删除目录或文件、查看目录和文件、执行文件、隐含文件、共享、系统属性等。

（5）服务器安全控制

网络允许在服务器控制台上执行一系列操作。用户使用控制台可以装载和卸载模块，可以安装和删除软件等操作。网络服务器的安全控制包括可以设置口令锁定服务器控制台，以防止非法用户修改、删除重要信息或破坏数据；可以设定服务器登录时间限制、非法访问者检测和关闭的时间间隔。

4．防火墙技术

在计算机网络中，"防火墙"是指设置在可信任的内部网和不可信任的公众访问网之间的一道屏障，使一个网络不受另一个网络的攻击，实质上是一种隔离技术。

防火墙不只是一种路由器、主系统或一批向网络提供安全性的系统，相反，防火墙是一种获取安全性的方法，它有助于实施一个比较广泛的安全性政策，用以确定允许提供的服务和访问。就网络配置、一个或多个主系统和路由器以及其他安全性措施（例如，代替静态口令的先进验证）来说，防火墙是该政策的具体实施。防火墙系统的主要用途就是控制对受保护网络（即网点）的往返访问。它实施网络访问政策的方法就是迫使各连接点通过能得到检查和评估的防火墙。可以说，防火墙是网络通信时的一种尺度，允许同意的"人"和"数据"访问，同时把不同意的"拒之门外"，这样能最大限度地防止黑客的访问，阻止他们对网络进行一些非法的操作。

在逻辑上，防火墙是一个分离器，一个限制器，也是一个分析器，它有效地监控了内部网和 Internet 之间的任何活动，保证了内部网络的安全。作为一个中心"遏制点"，它可以将局域网的安全管理集中起来，屏蔽非法请求，防止跨权限访问并产生安全报警。具体地说，防火墙有以下一些功能。

（1）作为网络安全的屏障

防火墙由一系列的软件和硬件设备组合而成，它保护网络中有明确闭合边界的一个网块。所有进出该网块的信息，都必须经过防火墙，将发现的可疑访问拒之门外。当然，防火墙也可以防止未经允许的访问进入外部网络。因此，防火墙的屏障作用是双向的，即进行内外网络之间的隔离，包括地址数据包过滤、代理和地址转换。

（2）强化网络安全策略

防火墙能将所有安全软件（例如，口令、加密、身份认证、审计等）配置在防火墙上，形成以防火墙为中心的安全方案。与将网络安全问题分散到各个主机上相比，防火墙的集中安全管理更经济。

（3）对网络存取和访问进行监控审计

审计是一种重要的安全措施，用以监控通信行为和完善安全策略，检查安全漏洞和错误配置，并对入侵者起到一定的威慑作用。报警机制是在通信违反相关策略以后，以多种方式，如声音、邮件、电话、手机短信息等及时报告给管理人员。

防火墙的审计和报警机制在防火墙体系中是很重要的，只有有了审计和报警，管理人员才可能知道网络是否受到了攻击。

由于日志数据量比较大，主要通过两种方式解决：一种是将日志挂接在内网的一台专门存放日志的日志服务器上，另一种是将日志直接存放在防火墙本身的存储器上。日志单独存放这种方式配置较为麻烦，然而存放的日志量可以很大；日志存放在防火墙本身时，无须做额外配置，然而由于防火墙容量一般很有限，所存放的日志量往往较小。

（4）远程管理

远程管理一般完成对防火墙的配置、管理和监控。

管理界面设计直接关系到防火墙的易用性和安全性。目前防火墙主要有两种远程管理界面：Web 界面和 GUI 界面。对于硬件防火墙，一般还有串口配置模块和控制台控制界面。

（5）防止攻击性故障蔓延和内部信息的泄露

防火墙也能够将网络中的一个网段与另一个网段隔开，从而限制了局部重点或敏感网络安全问题对全局网络造成的影响。此外，隐私是内部网络非常关心的问题，一个内部网络中不引人注意的细节可能包含了有关安全的线索而引起外部攻击者的兴趣，甚至因此而暴露了内部网络的某些安全漏洞。使用防火墙就可以隐蔽那些透漏的内部细节，如 Finger、DNS 等服务。

（6）MAC 与 IP 地址的绑定

MAC 与 IP 地址绑定起来，主要用于防止受控（不可访问外网）的内部用户通过更换 IP 地址访问外网，这其实是一个可有可无的功能。不过因为它实现起来太简单了，内部只需要两个命令就可以实现，所以绝大多数防火墙都提供了该功能。

（7）流量控制（带宽管理）和统计分析、流量计费

流量控制可以分为基于 IP 地址的控制和基于用户的控制。基于 IP 地址的控制是对通过防火墙各个网络接口的流量进行控制，基于用户的控制是通过用户登录来控制每个用户的流量，从而防止某些应用或用户占用过多的资源，并且通过流量控制可以保证重要用户和重要接口的连接。

流量统计是建立在流量控制基础之上的。一般防火墙通过对基于 IP、服务、时间、协议等进行统计，并可以与管理界面实现挂接，实时或者以统计报表的形式输出结果。流量计费从而也是非常容易实现的。

（8）其他特殊功能

这些功能纯粹是为了迎合特殊客户的需要或者为赢得卖点而加上的。例如，有时用户要求，限制同时上网人数；限制使用时间；限制特定使用者才能发送 E-mail；限制 FTP 只能下载文件不能上传文件；阻塞 Java、ActiveX 控件等，这些依需求不同而定。有些防火墙更是加入了扫毒功能，一般都与防病毒软件搭配。

10.2 计算机中的信息安全

10.2.1 计算机病毒及其防范

1. 计算机病毒的概念

提起计算机病毒，相信绝大多数用户都不会陌生（即使那些没有接触过计算机的人大多也听说过），有些用户甚至还对计算机病毒有着切肤之痛。

计算机病毒是指那些具有自我复制能力的计算机程序，它能影响计算机软件、硬件的正常运行，破坏数据的正确与完整。

在《中华人民共和国计算机信息系统安全保护条例》中，计算机病毒有明确的定义："计算机病毒，是指编制或者在计算机程序中插入的破坏计算机功能或者破坏数据、影响计算机使用，并且能够自我复制的一组计算机指令或者程序代码"。

2．计算机病毒的传播途径

计算机病毒的传染性是计算机病毒的最基本的特性，是计算机病毒赖以生存繁殖的条件。计算机病毒必须要搭载到计算机上才能感染系统，如果计算机病毒缺乏传播渠道，则其破坏性就只能局限到一台被感染的计算机上，而无法在更大的范围兴风作浪。当我们充分了解了计算机病毒的各种传播途径以后，才可以有的放矢的采取措施，有效地防止计算机病毒对计算机系统的侵袭。

计算机病毒的传播主要通过文件复制、文件传送等方式进行，文件复制与文件传送需要传输媒介，而计算机病毒的主要传播媒介就是优盘、硬盘、光盘和网络。

优盘作为最常用的交换媒介，在计算机病毒的传播中起到了很大的作用。在人们使用优盘在计算机之间进行文件交换的时候，计算机病毒就已经悄悄地传播开来了。

光盘的存储容量比较大，其中可以用来存放很多可执行的文件，当然这也就成了计算机病毒的藏身之地。对于只读光盘来说，由于不能对它进行写操作，因此光盘上的病毒就不能被删除。尤其是盗版光盘的泛滥，给病毒的传播带来了极大的便利。

现代通信技术的巨大进步已经使空间距离不再遥远，数据、文件、电子邮件等都可以很方便地通过通信线缆在各个计算机间高速传输。当然这也为计算机病毒的传播提供了"高速公路"，现在这已经成为计算机病毒的第一传播途径。

随着 Internet 的不断发展，计算机病毒也出现了一种新的趋势。不法分子或好事之徒制作的个人网页，不仅直接提供了下载大批计算机病毒活样本的便利途径，而且还将制作计算机病毒的工具、向导、程序等内容写在自己的网页中，使没有编程基础和经验的人制造新病毒成为可能。

3．计算机病毒的特点

要做好计算机病毒的防治工作，首先要认清计算机病毒的特点和行为机理，为防范和清除计算机病毒提供充实可靠的依据。根据对计算机病毒的产生、传染和破坏行为的分析，总结出计算机病毒具有以下几个主要特点。

（1）破坏性

任何病毒只要侵入系统，都会对系统及应用程序产生程度不同的影响。轻者会降低计算机工作效率，占用系统资源；重者可以破坏数据、删除文件、加密磁盘，对数据造成不可挽回的破坏，有的甚至会导致系统崩溃。

（2）传染性

传染性是病毒的基本特征。它会通过各种渠道从已被感染的计算机扩散到未被感染的计算机。只要一台计算机染毒，如不及时处理，那么病毒就会在这台计算机上迅速扩散，其中的大量文件（一般是可执行文件）会被感染。而被感染的文件又成了新的传染源。当这台计算机再与其他计算机进行数据交换或通过网络接触时，病毒会继续进行传染。

（3）潜伏性

大部分的病毒感染系统之后一般不会马上发作，它可长期隐藏在系统中，只有在满足其特定条件时才启动其表现（破坏）模块。只有这样它才可进行广泛地传播。例如，著名的"黑色星期五"病毒会在逢 13 号的星期五发作。国内的"上海一号"病毒会在每年三月、六月、九月的 13 日发作。当然，最令人难忘的便是 26 日发作的 CIH 病毒。这些病毒在平时会隐藏得很好，只有在发作日才会露出本来面目。

（4）隐蔽性

病毒一般是具有很高编程技巧、短小精悍的程序。通常附在正常程序中或磁盘较隐蔽的地方，也有个别的以隐含文件形式出现。目的是不让用户发现它的存在。如果不经过代码分析，病毒程序与正常程序是不容易区别开来的。一般在没有防护措施的情况下，计算机病毒程序取得系统控制权后，可以在很短的时间里传染大量程序。而且受到传染后，计算机系统通常仍能正常运行，使用户不会感到任何异常。试想，如果病毒在传染到计算机上之后，计算机马上无法正常运行，那么它本身便无法继续进行传染了。正是由于隐蔽性，计算机病毒得以在用户没有察觉的情况下扩散到成千上百万台计算机中去。

（5）不可预见性

从对病毒的检测方面来看，病毒还有不可预见性。而病毒的制作技术也在不断地提高，病毒对反病毒软件永远是超前的。

4．杀毒软件

反病毒软件同病毒的关系就像矛和盾一样，两种技术，两种势力永远在进行着较量。目前市场上有很多品种的杀毒软件，下面简要介绍几种常用的杀毒软件。

（1）金山毒霸

由金山公司设计开发的金山毒霸有多种版本。它可查杀超过两万种的病毒和近百种的黑客程序，具备完善的实时监控功能。它能对多种压缩格式的文件进行病毒的查杀，能在线查毒，具有功能强大的定时自动查杀能力。

（2）瑞星杀毒软件

瑞星杀毒软件是专门针对目前流行的网络病毒研制开发的，它采用多项最新技术，有效地提升了对未知病毒、变种病毒、黑客木马和恶意网页等新型病毒的查杀能力。在降低系统资源消耗、提升查杀速度、快速在线升级等多方面进行了改进，是保护计算机系统安全的工具软件。

（3）诺顿杀毒软件

诺顿杀毒软件（Norton Anti Virus）是 Symantec 公司设计开发的软件。它可以侦测上万种已知和未知的病毒。每当开机时，诺顿的自动防护系统会常驻在 System Tray 中，当用户从外存上，或者从网络、E-mail 附件中打开文件时，它会自动检测文件的安全性，若文档内含有病毒，它会自动报警，并作适当的处理。

（4）江民杀毒软件

江民杀毒软件是由江民科技公司研究开发的，可以查杀目前流行的近 8 万种计算机病毒。它可以实时地对内存、注册表、文件和邮件进行监控，可以实时的对软硬盘、移动存储设备等进行监控，它还可以实时的对网络活动进行监控。如果遇到计算机病毒，它会马上报警并将其隔离。

现在的杀毒软件都具有在线监视功能，在操作系统启动后杀毒软件就会自动装载并运行，并时刻监视系统的运行状况。

10.2.2 网络黑客及其防范

1. 网络黑客的概念

黑客（hacker），源于英语动词 hack，意为"劈，砍"，引申为"干了一件非常漂亮的工作"。一般认为，黑客起源于 20 世纪 50 年代麻省理工学院的实验室中，他们精力充沛，热衷于解决难题。20 世纪 60~70 年代，"黑客"一词极富褒义，主要是指那些独立思考、奉公守法的计算机迷，他们智力超群，对计算机全身心投入。从事黑客活动意味着对计算机的最大潜力进行智力上的自由探索，为计算机技术的发展作出了巨大贡献。正是这些黑客，倡导了一场个人计算机革命，倡导了现行的计算机开放式体系结构，打破了以往计算机技术只掌握在少数人手里的局面，开了个人计算机的先河，提出了"计算机为人民所用"的观点，他们是计算机发展史上的英雄。现在黑客使用的侵入计算机系统的基本技巧，如"破解口令"、"开天窗"、"走后门"、安放"特洛伊木马"等，都是在这一时期发明的。从事黑客活动的经历，成为后来许多计算机业界巨子简历上不可或缺的一部分。

在 20 世纪 60 年代，计算机的使用还远未普及，还没有多少存储重要信息的数据库，也谈不上黑客对数据的非法复制等问题。到了 20 世纪 80~90 年代，计算机越来越重要，大型数据库也越来越多，同时，信息越来越集中在少数人的手里。这样一场新时期的"圈地运动"引起了黑客们的极大反感。黑客认为，信息应共享而不应被少数人所垄断，于是他们将注意力转移到涉及各种机密的信息数据库上。而这时，计算机空间已私有化，成为个人拥有的财产，社会不能再对黑客行为放任不管，而必须采取行动，利用法律等手段来进行控制。黑客活动受到了空前的打击。

2. 网络黑客的攻击方式

（1）获取口令

获取口令有 3 种方法：一是通过网络监听非法得到用户口令。这类方法有一定的局限性，但危害性极大，监听者往往能够获得其所在网段的所有用户账号和口令，对局域网安全威胁巨大。二是在知道用户的账号后利用一些专门软件强行破解用户口令。这种方法不受网段限制，但黑客要有足够的耐心和时间。三是在线获得一个服务器上的用户口令文件。此方法在所有方法中危害最大，因为它不需要像第二种方法那样一遍又一遍地尝试登录服务器，而是在本地将加密后的口令与 Shadow 文件中的口令相比较就能非常容易地破获用户密码，尤其对那些"简单"用户（指口令安全系数极低的用户。例如，某用户账号为 zys，其口令就是 zys666、666666 或干脆就是 zys 等）更是在短短的一两分钟内，甚至几十秒内就可以将其破获。

（2）放置特洛伊木马程序

特洛伊木马程序可以直接侵入用户的计算机并进行破坏，它常被伪装成工具程序或者游戏等诱使用户打开带有特洛伊木马程序的邮件附件或从网上直接下载，一旦用户打开了这些邮件的附件或者执行了这些程序之后，它们就会像古特洛伊人在敌人城外留下的藏满士兵的木马一样留在自己的计算机中，并在自己的计算机系统中隐藏一个可以在 Windows 启动时悄悄执行的程序。当用户连接到 Internet 上时，这个程序就会通知黑客，来报告用户的 IP 地址以及预先设定的端口。黑客在收到这些信息后，再利用这个潜伏在其中的程序，就可以任意地修改用户的计算机参数设定、复制文件、窥视整个硬盘中的内容等，从而达到控制计算机的目的。

（3）WWW 的欺骗技术

在网上，用户可以利用 IE 等浏览器进行各种 Web 站点的访问，如阅读新闻组、咨询产品价格、订阅报纸、电子商务等。然而一般的用户恐怕不会想到有这些问题存在：正在访问的网页已经被黑客篡改过，网页上的信息是虚假的。例如，黑客将用户要浏览的网页的 URL 改写为指向黑客自己的服务器，当用户浏览目标网页的时候，实际上是向黑客服务器发出请求，那么黑客就可以达到欺骗的目的了。

（4）电子邮件攻击

电子邮件攻击主要表现为两种方式：一是电子邮件轰炸和电子邮件"滚雪球"，也就是通常所说的邮件炸弹，指的是用伪造的 IP 地址和电子邮件地址向同一信箱发送数以千计、万计甚至无穷多次的内容相同的垃圾邮件，致使受害人邮箱被"炸"，严重者可能会给电子邮件服务器操作系统带来危险，甚至瘫痪；二是电子邮件欺骗，攻击者佯称自己为系统管理员（邮件地址和系统管理员完全相同），给用户发送邮件要求用户修改口令（口令可能为指定字符串）或在貌似正常的附件中加载病毒或其他木马程序（某些单位的网络管理员有定期给用户免费发送防火墙升级程序的义务，这为黑客成功地利用该方法提供了可乘之机），这类欺骗只要用户提高警惕，一般危害性不是太大。

（5）通过一个结点来攻击其他结点

黑客在突破一台主机后，往往以此主机作为根据地，攻击其他主机（以隐蔽其入侵路径，避免留下蛛丝马迹）。他们可以使用网络监听方法，尝试攻破同一网络内的其他主机；也可以通过 IP 欺骗和主机信任关系，攻击其他主机。这类攻击很狡猾，但由于某些技术很难掌握，因此较少被黑客使用。

（6）网络监听

网络监听是主机的一种工作模式，在这种模式下，主机可以接收到本网段在同一条物理通道上传输的所有信息，而不管这些信息的发送方和接收方是谁。此时，如果两台主机进行通信的信息没有加密，只要使用某些网络监听工具，如 NetXray 就可以轻而易举地截取包括口令和账号在内的信息资料。虽然网络监听获得的用户账号和口令具有一定的局限性，但监听者往往能够获得其所在网段的所有用户账号及口令。

（7）寻找系统漏洞

许多系统都有这样那样的安全漏洞（Bugs），其中某些是操作系统或应用软件本身具有的，例如，Windows 98 中的共享目录密码验证漏洞和 IE5 漏洞等，这些漏洞在补丁未被开发出来之前一般很难防御黑客的破坏，除非你将网线拔掉；还有一些漏洞是由于系统管理员配置错误引起的，如在网络文件系统中，将目录和文件以可写的方式调出，将用户的密码文件以明码方式存放在某一目录下，这都会给黑客带来可乘之机，应及时加以修正。

（8）利用账号进行攻击

有的黑客会利用操作系统提供的缺省账户和密码进行攻击。例如，许多 UNIX 主机都有 FTP 和 Guest 等缺省账户（其密码和账户名同名），有的甚至没有口令。黑客用 UNIX 操作系统提供的命令收集信息，不断提高自己的攻击能力。这类攻击只要系统管理员提高警惕，将系统提供的缺省账户关掉或提醒无口令用户增加口令，一般都能克服。

（9）偷取特权

偷取特权主要是利用各种特洛伊木马程序、后门程序和黑客自己编写的导致缓冲区溢出的程序进行攻击。前者可使黑客非法获得对用户机器的完全控制权，后者可使黑客获得超级用户的权限，从而拥有对整个网络的绝对控制权。这种攻击手段，一旦奏效，危害性极大。

3. 网络黑客的防范

（1）屏蔽可疑 IP 地址

这种方式见效最快，一旦网络管理员发现了可疑的 IP 地址申请，可以通过防火墙屏蔽相对应的 IP 地址，这样黑客就无法再连接到服务器上了。但是这种方法有很多缺点，如很多黑客都使用动态 IP，也就是说，他们的 IP 地址会变化，一个地址被屏蔽，只要更换其他 IP 地址，就仍然可以进攻服务器，而且高级黑客有可能会伪造 IP 地址，屏蔽的也许是正常用户的地址。

（2）过滤信息包

通过编写防火墙规则，可以让系统知道什么样的信息包可以进入，什么样的应该放弃。如此一来，当黑客发送有攻击性信息包的时候，在经过防火墙时，信息就会被丢弃掉，从而防止了黑客的进攻。但是这种做法仍然有它不足的地方，如黑客可以改变攻击性代码的形态，让防火墙分辨不出信息包的真假；或者黑客干脆无休止、大量地发送信息包，直到服务器不堪重负而造成系统崩溃。

（3）修改系统协议

对于漏洞扫描，系统管理员可以修改服务器的相应协议，如漏洞扫描是根据对文件的申请返回值对文件的存在进行判断，这个数值如果是 200，则表示文件存在于服务器上，如果是 404，则表明服务器没有找到相应的文件。但是管理员如果修改了返回数值，或者屏蔽 404，那么漏洞扫描器就毫无用处了。

（4）经常升级系统版本

任何一个版本的系统发布之后，在短时间内都不会受到攻击，一旦其中的问题暴露出来，黑客就会蜂拥而至。因此，管理员在维护系统的时候，可以经常浏览著名的安全站点，找到系统的新版本或者补丁程序进行安装，这样就可以保证系统中的漏洞在没有被黑客发现之前，就已经修补上了，从而保证了服务器的安全。

（5）及时备份重要数据

如果数据备份及时，即便系统遭到黑客进攻，也可以在短时间内修复，挽回不必要的经济损失。目前很多商务网站，都会在每天晚上对系统数据进行备份，在第二天清晨，无论系统是否受到攻击，都会重新恢复数据，保证每天系统中的数据库都不会出现损坏。数据的备份最好放在其他计算机或者驱动器上，这样黑客进入服务器之后，破坏的只是一部分数据，因为无法找到数据的备份，对于服务器的损失也不会太严重。

然而系统一旦受到黑客攻击，管理员不仅要设法恢复损坏的数据，而且还要及时分析黑客的来源和攻击方法，尽快修补被黑客利用的漏洞，然后检查系统中是否被黑客安装了木马、蠕虫或者被黑客开放了某些管理员账号，尽量将黑客留下的各种蛛丝马迹和后门清除干净，防止黑客的下一次攻击。

（6）安装必要的安全软件

用户还应在计算机中安装并使用必要的防黑软件、杀毒软件和防火墙。在上网时打开它们，这样即便有黑客进攻，用户的安全也是有一定保证的。

（7）不要回陌生人的邮件

有些黑客可能会冒充某些正规网站的名义，然后编个冠冕堂皇的理由寄一封信给你，要求你输入上网的用户名称与密码，如果按下"确定"，你的账号和密码就进了黑客的邮箱。

所以不要随便回陌生人的邮件，即使他说得再动听，再诱人也不要上当。

（8）做好 IE 的安全设置

ActiveX 控件和 Applets 有较强的功能，但也存在被人利用的隐患，网页中的恶意代码往往就是利用这些控件编写的小程序，只要打开网页就会被运行。所以要避免恶意网页的攻击只有禁止这些恶意代码的运行。

10.2.3 系统备份工具 Symantec Ghost

Symantec Ghost 是备份系统常用的工具。它可以把一个磁盘上的全部内容复制到另外一个磁盘上，也可以把磁盘内容复制为一个磁盘的镜像文件，以后可以用镜像文件创建一个原始磁盘的备份。它可以最大限度地减少安装操作系统的时间，并且多台配置相似的计算机可以共用一个镜像文件。

1．一键备份 C 盘和一键恢复 C 盘

① 从网站下载一键 GHOST v2011.07.01 硬盘版，安装后双击桌面上的"一键 GHOST"图标，弹出"一键备份系统"对话框。在该对话框中选中"一键备份系统"单选钮，并单击"备份"按钮，如图 10.1 所示。

注意：在该对话框中，如果"一键恢复系统"单选钮以灰色显示，则表示该操作系统还没有进行备份。如果用户备份了系统，则"一键恢复系统"单选钮以黑色显示，并且可以选择该按钮。

② 计算机重新启动，并自动选择"一键 GHOST v2011.07.01 硬盘版"启动选项。

③ 自动引导该软件所支持的文件，并弹出"一键备份系统"对话框，单击"备份"按钮或者按<B>键，系统开始备份。

2．中文向导

在一键 GHOST 硬盘版中，还包含有"中文向导"备份方式，可以帮助用户进行可视操作。

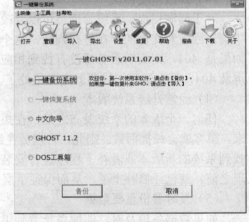

图 10.1　选中一键备份选项

例如，选中"中文向导"单选钮，单击"向导"按钮，计算机重新启动，并自动选择"一键 GHOST v2011.07.01 硬盘版"启动选项，并自动引导该软件所支持的文件。

最后，弹出"中文向导"列表对话框，有"备份向导"、"恢复向导"、"对拷向导"、"高格向导"、"硬盘侦测"、"指纹信息"和"删除映像"7 个选项，选中需要的选项。

3．使用 GHOST11.2

除了上述两种方法外，还可以通过 GHOST 进行手动备份操作系统。使用 GHOST 进行系统备份，有整个硬盘（Disk）和分区硬盘（Partition）两种方式。

（1）分区备份

通过 GHOST 进行分区备份是最常用的方法。用户无须进入操作系统，即可备份 C 盘系统文件。也可以通过"一键 GHOST"对话框进行操作，步骤如下。

① 在"一键 GHOST"对话框中选中"GHOST 11.2"单选钮，单击"GHOST"按钮。

② 计算机重新启动，并自动选择"一键 GHOST v2011.07.01 硬盘版"启动选项，并自动引导该软件所支持的文件。

③ 此时，将弹出 Symantec Ghost 11.2 对话框，单击"OK"按钮。然后在 Local（本地）菜单中选择 Partition 子菜单，并执行 To Image 命令，如图 10.2 所示。

提示：在 Local（本地）菜单中包含 3 个子菜单。其含义如下：Disk——表示备份整个硬盘（即克隆）；Partition——表示备份硬盘的单个分区；Check——表示检查硬盘或备份文件，查看是否可能因分区、硬盘被破坏等造成备份或还原失败。

④ 在弹出的对话框中选择该计算机中的硬盘，如图 10.3 所示。

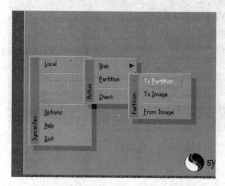
图 10.2　"Partition"功能界面

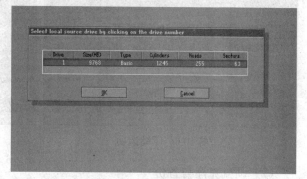
图 10.3　选择要备份的硬盘

⑤ 选择要备份的硬盘分区。例如，选择第一个分区（C 盘），可以按<Tab>键切换至"OK"按钮。此时，"OK"按钮以白色显示，再按<Enter>键，如图 10.4 所示。

⑥ 选择备份档案存放的路径并设置文件名。备份的镜像文件不能放在要备份的分区内，如图 10.5 所示。

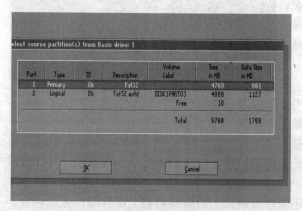
图 10.4　选择要备份的硬盘分区

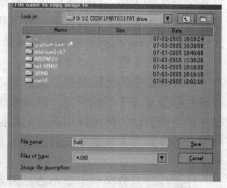
图 10.5　选择设置路径和文件名

⑦ 回车确定后，程序提示是否要压缩备份，有 3 种选择，如图 10.6 所示。

● No：备份时，基本不压缩资料（速度快，占用空间较大）。

● Fast：快速压缩，压缩比例较低（速度一般，建议使用）。

● Hight：最高比例压缩（可以压缩至最小，但备份/还原时间较长）。

⑧ 选择一个压缩比例后，在弹出的对话框中单击"Yes"按钮进行备份，如图 10.7 所示。

⑨ 备份完成后，将弹出对话框，单击"Continue"按钮，如图 10.8 所示。备份的文件以.gho 为扩展名存储在指定的目录中。

最后，用户可以执行菜单中的"Quit"命令，在弹出的对话框中单击"Yes"按钮，重新启动计算机即可。

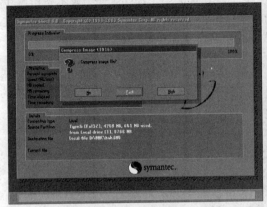

图 10.6　压缩选项

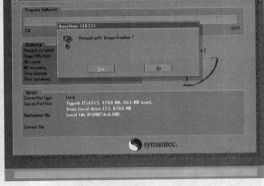

图 10.7　备份确认选项

（2）硬盘克隆与备份

硬盘的克隆是对整个硬盘的备份和还原。例如，在 GHOST 对话框中，选择 Local 菜单，再选择 Disk 子菜单，执行 To Disk 命令。

在弹出的窗口中选择源硬盘（第一个硬盘），然后选择要复制到的目标硬盘（第二个硬盘）。

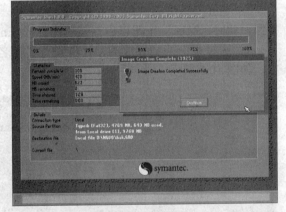

图 10.8　备份完成

在克隆过程中，用户可以设置目标硬盘各个分区的大小，GHOST 可以自动对目标硬盘按指定的分区数值进行分区和格式化。选择"Yes"按钮开始执行克隆操作。

（3）还原备份

如果硬盘中的分区数据遭到损坏，用一般数据修复方法不能修复，以及系统被破坏后不能启动，都可以用备份的数据进行完全的复原而无须重新安装程序或系统。也可以将备份还原到另一个硬盘上，操作方法如下。

注意：还原分区一定要小心，因为还原后原硬盘上的资料将被全部抹除，无法恢复，如果用错了镜像文件，计算机将可能无法正常启动。

① 还原操作与备份操作正好是相反操作。出现 Ghost 主菜单后，用光标方向键移动并选择菜单"Local"|"Partition"|"From Image"，如图 10.9 所示，然后按<Enter>键。

② 在打开的菜单中选择要还原的备份档案，如果有多个，一定不要选错文件。确认后单击"Open"按钮，如图 10.10 所示。

③ 选择被还原的目的分区所在的物理硬盘，然后选择要恢复的分区，就是目的分区。这一步很关键，一定不要选错。一般是恢复第一个系统主分区即 C 分区，如图 10.11 所示。

④ 程序要求确认"是否要进行分区恢复，恢复后目的分区将被覆盖"。这一步之后的操作将不可逆，一定要核对下方的操作信息提示。确认后选择"Yes"执行恢复操作，如图

10.12 所示。

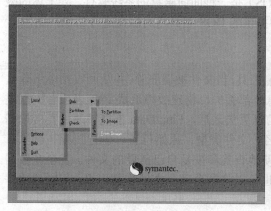 

图 10.9　从文件还原分区　　　　　图 10.10　选择备份的镜像文件

⑤ 还原完毕后，出现还原完毕窗口，如图 10.13 所示，选择"Reset Computer"，按回车键重新启动计算机，还原工作完成。

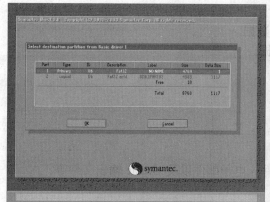 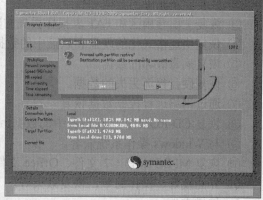

图 10.11　选择目的分区　　　　　图 10.12　还原确认菜单

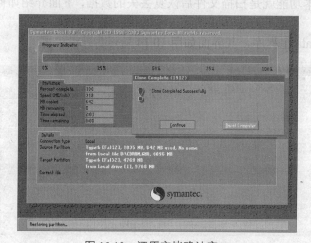

图 10.13　还原完毕确认窗口

4．DOS 工具箱

磁盘操作系统（Disk Operating System，DOS）是一种面向磁盘的系统软件。除上述的磁盘还原及备份操作外，用户还可以通过该软件提供的 DOS 工具箱对磁盘进行其他的操作。

10.2.4 FinalData 数据恢复工具

FinalData 是一款威力非常强大的数据恢复工具，当文件被误删除（并从回收站中清除）、FAT 表或者磁盘根区被病毒侵蚀造成文件信息全部丢失、物理故障造成 FAT 表或者磁盘根区不可读，以及磁盘格式化造成的全部文件信息丢失之后，FinalData 都能够通过直接扫描目标磁盘抽取并恢复出文件信息（包括文件名、文件类型、原始位置、创建日期、删除日期、文件长度等），用户可以根据这些信息方便地查找和恢复自己需要的文件。甚至在数据文件已经被部分覆盖以后，专业版 FinalData 也可以将剩余部分文件恢复出来。与同类软件相比，它的恢复功能更胜一筹。

用户可以通过其官方网站 www.finaldata.com 下载最新版本。

1．FinalData 的功能特点

FinalData 的特点及功能如下。

① 支持 FAT16/32 和 NTFS。

② 恢复完全删除的数据和目录。

③ 恢复主引导扇区和 FAT 表损坏丢失的数据。

④ 恢复快速格式化的硬盘和软盘中的数据。

⑤ 恢复病毒破坏的数据。

⑥ 恢复硬盘损坏丢失的数据。

⑦ 通过网络远程控制数据恢复。

⑧ 恢复 CD-ROM 和移动设备中的数据。

⑨ 与 Windows 操作系统兼容。

⑩ 恢复 MPEG1MPEG2 文件、Office 文件、电子邮件以及 Oracle 输出文件等。

⑪ 界面友好、操作简单，恢复效果好。

2．扫描文件

FinalData 的基本功能就是扫描文件后恢复丢失的数据，下面介绍如何使用 Finaldata3.0 企业版扫描文件。

① 启动 FinalData 主程序，其界面如图 10.14 所示。

图 10.14　FinalData 主界面

② 选择"文件"|"打开"命令，弹出"选择驱动器"对话框，如图 10.15 所示。

③ 选择要恢复数据所在的驱动器并单击"确定"按钮，系统开始扫描所选驱动器，如图 10.16 所示。

图 10.15　选择驱动器

图 10.16　查找已删除文件

④ 扫描结束后，在弹出的"选择要搜索的簇范围"对话框中进行选择，如图 10.17 所示。

⑤ 单击"确定"按钮，弹出"簇扫描"对话框，软件开始扫描硬盘，如图 10.18 所示。

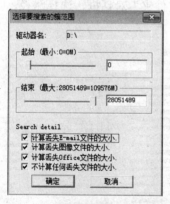

图 10.17　选择要搜索的簇范围

图 10.18　簇扫描

3．恢复文件

① 扫描完成后进入根目录窗口，如图 10.19 所示。

图 10.19　根目录

② 选择 "文件" | "查找" 命令，弹出 "查找" 对话框，如图 10.20 所示。

③ 选择查找的方式，如按文件名查找就在 "文件名" 文本框中输入文件名，然后单击 "查找" 按钮开始查找，如图 10.21 所示。

图 10.20　查找文件

图 10.21　输入文件名

④ 查找结束后，窗口显示出查找到的文件，选中要恢复的文件或者目录并用鼠标右键单击，从弹出的快捷菜单中选择 "恢复" 命令，如图 10.22 所示。

⑤ 单击 "恢复" 命令后，弹出 "选择要保存的文件夹" 对话框，选择路径，即可保存已恢复的文件，如图 10.23 所示。

图 10.22　查找到的文件

图 10.23　选择要保存的文件夹

4．文件恢复向导

FinalData 软件提供了文件恢复向导功能，通过它用户可以方便地进行各种常用文件的恢复，如 Office 文件修复、电子邮件、高级数据恢复等。

FinalData 提供了 4 种常用的 Office 文件修复功能，即 Word 修复、Excel 修复、PowerPoint 修复和 Access 修复。下面以最常见的 Word 修复为例进行介绍。

① 选择 FdWizad 命令启动 FinalData3.0 向导，其主界面如图 10.24 所示。

② 单击 "Office 文件修复" 按钮，打开选择要恢复的文件类型界面，如图 10.25 所示。

③ 单击 "MS Word" 按钮，选择要修复的文件，单击 "修复" 按钮，如图 10.26 所示。

④ 弹出 "浏览文件夹" 对话框，选择保存路径，单击 "确定" 按钮即可，如图 10.27 所示。

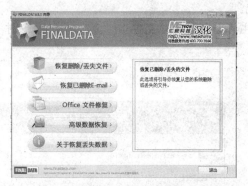

图 10.24　FinalData3.0 向导主界面

图 10.25　选择要恢复的文件类型

图 10.26　选择要修复的文件

图 10.27　选择保存路径

5. 电子邮件恢复

① 进入 FinalData 3.0 向导的主界面，选择"恢复已删除 E-mail"选项，如图 10.28 所示。

② 进入选择要修复的电子邮件类型界面，选择计算机上已使用的包含已删除电子邮件的电子邮件程序，如"Outlook Express 5&6"，如图 10.29 所示。

图 10.28　恢复已删除 E-mail 选项

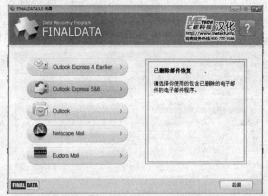

图 10.29　选择电子邮件程序

③ 选择要修复的电子邮件所在的目录，单击"扫描"按钮，如图 10.30 所示。

④ 系统开始扫描磁盘，如图 10.31 所示。扫描完成后，选择要修复的电子邮件，单击

"下一步"按钮，然后单击"恢复"按钮即可完成。

用户还可根据自己的使用习惯在 FinalData 主界面上选择"文件"|"首选项"命令对 FinalData 进行设置。

图 10.30　扫描电子邮件所在目录　　　　　　　　图 10.31　扫描邮件

10.2.5　文件压缩备份工具 WinRAR

WinRAR 是当前最流行的压缩工具，其压缩文件格式为 RAR，完全兼容 ZIP 压缩文件格式，压缩比例比 ZIP 文件要高出 30％左右，同时可解压 CAB、ARJ、LZH、TAR、GZ、ACE、UUE、BZ2、JAR、ISO 等多种类型的压缩文件。WinRAR 的功能包括强力压缩、分卷、加密、自解压模块、备份等。

安装完该软件后，执行"开始"|"程序"|"WinRAR"|"WinRAR"命令，可以打开程序，程序的主界面如图 10.32 所示。

1．使用向导压缩文件

① 在 WinRAR 程序主界面中，单击工具栏中的"向导"按钮图标，弹出"向导"对话框，在该对话框中选中"创建新的压缩文件"。

② 单击"下一步"按钮，打开"请选择要添加的文件"对话框，选择将要压缩的文件夹或文件（如果是多个，使用<Ctrl>键选择），如选中"一键 GHOST"文件夹，单击"确定"按钮，返回"向导"对话框。在"压缩文件名"文本框中输入"E:\WinRAR\一键 GHOST.rar"，表示将压缩文件保存在 E 盘根目录下，如图 10.33 所示。

图 10.32　WinRAR 程序界面　　　　　　　　　图 10.33　设置压缩文件名

③ 单击"下一步"按钮，在打开的对话框中设置压缩文件选项，选中"压缩后删除源

文件"选项,单击"设置密码"按钮,弹出"带密码压缩"对话框,填入密码,单击"确定"按钮,如图 10.34、图 10.35 所示。

④ 完成后打开"我的电脑"窗口中的 E 盘,可以看到生成的 WinRAR.rar 压缩文件。

图 10.34 压缩选项

2. 用 WinRAR 分卷压缩文件

WinRAR 能够将大文件分卷压缩存放在任意指定的盘符中,这项功能给用户带来了极大的便利。例如,要将一个 40MB 的文件发给朋友,可是电子邮件的附件大小不能大于 10MB,这样就利用 WinRAR 分卷压缩功能将文件分卷压缩为几个小文件,具体操作步骤如下。

① 右键单击需要分卷压缩的文件或者文件夹,在快捷菜单中选择"添加到压缩文件"命令,弹出如图 10.36 所示的对话框。

② 在"压缩文件名"文本框中确定文件存放的路径和名称,可以把分卷压缩之后的文件存放在硬盘中的任何一个文件夹中;压缩方式建议采用"最好";"压缩分卷大小"填入需要的大小,如"10MB",其他可根据实际需要选择"压缩选项"。

图 10.35 输入密码

③ 单击"确定"按钮,开始进行分卷压缩,得到分卷压缩包,如图 10.37 所示。

将所有分卷压缩文件复制到一个文件夹中,然后右键单击任何一个*.rar 文件,选择"解压到当前文件夹"命令,即可将文件解压,如图 10.38 所示。

图 10.36 分卷压缩

图 10.37 分卷压缩包

图 10.38 文件解压

3. 用 WinRAR 制作自解压压缩文件

将文件压缩为 EXE 格式,在没有安装 WinRAR 的计算机上也可以自行解压。通过 WinRAR 制作自解压文件有如下两种方法。

① 利用向导在图 10.34 所示压缩选项时,选择"创建自解压(.EXE)压缩文件",或者在如图 10.36 所示压缩选项时,选择"创建自解压格式压缩文件"。

② 对于已经制作好的 RAR 格式压缩文件,可先通过 WinRAR 打开,然后选择"工具"菜单中的"压缩文件转换为自解压格式"命令生成自解压压缩包,如图 10.39 所示。

图 10.39 转换压缩文件格式

10.3 标准化与知识产权

10.3.1 标准化

1. 标准、标准化的概念

标准是对重复性事务和概念所做的统一规定。标准以科学、技术和实践经验的综合成果为基础，以获得最佳秩序和促进最佳效益为目的，经有关方面协商一致，由主管和公认机构批准，并以规则、指南等的文件形式发布，作为共同遵守的准则和依据。

标准化是在经济、技术、科学及管理等的社会实践中，以改进产品、过程和服务的适应性，防止贸易壁垒，促进技术合作，促进最佳秩序和社会效益的过程。

2. 信息技术的标准化

信息技术的标准化是围绕信息技术开发，信息产品的研制和信息系统的建设、运行与管理而开展的一系列标准化工作。其中主要包括信息技术术语、信息表示、汉字信息处理技术、媒体、软件工程、数据库、网络通信、电子数据交换、电子卡、管理信息系统、计算机辅助技术等方面。

（1）信息编码标准化

编码是一种信息交换的技术手段。对信息进行编码实际上就是对文字、音频、图形、图像等信息进行处理，使之量化，从而便于利用各种通信设备进行信息传递和利用计算机进行信息处理。

作为一种信息交换的技术手段，必须保证信息交换的一致性。例如，计算机内部的所有数据都是利用二进制数表示的，但是人们向计算机输入的信息，则是人类语言中的数字、文字和专用符号，经计算机处理后的输出也必须是人们能够识别的字符。每个字符所对应的二进制数，便是该字符的编码。计算机所定义的输入输出的符号集和每个符号的代码，便是计算机的编码系统。只有具有相同编码系统的计算机，才可以接受不同用户编写的同一符号的程序。为了统一编码系统，人们借助标准化这个工具，制定了各种标准代码。

（2）汉字编码标准化

汉字编码是对每一个汉字按一定的规律用若干个字母、数字、符号等表示出来。汉字编码的方法很多，主要有数字编码、拼音编码、字型编码等。对每一种汉字编码，计算机内部都有一种相应的二进制内部码，不同的汉字编码，在使用上不能替换。我国在汉字编码标准化方面取得的突出成就就是《信息交换用汉字编码字符集国家标准》的制定。该字符集共有 6 集。其中 GB 2312—80 信息交换用汉字编码字符集是基本集，收入常用的基本汉字和字符 7 445 个。GB 7589—87 和 GB 7509—87 分别是第二辅助集和第四辅助集，各收入现代规范汉字 7 426 个。除汉字编码标准化外，汉字信息标准化的内容还包括汉字键盘输入的标准化、汉字文字识别和语音识别的标准化、汉字输出字体和质量的标准化、汉字属性和汉语词语的标准化等。

（3）软件工程标准化

随着软件工程学科的发展，人们对计算机软件的认识逐渐深入。软件工作的范围也从只是使用程序设计语言编写程序，扩展到整个软件的生存周期。

软件工程的目的是改善软件开发的组织，降低开发成本，缩短开发时间，提升工作效率，提高软件质量。它在内容上包括软件开发的概念形成、需求分析、计划组织、系统分析和设计、结构程序设计、软件调试、软件测试和验收、安装和检验、软件运行和维护，以及软件运行的终止。同时还有许多技术管理工作。例如，过程管理、产品管理、资源管理，以及确认与验证工作等。软件工程最显著的特点就是把个别的、自发的、分散的、手工的软件开发变成一种社会化的软件生产方式。软件生产的社会化必然要求软件工程实行标准化。

软件工程标准的类型也是多方面的，常常是跨越软件生存期的各个阶段。所有方面都应该逐步建立标准或规则。软件工程标准化的主要内容包括过程标准、产品标准、专业标准、记法标准、开发规范、文件规范、维护规范、质量规范等。

我国 1983 年成立了"计算机与信息技术处理标准化委员会"，下设 13 个分技术委员会，其中程序设计语言分技术委员会和软件工程分技术委员会与软件相关。我国推行软件工程标准化工作的总则是向国际标准靠拢，对于能够在我国使用的标准我们全部采用。虽然我国的软件工程标准化工作仍处于起步阶段，但是在提高我国软件工程水平，促进软件产业的发展以及加强与国外的软件交流等方面必将起到应有的作用。

10.3.2　知识产权

计算机软件是指计算机程序及其有关文档。计算机程序是指为了得到某种结果而可以由计算机等具有信息处理能力的装置执行的代码化指令序列，或者可以被自动转换成代码化指令序列的符号化指令序列或符号化语句序列；同一计算机程序的源程序和目标程序视为同一作品。

目前大多数国家采用著作权法来保护软件，将包括程序和文档的软件作为一种作品。源程序是编制计算机软件的最初步骤，它如同搞发明创造、进行艺术创作一样花费大量的人力、物力和财力，是一项艰苦的智力劳动。文档是指用来描述程序的内容、组成、设计、功能规格、开发情况、测试结果及使用方法的文字资料和图表等。例如，程序设计说明书、流程图、用户手册，是为程序的应用而提供的文字性服务资料，使普通用户能够明白如何使用软件，其中包含了许多软件设计人的技术秘密，具有较高的技术价值，是文字作品的一种。

计算机软件是人类知识、智慧和创造性劳动的结晶，软件产业是知识和资金密集型的新兴产业。由于软件开发具有开发工作量大、周期长，而生产（复制）容易、费用低等特点，因此，长期以来，软件的知识产权得不到尊重，软件的真正价值得不到承认，靠非法窃取他人软件而牟取商业利益成了信息产业中投机者的一条捷径。因此，软件知识产权保护已成为亟待解决的一个社会问题，是我国软件产业健康发展的重要保障。

1．知识产权的概念

知识产权又称为智力成果产权和智慧财产权，是指对智力活动创造的精神财富所享有的权利。知识产权不同于动产和不动产等有形物，它是生产力发展到一定阶段后，才在法律中作为一种财产权利出现的。知识产权是经济和科技发展到一定阶段后出现的一种新型财产权。计算机软件是人类知识、经验、智慧和创造性劳动的结晶，是一种典型的由人的智力创造性劳动产生的"知识产品"，一般软件知识产权指的是计算机软件的版权。

2．知识产权组织及法律

1967 年在瑞典斯德哥尔摩成立了世界知识产权组织。1980 年我国正式加入该组织。

1990 年 9 月，我国颁布了《中华人民共和国著作权法》，确定计算机软件为保护的对象。1991 年 6 月，国务院正式颁布了我国《计算机软件保护条例》。这个条例是我国第一部计算机软件保护的法律法规，它标志着我国计算机软件的保护已走上法制化的轨道。

3．知识产权的特点

知识产权的主要特点包括：无形性，指被保护对象是无形的；专有性，指未经知识产权人的同意，除法律有规定的情况外，他人不得占有或使用该项智力成果；地域性，指法律保护知识产权的有效地区范围；时间性，指法律保护知识产权的有效期限，期限届满即丧失效力，这是为限制权利人不致因自己对其智力成果的垄断期过长而阻碍社会经济、文化和科学事业的进步和发展。

4．计算机软件受著作权保护

对计算机软件来说，著作权法并不要求软件达到某个较高的技术水平，只要是开发者独立自主开发的软件，即可享有著作权。一个软件必须在其创作出来，并固定在某种有形物体（例如纸、磁盘、光盘等）上，能为他人感知、传播、复制的情况下，才享有著作权保护。

计算机软件的体现形式是程序和文件，它们是受著作权法保护的。

著作权法的基本原则是：只保护作品的表现，而不保护作品中所体现的思想、概念。目前人们比较一致的观点是：软件的功能、目标、应用属于思想、概念，不受著作权法的保护；而软件的程序代码则是表现，应受著作权法的保护。

5．软件著作权人享有权力

根据我国著作权法的规定，作品著作人（或版权人）享有 5 项专有权力。

（1）发表权：决定作品是否公布于众的权力。

（2）署名权：表明作者身份，在作品上有署名权。

（3）修改权：修改或授权他人修改作品的权力。

（4）保护作品完整权：保护作品不受篡改的权力。

（5）使用权和获得报酬权：以复制、表演、播放、展览、发行、摄制影视或改编、翻译、编辑等方式使用作品的权力，以及许可他人以上述方式作为作品，并由此获得报酬的权力。

10.4 职业道德与相关法规

随着 Internet 的普及，计算机的社会化程度正在迅速提高。大量与国计民生、国家安全有关的重要数据信息，迅速地向计算机系统集中，被广泛地用于各个领域。 另一方面，计算机系统又处在高科技下非法的以至敌对的渗透、窃取、篡改或破坏的复杂环境中，面临着计算机犯罪、攻击和计算机故障的威胁。利用计算机犯罪，已经给许多国家和公众带来严重损失和危害，成为社会瞩目的问题。因此，许多国家都在纷纷采取技术、行政法律措施，加强对计算机的安全保护。我国拥有计算机和计算机网络系统的单位越来越多，计算机在国民经济、科学文化、国家安全和社会生活的各个领域中，正在得到日益广泛的应用。因此，要保证"计算机安全与计算机应用同步发展。"道德教育、法规教育是计算机信息系统安全教育的核心。不管是做一名计算机工作人员，还是国家公务员，都应该培养高尚的道德情操，养成良好的计算机道德规范，接受计算机信息系统安全法规教育并熟知有关章节的要点。

10.4.1 使用计算机应遵守的若干戒律

国外研究者认为，每个网民必须认识到：一个网民在接近大量的网络服务器、地址、系统和人的时候，其行为最终是要负责任的。"Internet"或者"网络"不仅仅是一个简单的网络，它更是一个由成千上万的个人组成的网络"社会"，就像你驾车要达到某个目的地一样必须通过不同的交通路段，你在网络上实际也是在通过不同的网络"地段"，因此，参与到网络系统中的用户不仅应该意识到"交通"或网络规则，也应认识到其他网络参与者的存在，即最终要认识到你的"网络行为"无论如何都要遵循一定的规范。作为一个网络用户，可以被允许接受其他网络或者连接到网络上的计算机系统，但也要认识到每个网络或系统都有它自己的规则和程序，在一个网络或系统中被允许的行为在另一个网络或系统中也许是受控制，甚至是被禁止的。因此，遵守其他网络的规则和程序也是网络用户的责任，作为网络用户要记住这样一个简单的事实，在网络中一个用户"能够"采取一种特殊的行为并不意味着他"应该"采取那样的行为。

因此，"网络行为"和其他"社会行为"一样，需要一定的规范和原则。国外一些计算机和网络组织就制定了一系列相应的规范。这些规范涉及网络行为的方方面面，在这些规则和协议中，比较著名的是美国计算机伦理学会为计算机伦理学所制定的 10 条戒律，也可以说就是计算机行为规范。这些规范是一个计算机用户在任何网络系统中都"应该"遵循的最基本的行为准则，它是从各种具体网络行为中概括出来的一般原则，它对网民要求的具体内容是：

① 不应该用计算机去伤害别人；
② 不应该干扰别人的计算机工作；
③ 不应该窥探别人的文件；
④ 不应该用计算机进行偷窃；
⑤ 不应该用计算机作伪证；
⑥ 不应该使用或复制你没有付钱的软件；
⑦ 不应该未经许可而使用别人的计算机资源；
⑧ 不应该盗用别人智力成果；
⑨ 应该考虑你所编的程序的社会后果；
⑩ 应该以深思熟虑和慎重的方式来使用计算机。

10.4.2　我国信息安全的相关法律法规

所有的社会行为都需要法律法规来规范和约束，随着 Internet 的发展，各项涉及网络信息安全的法律法规也相继出台。为了自己，为了他人，也为了整个社会，必须很好地学习这些法律法规。我国在涉及网络信息安全方面颁布很多条例和办法，如《计算机软件保护条例》、《中国公用计算机互联网国际联网管理办法》、《中华人民共和国计算机信息系统安全保护条例》等。如果用户想了解更多的涉及网络信息安全方面的法律法规，可以参考相关的法律书籍。

习 题 10

一、选择题

1. 下列关于计算机软件的版权和保护的说法中，不正确的说法是（　　）。
　A. 软件研制部门可以采用设计计算机病毒的方式来惩罚非法复制软件的行为，作为对侵犯知识产权的一种报复手段
　B. 我们应该从开始学习计算机起，就培养保护知识产权的公民法制意识，增强对知识产权和软件保护重要性的认识
　C. 作为一名普通用户，我们要自觉抵制盗版软件
　D. 按照国际惯例，非正版的软件一律不得用于生产和商业性目的

2. 通过 Internet 传播他人享有版权的作品是（　　）。
　A. 可以不经著作权人的许可，不支付报酬

B．可以不经著作权人的许可，但要支付报酬

C．应当经过著作权人的许可，支付报酬

D．只要是发表过的作品，可以不经过著作权人的许可，不支付报酬

3．为了课堂教学或者科学研究的目的，（　　）复制计算机软件，供教学或者科研人员使用，可以不经过著作权人许可，不向其支付报酬，但不得出版发行。

A．少量　　　　B．大量　　　　C．全部　　　　D．一半

4．软件著作权人可以向（　　）认定的软件登记机构办理登记。

A．国务院著作权行政管理部门　　　B．国家知识产权局

C．国家工商行政管理总局　　　　　D．各级著作权行政管理部门

5．为了（　　），通过安装、显示、传输或者储存软件方式使用软件的，可以不经软件著作权人许可，不向其支付报酬。

A．学习和研究某办公软件内含的设计思想和原理

B．使用某工具软件中的相关功能

C．利用某绘图软件进行项目开发

D．加快提高单位财务管理水平，购买某财务软件

6．Symantec Ghost 是备份系统常用的工具。该软件不能完成的功能是（　　）。

A．一键备份系统　　　　　　　　　B．使用 GHOST 功能

C．磁盘格式化　　　　　　　　　　D．磁盘分区

7．下列不是 FinalData 能够修复的文件是（　　）。

A．Office 文件　　B．电子邮件　　　C．Oracle 输出文件　　D．Zip 文件

8．在 WinRAR 中，执行"（　　）"|"向导"命令，可以打开"向导"对话框。

A．工具　　　　B．命令　　　　　C．选项　　　　D．文件

二、简答题

1．信息安全的含义是什么？

2．信息安全有哪些属性？

3．ISO7498-2 标准确定了哪 5 大类安全服务？哪 8 大类安全机制？

4．信息安全的核心技术是什么？

5．密码体制从原理上分为几大类？

6．数字签名的方法有哪些？

7．访问控制主要采用哪些技术？

8．防火墙主要分为哪两大体系？

9．什么是计算机病毒？

10．计算机病毒的特点是什么？

11．计算机病毒的检测方法有哪些？

12．什么是知识产权？有什么特点？

13．软件著作权人享有什么权力？

14．计算机道德的 10 条戒律是什么？

15．简述工具软件的特点。

三、上机题

利用 WinRAR 创建分卷压缩文件。要求将一个 50MB 以上的文件分割压缩成 5 个大小一样的压缩文件，最后复原成原文件。

参考文献

[1] 甘勇等. 大学计算机基础（第 2 版）. 北京：人民邮电出版社，2012.

[2] 谢招犇，谢静如. 计算机应用基础教程. 北京：中国铁道出版社，2009.

[3] 刘文平. 大学计算机基础（Windows 7+Office 2010）. 北京：中国铁道出版社，2012.

[4] 夏耘，赵威. 大学计算机应用基础教程. 北京：中国铁道出版社，2011.

[5] 徐宇. Windows 7 宝典. 北京：电子工业出版社，2010.

[6] 徐小青，王淳灏. Word 2010 中文版入门与实例教程. 北京：电子工业出版社，2011.

[7] 林登奎. Windows 7 从入门到精通. 北京：中国铁道出版社，2011.

[8] 叶婷鹃等. Word/Excel 2010 中文版办公专家从入门到精通. 北京：中国青年出版社，2010.

[9] 谢希仁. 计算机网络（第 5 版）. 北京：电子工业出版社，2008.

[10] 马华东. 多媒体技术原理及应用（第 2 版）. 北京：清华大学出版社，2008.

[11] 匡松，孙耀邦. 计算机常用工具软件教程. 北京：清华大学出版社，2008.

[12] 王珊，萨师煊. 数据库系统概论（第 4 版）. 北京：高等教育出版社，2006.

[13] 谢柏青. 大学计算机应用基础. 北京：北京大学出版社，2008.

[14] 蒋加伏. 大学计算机基础. 北京：北京邮电大学出版社，2007.

[15] 柴欣，史巧硕. 大学计算机基础教程. 北京：中国铁道出版社，2008.

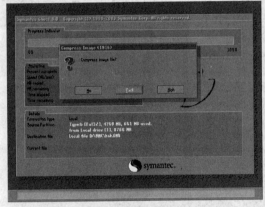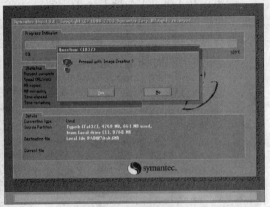

图 10.8　备份完成